주요금지급 과실파리 침입대비

위기 대응 매뉴얼(III)

김용균 · 김동순 · 박계청 · 한호연 공저

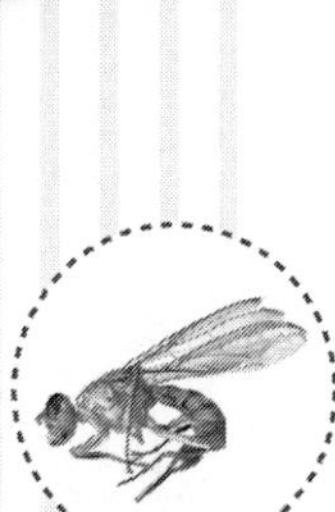
중국귤과실파리

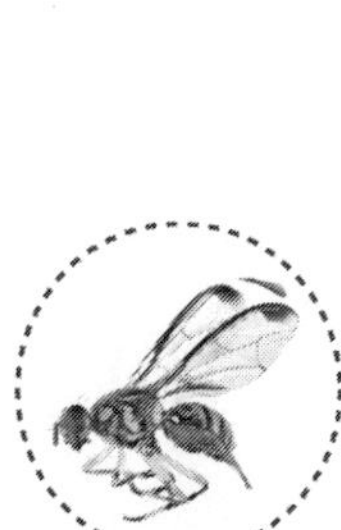
타우과실파리

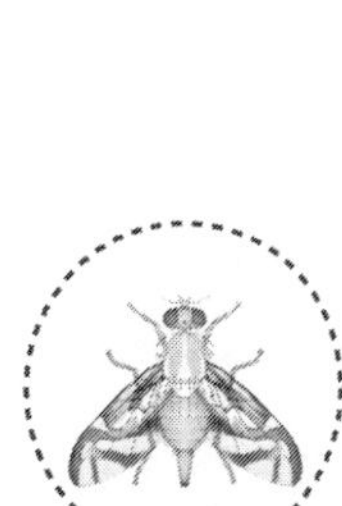
서인도제도과실파리

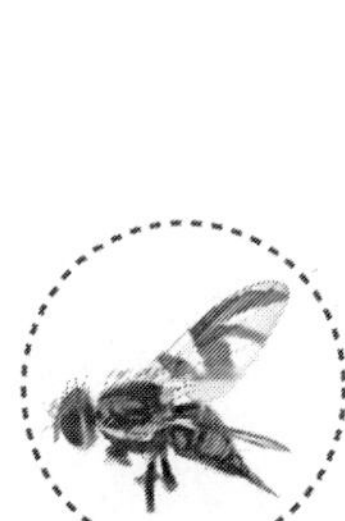
사과과실파리

홍릉과학출판사

머리말

기후 변화 및 국제 교역량 증가로 아열대성 해충인 금지급 과실파리류가 국내로 침입하여 정착할 가능성이 높아지고 있다. 침입 경로의 다양성 및 과실파리류 자체의 종다양성을 고려하면 이러한 침입을 예측하고 대응하기가 점점 더 어려워지고 있다. 그러나 이러한 위험성에 대처하기 위해 여러 나라들이 정부 주관의 조직을 운영하면서 미리 마련된 대응프로그램을 가지고 훈련을 하고, 훈련과정에서 발견된 문제점을 수정하고 이를 기반으로 외래병해충 관리체계를 운영하고 있다. 실제 발생하였을 경우 이를 박멸하는 과정동안 사전에 준비된 관리체계에서 발견된 문제점을 재수정하는 과정을 거쳐 보다 효율적으로 대처하고자 노력하고 있다.

이러한 시점에 본 저자들은 국내 검역 대상 금지급 과실파리 목록을 재정비하면서 69 종의 위해성 과실파리를 새로이 결정하였다. 이 가운데 10 종의 금지급 과실파리에 대해서 2017년과 2018년에 각각 5 종 씩 대처 매뉴얼을 마련하여 일련의 책자로 출판하였다. 연속적 매뉴얼 제작 과정에서 본 책자는 나머지 59 종에 대해서 대처 매뉴얼을 작성하여 출판하게 되었다. 이 최종 매뉴일에는 추가 주요 금지급 과실파리 4 종에 대해서는 비교적 상세한 매뉴얼을 수록하였다. 그러나 나머지 55 종에 대해서는 유인제별로 묶어서 간략한 통합 매뉴얼로 제작하였다. 즉, 추가로 4 종에 대한 상세한 매뉴얼은 중국귤과실파리, 타우과실파리, 서인도제도과실파리 및 사과과실파리에 대해서 이들 금지급 과실파리류의 조기탐지를 위한 모니터링 기술, 발견·발생에 대한 사전준비, 위험평가의 신속 시행 및 과학적 지견에 근거한 해충 관리의 전체 과정을 개별 과실파리별로 수록하였다. 나머지 55 종은 유인제별(메틸유제놀, 큐루어, 암모니아 및 미확인 유인물질)로 나눠 생물정보와 예찰 정보, 모니터링 및 방제 정보를 통합형으로 제작하였다. 본 책자를 발간하면서 우리나라에서 우려되는 총 69 종 과실파리 전체에 대해서 대처 매뉴얼을 확보한다는 점에서 본 책자 발간의 의의를 갖는다. 그러나 추후 이들 과실파리의 침입에 따라 이를 대처하고 극복하는 경험 속에서 본 기본 매뉴얼에 수정이 필수적이다. 아무쪼록 본 책자가 금지급 과실파리를 대처하기 위한 한국형 매뉴얼을 구축하는 데 기본 지침서로 이용되기를 바란다.

2019년 12월 15일

저자 일동

차례

차례

차례

차례

차례

차례

차례

차례

차례

차례

차례

차례

서론

농작물에 큰 피해가 우려되는 과실파리류는 과실파리상과(Tephritoidea)에 속하며 이는 모두 9 개의 과(Family)를 갖고 약 7,300 종의 종풍부도를 지닌 대형 분류군이다(Korneyev, 1999). 이러한 종 다양성은 분자계통분류 기법을 이용하여 이들 과실파리상과의 기원을 추적하면 최소 두 개의 단계통 분지를 포함하고 있는 것으로 나타내고 있다(Han and Ro, 2005). 이 가운데 가장 큰 종풍부도를 갖고 농작물에 경제적 피해를 주는 분류군이 과실파리과(Tephritidae)이며 여기에는 500 여 속, 약 4,400 종 이상이 포함되는 것으로 알려지고 있다(White and Elson-Harris, 1992; Norrbom et al., 1999). 그러나 과실파리과 신분류군들이 계속 추가되고 있으며, 분자 및 생태정보와 형태적인 분류형질들을 통합하는 새로운 계통학적 접근을 통하여 상위분류체계 및 각 종의 범위가 지속적으로 개정되고 있다. 예를 들어, 오리엔탈과실파리 복합종(*Bactrocera dorsalis* species complex)은 오리엔탈과실파리를 포함한 유사종 85 종을 포함하며(Drew and Hancock, 1994; Clarke et al., 2005; Drew and Romig, 2013) 이들 가운데 5 종이 다식성 과실파리이다. 최근에 *B. philippinensis* Drew and Hancock은 *B. papayae*의 동종이명으로 처리되었다(Drew and Romig, 2013). 또 *B. papayae*는 *B. invadens*와 함께 *B. dorsalis*로 합쳐졌다(Schutze et al., 2015). 특히 생식호완성 분석 결과 *B. invadens*와 *B. dorsalis*는 임의교배가 가능하고, 자손의 성비, 성장 및 생식력에서 차이가 나타나지 않아 생물학적으로 동일종이라고 판명되었다(Bo et al., 2014). 이러한 종분류는 물론이고 속 수준에서도 분류 체계의 변화가 있어 *Zeugodacus* 속은 최근에 *Bactrocera*에서 분리되었다(Virgilio et al., 2015).

과실파리과에 속한 분류군 가운데 특히 6 개 속(*Ceratitis, Anastrepha, Rhagoletis, Bactrocera, Zeugodacus, Dacus*)의 과실파리가 농업적으로 중요한 해충군으로 분류된다. 물론 이들 속에 속한 과실파리 종들이 모두 해충은 아니다. 예를 들어, *Bactrocera* 및 *Zeugodacus* 속에 현재까지 651 개 종수를 포함하고 있는 것으로 알려지고 있는 데, 이들 가운데 약 50 종이 해충으로 분류된다(Vargas et al., 2015). 이들 과실파리과 해충 종들은 높은 침입력과 다식성으로 여러 과일과 채소를 가해하여 전 세계적으로 방제의 표적이 되고 있다. 이들의 피해가 양과 질적인 면에서 모두 막대하기에 과실을 생산하는 나라들은 특정 과실파리류가 발생하는 수출국들로부터 수입하는 물품에 대해서 완전방역처리를 요구하고 있다. 따라서 과실파리류 방제 개념은 밀도억제뿐만 아니라 완전박멸을 포함하는 방제 전략을 세우게 된다.

국내에서는 현재 검역본부에서 규정한 60 종의 금지해충 중에서 41 종(중복으로 확인된 1 종 제외)이 과실파리과에 속하는 분류군 들이다. 반면 관리해충으로 규정되어 있는 1,492 종 가운데 단 4 종의 과실파리만이 포함되어 있다. 즉 검역해충으로 부각된 대부분의 과실파리과 곤충이 금지해충으로 규정되어있다. 금지해충 41 종 가운데 동남아시아 및 오스트레일리아에 주로 분포하는 *Bactrocera* 및 *Zeugodacus* 속이 21 종으로 압도적인 다수를 차지하며, 중남미에 주로 분포하는 *Anastrepha* 속이 8 종, 북미에 주로 분포하는 *Rhagoletis* 속이 6 종을 차지하고 있다. 이 외에 *Carpomya*, *Ceratitis*, *Zonosemata* 속이 각각 1~3 종의 금지해충을 포함하고 있다. 관리해충은 *Acanthiophilus*, *Epochra*, *Plioreocepta*, *Trupanea* 속의 각 1 종씩이다. 그러나 최근에 주요 과실파리 해충의 연구 및 조사가 많이 이루어졌으며, 수많은 분류군들이 새롭게 기재된 바 있으므로, 목록의 수정이 절실한 상황이다. 따라서 새로운 정보에 입각하여, 과실파리의 위해성을 재조명하여 현재 규정되어 있는 목록을 최근 문헌을 중심으로 재구성되고 있다. 이 작업은 주로 과실파리 해충의 분류 및 생태 관련 종합적인 정보를 포함하는 단행본, 논문, 소프트웨어, 온라인 데이터베이스 등 가장 중요한 자료 20 건을 선별하여 위해성을 검토하였으며, 검토의 기준은 기주식물의 범위 및 경제성, 과실파리의 분포 및 이동성, 도입 적응성 등으로 정하였다. 정해진 기준에 따른 등급분류 및 순위를 설정하였으며, 매년 본 과제의 연구원 및 검역본부 담당자들의 피드백을 받아 지속적으로 수정작업을 거칠 예정이다. 등급은 위험도에 따라 금지과실파리는 I 등급에서 III 등급까지 분류하는 동시에, 각 종별 개별순위도 부여하였다. 관리급 과실파리는 모두 IV 등급으로 하였으며, 순위의 의미가 거의 없는 관계로 부여하지 않았다.

- **제 I 등급(금지급)** : 광범위하게 분포하며 침투성이 큰 다식성 해충, 또는 원 서식범위를 넘어서 이주하여 큰 피해를 주고 있는 협식성 및 단식성 해충. 한국에서 숙주식물이 노지에서 재배되거나 자생하며, 월동 가능성이 높은 종들
- **제 II 등급(금지급)** : 분포범위가 상대적으로 제한되어 있는 다식성, 협식성, 단식성 해충으로서, 다른 지역으로 이주할 위험성이 커지고 있는 종들. 한국에 숙주식물이 노지에서 재배되거나 자생하며 월동가능성이 있는 종들
- **제 III 등급(금지급)** : 상대적으로 해충성이 적은 협식성 및 단식성 과실파리 해충. 한국에 숙주식물이 노지에서 재배되거나 자생하며 월동가능성이 있는 종들
- **제 IV 등급(관리급)** : 재배식물에 간혹 발생하는 과실파리로서, 한국에 숙주식물이 노지에서 재배되거나 자생하며 월동가능성이 있는 종들

위 기준에 따라 과실파리과 주요 해충들을 상세히 검토하여, 한국에 적용할 수 있는 금지급 및 관리급 과실파리 목록 초안을 완성하였다. 이 목록안을 살펴보면, 현재 규정되어 있는 금지

및 관리급 과실파리는 각각 41 종 및 4 종이나, 이번에 새롭게 제시된 과실파리는 각각 60 종 및 9 종이다(표 1), 이 가운데 5 종(오리엔탈과실파리, 지중해과실파리, 오이과실파리, 복숭아과실파리, 퀸즐랜드과실파리)은 국내 최초의 위기 대처 매뉴얼 책자로 2017년에 발간되었다(Kim et al., 2017). 이후 또 다른 5 종(카람볼라과실파리, 구아바과실파리, 작은퀸즐랜드과실파리, 남방고추과실파리, 일본귤과실파리)이 2018년에 후속 작업으로 발간되었다(Kim et al., 2018a). 본 책자는 나머지 55 종에 대한 대처 매뉴얼로서 이 가운데 주요 금지급 4 종(중국귤과실파리, 타우과실파리, 서인도제도과실파리 및 사과과실파리)은 모니터링 방법, 동정 기술, 발생 예찰 및 방제에 관한 일련의 상세한 형태의 매뉴얼로 작성하였지만, 나머지 55 종의 과실파리는 유인제별로 묶어서 통합형으로 기술하였다.

표 1 국내 검역대상 금지 및 관리급 과실파리 목록안(I~III : 금지급, IV : 관리급)

등급	순위	종명	기존 등급	등급분류 근거
금지 I	1	*Bactrocera dorsalis* (Hendel, 1912) 오리엔탈과실파리	금지	많은 국내 재배작물을 포함하는 다양한 식물종을 가해하며, 분포범위가 동남아시아 전역에서 아프리카까지로 매우 넓은 대표적인 검역해충이다. 많은 지역에 도입된 사례들이 있다.
금지 I	2	*Ceratitis capitata* (Wiedemann, 1824) 지중해과실파리	금지	북아프리카 원산이나 전 세계 많은 지역에 도입이 된 바 있는 매우 중요한 검역해충이다. 국내 작물로는 귤, 고추, 사과, 다양한 핵과류 등을 가해할 수 있다.
금지 I	3	*Bactrocera tryoni* (Froggatt, 1897) 퀸즐랜드과실파리	금지	많은 국내 작물을 포함한 다양한 식물종을 가해하는 다식성 해충이다. 원서식지인 호주에서 다양한 지역으로 도입된 기록이 있는 위험한 검역해충이다.
금지 I	4	*Bactrocera carambolae* Drew & Hancock, 1994 카람볼라과실파리	금지	악명 높은 *B. dorsalis*와 구분하기 매우 힘들며, 동남아시아에서 분포범위가 중첩된다. 브라질 등 남미에 도입된 바 있으며, 카람볼라, 귤류, 대추 등 다양한 열대작물을 공격하는 다식성 해충이다.
금지 I	5	*Bactrocera zonata* (Saunders, 1842) 복숭아과실파리	금지	인도에서 베트남까지 광범위하게 분포하며, 다양한 작물을 가해하는 다식성 해충이다. 지역에 따라서는 오리엔탈과실파리보다 해충성이 큰 곳도 있다. 국내 작물로는 귤류와 복숭아 등이 위험하며, 사과, 토마토, 가지, 감자도 감염된 외국의 사례가 있다.
금지 I	6	*Bactrocera correcta* (Bezzi, 1916) 구아바과실파리	금지	인도에서 중국 남서부까지 널리 분포하며, 다양한 식물을 공격하는 다식성 해충이다. 국내 작물로는 귤류, 양벚나무, 대추 등을 가해할 수 있다.

금지 I	7	*Zeugodacus cucurbitae* (Coquillett, 1899) 오이과실파리	금지	인도에서 동남아시아까지 넓게 분포하며, 다양한 지역으로 도입되었다. 박류를 공격하는 과실파리 중에서 가장 위험한 해충이며, 박류 외에도 11개 식물의 과를 가해한 기록도 있다.
금지 I	8	*Bactrocera neohumeralis* (Hardy, 1951) 작은퀸즐랜드과실파리	금지	호주, 파푸아뉴기니에 분포하며 매우 다양한 과를 공격하는 다식성 해충이다. 국내 작물로는 귤류, 복숭아, 자두, 살구, 배, 대추 등을 가해할 수 있다.
금지 I	9	*Bactrocera latifrons* (Hendel, 1915) 남방고추과실파리	금지	동양구에 널리 분포하는 협식성 해충이나, 국내 주요 작물인 고추, 가지, 토마토를 가해하므로 주의할 필요가 있다.
금지 I	10	*Bactrocera tsuneonis* (Miyake, 1919) 일본귤과실파리(개칭)	금지	일본 남부(큐슈까지)와 중국 남서부에 분포하는 협식성 해충으로, 주로 귤류를 가해한다. 그 분포범위로 볼 때, 도입시 제주도에서 월동 가능성이 있는 검역해충이다.
금지 I	11	*Bactrocera minax* (Enderlein, 1920) 중국귤과실파리(신칭)	금지	인도 동부에서 중국 남서부까지 분포하는 협식성 해충으로, 주로 귤류를 가해한다. 그 분포범위로 볼 때, 도입시 제주도에서 월동 가능성이 있는 검역해충이다.
금지 I	12	*Bactrocera jarvisi* (Tryon, 1927) 자비스과실파리(신칭)	금지	호주에 광범위하게 분포하며 다양한 작물을 가해하는 다식성 해충이다. 국내 작물로는 복숭아, 자두, 배, 귤류 등을 가해할 수 있다.
금지 I	13	*Bactrocera aquilonis* (May, 1965) 노던준주과실파리(신칭)	금지	호주에 분포하며, Vargas (2015)는 *B. tryoni*의 동물이명으로 추정하였다. 주요 검역해충인 *B. tryoni*에 준하여 취급할 필요가 있다.
금지 I	14	*Anastrepha suspensa* (Loew, 1862) 카리브해과실파리	금지	카리브해의 섬들에 분포하며, 미국 플로리다까지 도입된 바 있다. 다양한 작물을 가해하는 다식성 해충이며, 국내 작물로는 복숭아를 가해할 수 있다.
금지 I	15	*Anastrepha fraterculus* (Wiedemann, 1830) 남미과실파리(신칭)	금지	미국 남부와 중남미에서 다양한 식물을 가해하며, 국내 작물로는 귤, 체리, 복숭아를 가해할 수 있다.
금지 I	16	*Bactrocera frauenfeldi* (Schiner, 1868) 망고과실파리(신칭)	금지	파푸아뉴기니 등지에 널리 분포하며 호주로 도입된 바 있다. 20개가 넘는 식물의 과를 가해하는 다식성 해충이며, 국내 작물로는 귤류를 가해할 수 있다.
금지 I	17	*Anastrepha ludens* (Loew, 1873) 멕시코과실파리(신칭)	금지	남미에서 미국의 텍사스 주까지 분포한다. 다양한 식물을 가해하는 다식성 해충이며, 국내 작물로는 귤, 복숭아등을 가해할 수 있다.
금지 I	18	*Zeugodacus tau* (Walker, 1849) 타우과실파리(신칭)	금지	인도에서 동남아시아 및 중국 남서 부까지 널리 분포한다. 주로 박류의 과실을 가해하나, 다른 8개 식물의 과를 가해한 기록이 있는 적응성이 뛰어나며 흔한 해충이다.

금지 I	19	*Carpomyia pardalina* Bigot, 1891 러시아참외과실파리(신칭)	금지	이집트와 코카서스지방에서 인도 서부까지 분포하며 오이와 참외, 수박의 해충이다. 분포 기후대로 볼 때, 침입시 국내에 정착할 위험성이 높다.
금지 I	20	*Ceratitis rosa* Karsch, 1887 나탈과실파리(신칭)	금지	아프리카에 분포하며, 같은 속의 지중해 과실파리 만큼은 적응성이 뛰어나지는 않다. 국내 작물로는 귤류, 복숭아 등을 가해할 수 있다.
금지 I	21	*Rhagoletis pomonella* (Walsh, 1867) 사과과실파리	금지	북미에서 사과의 주요 해충이다. 분포지역의 기후가 한국과 유사하므로, 도입시 쉽게 정착 가능한 위험해충으로 사료된다.
금지 I	22	*Zeugodacus cucumis* (French, 1907) 호주오이과실파리(신칭)	금지	호주 동부에 분포하며, 오이나 호박류의 주요 해충이다. 토마토 등 다른 식물들을 가해한 기록도 있다.
금지 II	23	*Bactrocera kraussi* (Hardy, 1951) 크라우스과실파리(신칭)	금지	호주 동북부에 분포하는 주요 다식성 해충이다. 국내 작물로는 귤류를 가해할 수 있다.
금지 II	24	*Bactrocera curvipennis* (Froggatt, 1909) 뉴칼레도니아과실파리(신칭)		뉴칼레도니아에 제한적으로 서식하나, 20개 식물과를 가해는 중요한 다식성 해충이다. 국내 작물로는 귤류를 가해할 수 있다.
금지 II	25	*Bactrocera facialis* (Coquillett, 1909) 통가과실파리(신칭)		통가에 제한적으로 서식하나, 피망고추, 귤류를 비롯한 11개 식물과를 가해하는 다식성 해충이다.
금지 II	26	*Bactrocera kirki* (Froggatt, 1911) 키르크과실파리(신칭)		사모아, 통가, 타히티 등 남태평양의 섬들에 분포하는 심각한 다식성 해충으로 국내 작물로는 귤류 등을 가해할 수 있다.
금지 II	27	*Bactrocera psidii* (Froggatt, 1899) 남태평양과실파리(신칭)		뉴칼레도니아에 분포하며, 많은 작물을 가해하는 심각한 다식성 해충이다, 국내 작물로는 귤류를 가해할 수 있다.
금지 II	28	*Bactrocera melanotus* (Coquillett, 1909) 쿡제도과실파리(신칭)		남태평양의 쿡제도에만 분포하며, 파파야와 귤류를 가해하는 심각한 해충이다. 다식성 해충이므로 검역적으로 주의할 필요가 있다.
금지 II	29	*Bactrocera passiflorae* (Froggatt, 1911) 피지과실파리(신칭)		캐슈넛, 파파야, 귤류, 가지, 아보카도를 비롯한 많은 숙주식물을 가해하는 주요 해충이다. 피지와 인근 도서에만 분포하나, 다식성 해충이므로 검역적으로 주의할 필요가 있다.
금지 II	30	*Bactrocera trilineola* Drew, 1989 바누아투과실파리(신칭)		바누아투에 서식하며 망고 등 다양한 작물을 가해하는 주요해충이다. 국내 노지작물의 해충으로 알려져 있지는 않으나, 다식성이므로 검역적으로 주의할 필요가 있다.

금지 II	31	*Bactrocera xanthodes* (Broun, 1904) 섬과실파리(신칭)		남태평양의 피지나 사모아 등의 섬에 분포한다. 빵나무의 주요해충으로 알려져 있으나, 20개 식물과를 가해한 기록이 있다. 다식성 해충이므로 검역적으로 주의할 필요가 있다.
금지 II	32	*Bactrocera bancroftii* (Tryon, 1927) 뽕나무과실파리(신칭)		호주와 파푸아뉴기니에 분포하며, 뽕나무류를 가해하는 협식성해충이다. 국내 작물로는 뽕나무나 구찌뽕나무의 열매를 가해할 위험성이 있다.
금지 II	33	*Bactrocera caryeae* (Kapoor, 1971) 인도귤과실파리(신칭)		6개 식물의 과에 속하는 과실을 가해하는 협식성 해충이다. 한국 재배식물종류 중에서는 귤류를 가해하므로 주의할 필요가 있다.
금지 II	34	*Bactrocera occipitalis* (Bezzi, 1919) 필리핀귤과실파리(신칭)		귤규, 구아바, 망고 등을 가해하는 협식성 해충이다. 한국 재배식물로는 귤류를 가해하므로 주의할 필요가 있다.
금지 II	35	*Bactrocera trivialis* (Drew, 1971) 뉴기니과실파리(신칭)	금지	뉴기니에 주로 서식하며 10개 식물과를 가해한 기록이 있는 협식성 해충이다. 한국 재배식물로는 고추, 복숭아를 가해할 수 있다.
금지 II	36	*Anastrepha obliqua* (Macquart, 1835) 서인도제도과실파리(신칭)	금지	중남미에서는 망고나 구아바를 주로 공격하는 비교적 경미한 해충으로알려져 있으나, 그외 다양한 숙주식물의 기록이 있다. 다식성 해충이므로 검역적으로 주의할 필요가 있다.
금지 II	37	*Anastrepha serpentina* (Wiedemann, 1830) 사포테과실파리(신칭)	금지	미국 남부에서 중남미까지 분포하며, 국내 작물로는 귤류를 공격할 가능성이 있다. 일반적으로 심각한 해충으로는 취급되지는 않으나, 다식성 해충이므로 검역적으로 주의할 필요가 있다.
금지 II	38	*Rhagoletis cingulata* (Loew, 1862) 체리과실파리(신칭)	금지	북미에서 양벚나무 열매를 가해하는 주요 해충이며, 분포구역의 기후가 한국과 유사하므로 침입시 정착할 확률이 크다. 실제로 스위스와 이태리에 정착하였다.
금지 II	39	*Rhagoletis cerasi* (Linnaeus, 1758) 유럽양벚과실파리(신칭)	금지	유럽에서 양벚나무 열매를 가해하는 주요 해충이며, 분포구역의 기후가 한국과 유사하므로 침입시 정착 확률이 크다.
금지 II	40	*Rhagoletis completa* Cresson, 1929 남방호두과실파리(신칭)	금지	멕시코와 미국 남부 원산으로 유럽 남부에 정착한 기록이 있다. 한국 남부에도 정착이 가능한 해충으로 사료된다. 실제로 스위스와 이태리에 정착하였다.
금지 II	41	*Dacus ciliatus* Loew, 1862 에티오피아과실파리(신칭)		박과식물(열매)을 가해한다. 아프리카 원산이나, 중동이나 인도, 파키스탄 등지에 도입이 되었으므로 침투성이 높은 해충이다.

금지 III	42	*Zeugodacus diversus* (Coquillett, 1904) 남방호박꽃과실파리(신칭)		박과식물(꽃)을 가해하며 분포범위가 넓어 파키스탄에서 중국 남서부까지 서식한다. 도입시 제주도의 박과식물을 공격할 가능성이 있다
금지 III	43	*Bactrocera pyrifoliae* Drew & Hancock, 1994 태국복숭아과실파리(신칭)		베트남과 태국의 북부에 서식하며 주로 핵과류를 가해하는 해충이다. 한국에서는 복숭아, 배 등을 가해할 위험이 있다.
금지 III	44	*Bactrocera bryoniae* (Tryon, 1927) 호주고추과실파리(신칭)		바나나, 고추 등을 가해하는 협식성 해충이며, 파푸아뉴기니 및 호주, 비스마르크 군도에만 분포한다. 고추를 공격하는 해충이므로 주의할 필요가 있다.
금지 III	45	*Bactrocera halfordiae* (Tryon, 1927) 할포디아과실파리(신칭)	금지	호주 서부에 분포하며 귤류 등을 가해하는 협식성 해충이다.
금지 III	46	*Zeugodacus decipiens* (Drew, 1972) 파푸아호박과실파리(신칭)		파푸아뉴기니의 뉴브리튼섬으로 분포가 제한된 편이나, 도입시 제주도에서 재배하는 박과식물을 가해할 가능성이 있다.
금지 III	47	*Zeugodacus scutellaris* (Bezzi, 1913) 동남아호박꽃과실파리(신칭)		박류의 꽃을 가해하며 분포범위가 넓어 중국 남서부까지 서식한다, 도입시 제주도의 박과식물을 공격할 가능성이 있다.
금지 III	48	*Dacus solomonensis* Malloch, 1939 솔로몬호박과실파리(신칭)		솔로몬 군도 및 부건빌섬에 분포하며, 호박이나 오이를 가해하는 해충이다.
III	49	*Zeugodacus strigifinis* (Walker, 1861) 호주호박꽃과실파리(신칭)		인도네시아, 파푸아뉴기니, 호주 등지에서 박류의 꽃을 가해하며, 도입시 제주도의 박과식물을 공격할 가능성이 있다.
금지 III	50	*Zeugodacus triangularis* (Drew, 1968) 뉴기니호박꽃과실파리(신칭)		뉴기니의 비스마르크제도에 분포하며 박류의 꽃을 가해한다. 도입시 제주도의 박과식물을 공격할 가능성이 있다.
금지 III	51	*Bactrocera oleae* (Rossi, 1790) 올리브과실파리(신칭)	관리	올리브류의 주요 해충이며, 제주도에서도 올리브의 재배가 시작되었으므로 금지과실파리로 격상할 필요가 있다.
금지 III	52	*Bactrocera musae* (Tryon, 1927) 바나나과실파리(신칭)		바나나의 주요 해충이나, 9개 식물과의 다양한 종들을 가해한 기록이 있어 주의가 요망된다.
금지 III	53	*Plioreocepta poeciloptera* (Schrank, 1776) 아스파라거스과실파리(신칭)	관리	유럽에서 아스파라거스의 주요 해충이다. 한국에서 아스파라거스 재배가 증가추세이며, 온대지역 분포 해충이므로 금지과실파리로 격상할 필요가 있다.

금지 III	54	*Rhagoletis indifferens* Curran, 1932 서부양벚과실파리	금지	북미에서 양벚나무 열매의 주요 해충이다. 스위스에 침입 및 정착했던 기록이 있으며, 한국과 비슷한 분포기후대를 가지므로 주의할 필요가 있다.
금지 III	55	*Rhagoletis fausta* (Osten Sacken, 1877) 블랙체리과실파리(신칭)	금지	북미에서 양벚나무 열매의 주요 해충이다. 한국과 비슷한 분포기후대를 가지므로 주의할 필요가 있다.
금지 III	56	*Rhagoletis suavis* (Loew, 1862) 호두과실파리(신칭)	금지	북미에 분포하며 해충성은 남방호두과실파리에 못미치나, 한국과 비슷한 분포기후대를 가지므로 주의할 필요가 있다.
금지 III	57	*Anastrepha striata* Shiner, 1868 신세계구아바과실파리(신칭)	금지	중남미에서는 구아바의 해충으로 알려져 있으며, 그 외에도 다양한 식물을 가해한 기록이 있다. 한국의 노지재배되는 식물종을 가해한 기록은 없으나 다식성 해충이므로 주의할 필요가 있다.
금지 III	58	*Bactrocera tuberculata* (Bezzi, 1916) 중국망고과실파리(신칭)	금지	중국남부와 버마에 분포하며 8개 식물과를 가해한 기록이 있는 협식성 해충이다. 주로 망고와 파파야의 중요성이 비교적 적은 해충으로 알려져 있다.
금지 III	59	*Zonosemata electa* (Say, 1830) 고추과실파리	금지	북미에 분포하며 고추 및 가지를 간혹 공격하는 해충으로 알려져 있다. 한국과 비슷한 분포기후대를 가지므로 주의할 필요가 있다.
금지 III	60	*Ceratitis quinaria* (Bezzi, 1918) 닷점박이과실파리(신칭)	금지	아프리카에 분포하며 주요 해충으로 인식된 적은 없으나, 한국 도입시 살구, 복숭아, 귤류를 가해할 수 있다.
관리 IV	무	*Anastrepha grandis* (Macquart, 1846) 남미호박과실파리(신칭)		남미에서 박과식물을 공격하며 분포도 비교적 제한된 편이나, 도입시 제주도의 박과식물을 공격할 가능성이 없지 않음.
관리 IV	무	*Bactrocera albistrigata* (deMeijere, 1911) 동남아망고과실파리(신칭)		동남아에 분포하며, 한국에서 노지재배되는 작물 종을 가해한 기록은 없다. 그러나 6개의 식물과를 가해한 기록으로 볼 때, 협식성과 다식성의 중간 위치를 차지하므로 주의할 필요가 있다.
관리 IV	무	*Zeugodacus atrisetosus* (Perkins, 1939) 남방호박과실파리(신칭)		파푸아뉴기니에서 박과식물을 가해하는 해충이며, 도입시 제주도의 박과식물을 공격할 가능성이 없지 않다.
관리 IV	무	*Zeugodacus caudatus* (Fabricius, 1805) 열대호박꽃과실파리(신칭)		인도에서 대만까지 널리 분포하며, 박류를 가해한다. 도입시 제주도의 박과식물을 가해할 가능성이 없지 않다.
관리 IV	무	*Zeugodacus hochii* (Zia, 1936) 수세미과실파리(신칭)		동남아에 분포하며, 수세미를 비롯한 3종의 박과식물을 가해하는 것으로 알려져 있다.

관리 IV	무	*Zeugodacus mundus* (Bezzi, 1919) 애호박과실파리(신칭)		대만과 필리핀에 분포하며, 애호박류를 가해한다.
관리 IV	무	*Euleia heraclei* (Linaneus, 1758) 셀러리과실파리(신칭)	관리	분포범위로 볼 때, 도입시 한국에 정착될 확률이 큼. 일반 작물로는 셀러리를 가해할 수 있으며, 산형과(Apiaceae)에 속하는 당귀 등의 약초를 가해할 가능성이 크므로 주의할 필요가 있다.
관리 IV	무	*Euphranta canadensis* (Loew, 1873) 커런트과실파리(신칭)	관리	국내에서 커런트류의 재배가 시작되었으며, 같은 속의 까치밥나무가 자생한다. 따라서 북미에 서식하는 이 해충의 도입시 정착할 가능성이 있으므로, 관리등급을 유지할 필요가 있다.
관리 IV	무	*Rhagoletis mendax* (Curran, 1932) 블루베리과실파리(신칭)		북미에서 블루베리의 주요 해충이다. 국내의 블루베리 재배농가의 증가에 따라 주목할 필요가 있다. 분포 기후대가 한국과 비슷하므로 도입시 정착가능성이 높다.

CHAPTER 01

중국귤과실파리

1 생물정보

1.1 분류학적 위치

영 명	Chinese citrus fly
학 명	*Bactrocera minax* (Enderlein, 1920)
강	곤충강(Insecta)
목	파리목(Diptera)
과	과실파리과(Tephritidae)

Polistomimetes minax Enderlein 1920 : 358.—India. Sikkim. Lectotype ♂ BMNH. Lectotype designated by White & Wang 1992 : 277.

Mellesis citri Chen 1940 : 133.—China. Sichuan : Chengtu [Chengdu]; & Kiangtsin. Syntype ♂ ♀ IZAS. Inference of Holotype by White & Wang 1992 : 277 invalid.

Drew (1989)의 분류체계에 따르면, 많은 해충 종을 포함하는 *Bactrocera* 및 *Dacus*속은 Dacinae아과의 Dacini족에 속한다. *Bactrocera minax*는 *Bactrocera*속의 600여종 중 하나이다. 이 속은 동남아시아, 중국, 오스트레일리아 및 남태평양 섬들에서 아프리카까지 넓게 분포하고 있다. *Bactrocera* 속에 속한 많은 종들에 대해서 이들의 숙주 및 피해 상황이 아직 정확히 연구되지 않고 있으며 여기에 추가적으로 신종들이 매년 발견되는 상황이다. 따라서 정확히 집계할 수는 없지만, 전체적으로 매우 큰 경제적 피해를 주는 것으로 믿어지고 있다.

*Bactrocera minax*는 *Tetradacus*아속에 속한다. 따라서 중국귤과실파리의 학명은 아속명을 포함하여 *Bactrocera* (*Tetradacus*) *minax*로 인용되기도 한다. 이 종은 같은 아속의 중국귤과실파리(*B. minax*)와 형태 및 유전적으로 매우 유사하나 날개 말단의 황갈색 반문이 약간 작고 앞쪽에서 약간 끊어진 것으로 구분할 수 있다.

1.2 생활사

중국귤과실파리는 연간 1 회 발생하는 1화성 해충으로 번데기(puparium)로 월동하며(Zhang, 1989), 번데기는 비교적 강한 저온에 대한 내성을 갖고 있다(Fan et al., 1994). 중국 Sichuan 지역에서 성충 우화는 4월 하순 시작되고 우화 20 일부터 교미하며, 그 후 15 일부터 산란을 시작하였다. 그러나 알 부화 최성기는 9월 상순이며 10월 하순부터 11월 중순 번데기의 발생 최성기가 나타난다고 소개되었는데(CABI, 2015; Zhang, 1989의 문헌을 토대로 작성) 실제 중국에서 생활사와 일치하지는 않는다.

다우아그로사이언스 설명자료(내부자료)에 따르면 중국귤과실파리는 6월 중순 우화하고 성적 성숙을 위하여 25~35 일 소요되며 100여 개의 알을 낳은 것으로 기록하고 있다. 따라서 약제살포(GF120)를 6월 상순에서 7월 상순까지 집중적으로 실시하도록 권고하고 있다.

중국학자의 발표자료(내부자료)에 따르면 성충이 5월 상순부터 출현하여 7월 하순까지 나타나고, 산란은 6월 상순에서 8월 하순까지 일어나며, 유충은 8월 상순부터 11월 상순까지 발생하는 것으로 표시하였고, 번데기는 11월 나타난다고 하였다. 6월 산란된 감귤은 100% 낙과되기 때문에 여름철 부패가 빨리 진행되어 11월까지 남아 있을 수 없기 때문에 현재 유통되고 있는 자료는 정확한 해석이 필요하다.

서부탄 지역에서 연간 생활사는 성충은 4월 하순에서 5월 상순 우화를 시작하고 대부분 5월 하순까지 성적 성숙이 완료되며, 수컷은 6월 상순부터 사라지기 시작하여 6월 중하순에선 드물거나 전혀 포획이 되지 않는다(Dorji et al., 2006). 암컷은 6월 상순부터 감귤원에서 채집되나 6월 중순까지는 산란이 거의 일어나지 않고, 대부분의 피해는 7월 중순에 나타나며, 성충은 8월 중에는 감귤원에서 사라지고 유충은 과실 낙화 후 용화되기 위하여 13일 이내 탈출하는 것으로 기록되어 있다(Dorji et al., 2006). 서부탄과 중국 자료를 바탕으로 중국귤과실파리의 연간 생활사를 정리하면 그림 1-1과 같다.

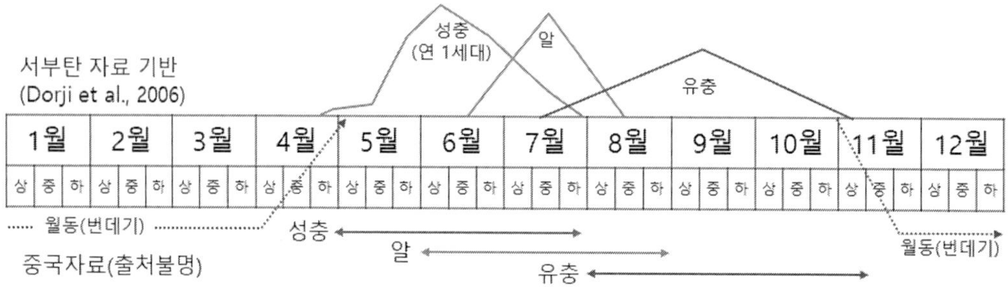

그림 1-1 중국귤과실파리 연간 생활사

중국귤과실파리 번데기의 발육기간은 가온처리(25℃) 전 조건에 따라 차이가 매우 컸다(Chen et al., 2014). 즉 10월 29일 용화된 개체를 가온 사육시 113.7 일 만에 성충으로 우화하였으며, 용화 30 일후 25℃로 옮겨 사육한 경우는 용기간이 122.6 일로 가온조건에서 순수한 발육기간은 92.6 일이 되었다. 또한 자연상태에서 3 개월 방치 한 번데기를 25℃로 옮겨 사육한 경우 발육기간은 197.9 일로 가온조건에서 기간은 107.9 일이 되었다. 5 개월 후 사육개체는 200 일이었는데, 야외기간을 제외하면 발육기간이 약 50 일이 되었다. 본 자료는 중국귤과실파리는 조건적 휴면에 들어가고 일정한 자극(저온조건)을 받아야 휴면에서 깨어나서 휴면후 발육을 진행한다는 것을 나타내고 있다.

중국귤과실파리 번데기를 채집하여 순차적으로 가온(℃)하는 경우(2009~2010년, 중국 Hubei) 평균발육기간은 11월 20일 73.63일, 12월 21일 61.36 일, 1월 27일 50.66일, 2월 25일 38.2일, 3월 27일 32.04일이었다(Dong et al., 2013). 또한 중국귤과파리 월동 번데기의 발육기간은 채집시기와 탈피호르몬 처리에 따라 다양한 반응을 보였다(표 1-1).

표 1-1 중국귤과실파리 월동 번데기의 채집시기와 탈피호르몬 처리에 따른 우화까지 기간 즉 번데기 기간(처리온도 22℃)을 나타냄(Chen et al., 2016)

처리일	첫우화	평균	탈피호르몬	비고
2014. 11.20	103.4	124.9	43.4	
2014. 12.19	78.6	95.1	45.0	
2015. 01.19	52.8	65.2	43.4	
2015. 02.24	42.4	48.6	43.6	휴면타파
2015. 03.23	39.6	43.4	41.0	
2015. 04.20	25.0	32.0		발육진행

휴면이 타파되지 않은 상태에서 가온 사육하는 경우 월동 번데기의 발육기간은 매우 길었으며, 봄으로 가까울수록 짧아졌다(표 1-1). 즉 전년 11월 20일 채집하여 가온시 124.9일이 필요하였으며, 다음 해 4월 20일 가온은 32.0로 매우 짧아졌다. 이는 표에서 보듯이 3월 23일에는 거의 휴면이 타파된 상태에 있고 이때부터는 외부의 온도가 올라가면 발육이 진행되기 때문으로 판단할 수 있다. 탈피호르몬을 처리한 경우 바로 휴면 번데기가 성충으로 발육을 시삭하기 때문에 일률적으로 43~45일의 발육기간을 나타냈고, 3월 23일 채집한 자료의 발육기간과 비슷하였다. 종합적으로 판단할 때 월동 번데기의 발육기간은 43.9일 정도로 추정된다(2014년 11월 20일~2015년 2월 24일 평균, 탈피호르몬 처리구). 중국귤과실파리에 대한 종합정보는 Xia et al.(2018)의 종설논문에 잘 소개되어 있다.

1.3 분포

중국귤과실파리는 부탄과 인도북서부 제한된 지역에 분포하며, 중국에서는 남중부지역에서 피해가 집중적으로 나타나고 있다(Wang and Luo, 1995; Xia et al., 2018). 중국 감귤류 재배지역을 중심으로 9개 지역(성)에서 발생하고 있다(Xia et al., 2018).

○ 중국귤과실파리 분포지역(CABI, 2018)

대륙	국가/지역	분포상황
아시아 (Asia)	부탄 (Bhutan)	존재
	중국 (China)	제한적으로 분포
	- 광시 (Guangxi)	존재
	- 구이저우성 (Guizhou)	존재
	- 후베이성 (Hubei)	존재
	- 후난성 (Hunan)	존재
	- 장쑤성 (Jiangsu)	존재
	- 장시성 (Jiangxi)	존재
	- 산시성 (Shaanxi)	존재
	- 쓰촨성 (Sichuan)	존재
	- 윈난성 (Yunnan)	존재
	인도 (India)	제한적으로 분포
	- 시킴 주 (Sikkim)	존재
	- 서벵골 주 (West Bengal)	존재

1.4 기주

중국귤과실파리는 감귤속(*Citrus* spp.) 기주식물에 국한하여 발생하는 것으로 알려져 있다. 기타 운향과(Rutaceae) 식물 중에서 탱자(trifoliate orange, *Poncirus trifoliata*), 금귤(kumquat, *Fortunella margarita*)에도 발생한다(Xia et al., 2018).

○ CABI(2018) 및 Xia et al. (2018)의 기주목록

과명	학명	일반명		비고
Rutaceae	*Citrus* spp.	citrus	감귤류	
	Citrus aurantium	sour orange	광귤 (bitter orange)	
	Citrus junos	-	유자	
	Citrus limon	lemon	레몬	
	Citrus medica	citron	시트론 (citron)	
	Citrus poonensis	ponkan	폰칸 (ponkan)	
	Citrus reticulata	mandarin	만다린	
	Citrus tangerina	-	탄제린	
	Citrus unshiu	Satsuma mandarin	귤	
	Citrus vesscosa	-	-	
	Citrus x *paradisi*	grapefruit	자몽	
	Citurs maxima	pummelo	포멜로	
	Citurs sinensis	navel orange	당귤, 오렌지	
	Fortunella margarita	-	금감, 금귤	
	Fortunella x *crassifolia*	meiwa kumquat	-	
	Poncirus trifoliata	Trifoliate orange	탱자	

1.5 피해 및 방제 기술

1.5.1 이동과 확산 방법

중국귤과실파리의 이동과 확산은 주로 성충비행과 감염과실의 이동에 의하여 이루어진다. 과실의 수출입뿐만 아니라 일반 배의 화물(cargo) 또는 비행승객의 과실 밀반입, 우편물을 통한 과실의 밀반입도 중요하다. 익지 않은 미숙과에 알을 낳아서 비행승객의 밀반입을 통한 유입 가능성이 낮아 보이지만 국내 인천 공항 등에서 유충 검출사례가 있다. 중국귤과실파리 이동

(장거리) 매개체가 될 수 있는 종류는 다음과 같다.

매개체	유입방법	가능성(장거리)
옷, 신발, 기타 소지품	가방 또는 소지품 내의 과실	○
식품용기	과실화물용 컨테이너(목재포함)	○
차량	과실화물 운반 선반, 항공기, 트럭	○
우편/화물	과실포함 우편물	○
토양, 모래, 자갈 등	토양 내의 번데기	○

1.5.2 경로 매개체

중국귤과실파리 충체 자신의 이동 능력 외에 다른 운반체에 의해 이동되는 수단이다.

감염부위	발육단계	내부	외부	지역내
과실(꼬투리 포함)	알, 유충	○	×	육안진단 가능 : 피해증상, 해충개체
식물재배 배지	번데기	○	×	육안진단 가능 : 피해증상, 해충개체

■ 운반체 역할을 하지 않는 것으로 알려진 식물체 부분 : 껍질, 구근(비늘줄기), 꽃(꽃받침 부위 포함), 잎, 뿌리, 줄기(신초, 가지 포함), 덩이줄기(tuber), 채근(구경 corms), 지하경(rhizome), 실생묘(seedling), 조직배양 식물, 종자, 목질부 등

1.5.3 검역 중요성

중국귤과실파리는 중국 감귤류 재배지역에서 널리 분포하고, 감귤속 식물에 집중적으로 피해를 줄뿐만 아니라 탱자 등 근연식물에도 발생할 수 있으므로 우리나라에서 중요한 검역대상 해충이다.

1.5.3.1 경제적 영향

중국에서 중국귤과실파리는 지역에 따라 다양하게 나타난다(Reviewed in Xia et al., 2018). Guizhou에서는 1~100%, Hubei ＞20%, Hunan 50% 또는 100%, Sichuan 20~30% 등 경제적 피해를 유발하고 있다.

1.5.3.2 환경적 영향

중국귤과실파리는 원산지나 침입지의 자연환경에 심각한 피해를 유발하는 해충은 아니다.

1.5.4 모니터링과 방제

1.5.4.1 의심 기주 조사

중국귤과실파리 기주식물의 목록을 작성하고, 국내 해당지역에서 기주식물로 가능성 있는 종을 선정한다. 농경지 내에서는 주기적으로 약제방제를 실시하기 때문에 발견이 되지 않을 수 있다. 관리하지 않는 야생기주식물의 조사가 중요하며 특히 민간에서 정원수 또는 텃밭에서 재배되는 기주식물을 파악해야 한다.

1.5.4.2 조기경보시스템

상시모니터링 트랩을 운영하여 감시가 필요하다. 항만, 공항, 대형 마켓, 농산물 집하장, 외래인 밀집지역 등 위험도가 높은 지역에 트랩을 설치하여 조기 검출한다.

1.5.4.3 발생 모니터링

찔린 자국 및 괴사와 관련된 흔적이 보이는 과실(지역적으로 재배된 또는 수입 과실의 샘플)은 검사해야 한다. 의심되는 과실은 절개하여 유충 유무를 점검해야 한다. 유충 동정은 어려워 분자지표를 이용하거나 성충으로 발육시켜 정확한 동정을 진행하게 된다. 우화 후 체벽의 경화와 체색을 갖추도록 며칠간 성충에게 설탕과 물을 공급한다. 중국귤과실파리는 년 1세대 발생하므로 성충 모니터링이 제한적일 수 있다. 야생기주 등 과실을 대상으로 조사하는 것이 효율적일 수 있다.

1.5.4.4 법적 방제

중국귤과실파리가 발생하는 지역에서 농작물을 수출하는 국가에 대해서는 엄격한 수확후 살충처리를 요구한다. 이 처리는 훈증, 열처리, 저온처리, 살충제 처리 또는 방사능 조사가 포함된다. 방사능 조사는 대부분 나라에서 허용하지 않으며, 현재 많은 국가들이 메틸브로마이드 훈증처리를 한다. 열처리는 대부분 과실의 유통 기간을 감소시키는 경향이 있다. 따라서, 법적 방제는 과실파리 발생이 없는 지역에서 생산된 과실 수입으로 제한하게 된다.

1.5.4.5 재배적 방제

일반적으로 과실파리에 대해 가장 효과적인 방제 기술 중 하나는 신문지, 종이박스 또는 길고 얇은 폴리에틸렌 주머니로 과실 열매를 싸는 것으로 고가의 감귤류 과실에 적용할 수 있다(Wang and Zhang, 2009). 이는 산란에 대한 단순한 물리적 방제법으로 성충이 과실을 공격하기 전에 이뤄져야 한다.

감염과실의 제거 방법(낙과 과실포함)은 소각 또는 매물(적어도 지표면에서 0.5 m 이하), 동물먹이 제공 및 짙은 색 비닐봉지에 보관하여 태양에 방치함(이에 내부온도는 상승하여 유충을 죽임)으로써 가능하다. 또 다른 물리적 방제 방법으로 과실나무 아래 토양을 갈퀴질한다. 이는 번데기를 지상부로 노출시켜 건조 또는 다른 생물체에 의해 포식되게 한다.

이러한 종합적인 재배적 방제는 50~100% 피해를 1% 이하로 낮출 수 있다(Xia et al., 2018).

1.5.4.6 화학적 방제

감귤원에서 살충제 경엽살포는 성충발생초기인 4월 하순에서 5월에 실시한다. 중국에서는 유기인계로 trichlofron, 합성피레스로이드계로 deltamethrin이 사용되고 있다(Xia et al., 2018).

미끼살포는 단백질미끼와 살충제(예 : 스피노사드, 합성피레스로이드계)의 혼합으로 구성된다. 과실파리 암수 모두는 암모니아를 내뿜는 단백질 재료에 유인된다.

중국귤과실파리 유인실험에서 5% Orange + 5% H-protein + 5% Chinese liquor 또는 5% Sugar + 5% Orange Juice + 5% H-protein 등 유인미끼가 가장 좋은 유인력을 나타냈다(Zhang, 2007).

기타 중국에서 상용화 된 Jefeng (단백질 기반의 상업용 유인제)의 방제효과도 인정되고 있다(Zhou et al., 2012)

1.5.4.7 불임곤충방사 기술

중국귤과실파리 유충(3령충)에 50 Gy (cobalt-60) 방사선 처리시 생존한 번데기는 성충으로 우화하지 못했으며, 70 Gy에서는 모두 번데기로 되지 못하였다. 종합적으로 “zero” 박멸수준으로 90 Gy가 제안되었다(Gao et al., 1999).

1.5.4.8 수컷유살제 처리기술

중국귤과실파리 수컷에 대하여 효과적인 유인제는 아직 알려져 있지 않다. 아직 상용화는 되지 않았으나 암컷의 직장 추출물에 수컷에 높은 유인력을 보이는 것으로 알려져 있다(Xiao et al., 2013).

2 진단 매뉴얼

2.1 형태적 진단법

2.1.1 유충형질

자료 없음

2.1.2 성충형질

대형종이며 복부가 길쭉한 자루모양이다(그림 2). 얼굴은 황갈색에 한 쌍의 타원형 흑색 점이 더듬이홈(antennal furrow)을 거의 채우며, 2쌍의 이마센털과 1쌍의 안센털을 갖고 있다. 가슴은 적갈색이며 어깨판과 소순판은 황색이며 가슴판(순판) 양 옆에 있는 한 쌍의 넓은 황색 세로띠는 어깨판과 연결되어 시작하여 소순판과 충분한 거리를 띠우고 끝난다. 가슴판의 중앙, 횡단봉합선 뒤쪽에는 짧은 황색 세로띠가 있다. 다리는 전체적으로 황갈색을 띤다. 날개는 중맥(M) 앞쪽으로 황색을 띠며, 전연문(pterostigma)은 황갈색이며, R2+3 말단 뒤쪽으로 R4+5 말단부를 지나 M까지 도달하기 1/2부분까지 커다란 황갈색 반점이 있다. 기주실(bcu)는 황색이다. 복부는 황갈색이며, 제 3-5등판은 각각 전단부와 중앙부에 흑색의 T-무늬를 찾아볼 수 있다.

일본귤과실파리(*B. tsuneonis*)와 매우 유사하나 날개 말단의 황갈색 반문이 크고 앞쪽에서 끊어지지 않는 것으로 구분할 수 있다.

2.1.3 유인제

알려지지 않음

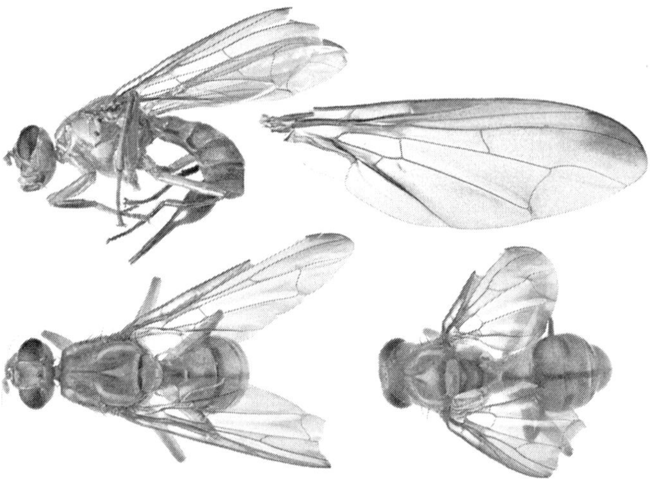

▌그림 1-2 ▌ 중국귤과실파리(Bactrocera minax). Photographs by Ho-Yeon Han.

한국에서 중국귤과실파리의 예찰과정에서 혼돈될 수 있는 과실파리 종들은 오리엔탈과실파리(*Bactrocera dorsalis* (Hendel)), 오이과실파리(*Zeugodacus cucurbitae* (Coquillett)), 호박과실파리(*Zeugodacus depressa* (Shiraki)), 호박꽃과실파리(*Zeugodacus scutellata* (Hendel)), 녹나무과실파리(*Bactrocera hyalina* (Shiraki))이다. 이들 종들을 구별할 수 있는 검색표는 다음과 같다.

[검색표(성충)]

1. 가슴등판에 노란색의 세로줄이 2개이다	2
—. 가슴등판에 노란색의 세로줄이 3개이다	3
2. 소순판은 노란색이다	오리엔탈과실파리
—. 소순판의 아래 반 정도가 검은색이다	녹나무과실파리
3. 소순판의 아래 반 정도가 검은색이다	호박꽃과실파리
—. 소순판은 노란색이다	4
4. 날개 검은 무늬가 크고 짙다	오이과실파리
—. 날개 검은 무늬가 작고 흐리다	호박과실파리
5. 가슴등판의 후반부가 노란 줄무늬를 제외하고 흑갈색이다	호박과실파리
—. 가슴등판의 후반부가 노란 줄무늬를 제외하고 황갈색이 우세하다	중국귤과실파리

중국귤과실파리

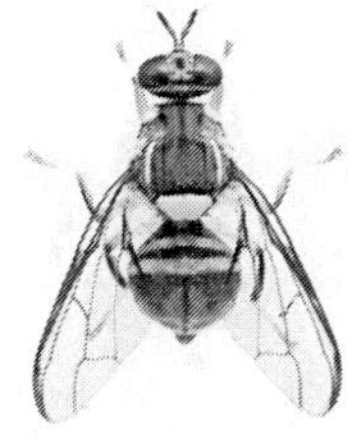

오리엔탈과실파리
(IAEA Imagebank 06410590)

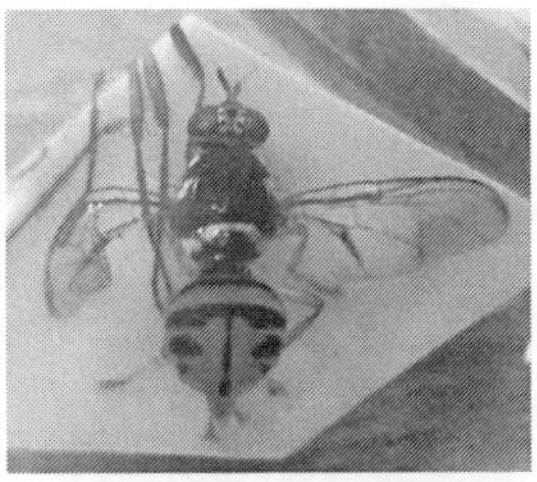

녹나무과실파리
(농림축산검역본부 제공)

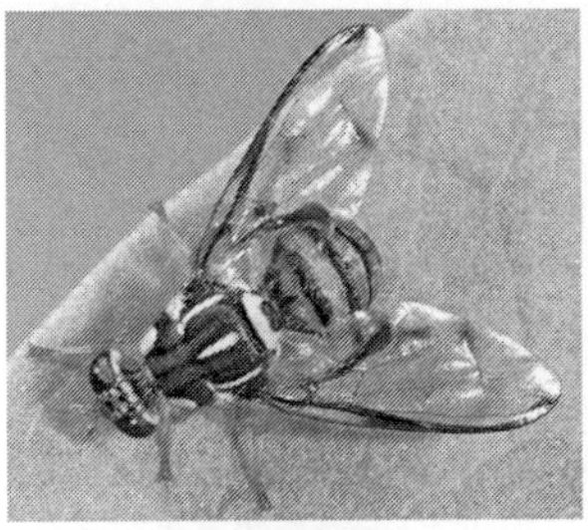

호박꽃과실파리

오이과실파리

호박과실파리

2.2 분자적 진단법

2.2.1 시료 준비법

모든 발육태(알, 유충, 번데기, 성충)를 재료로 활용가능하다. 성충은 다리 또는 가슴을 재료로 활용이 권장되며 이들 영역에 응애 등 다른 이물질이 부착할 수 있기에 재료로 사용 전 확인 및 제거한다. 번데기는 주로 기주의 외부환경에 존재하므로 내부기생성인 기생봉(천적)이 감염될 가능성이 있기에 사용 시 주의가 요구된다.

2.2.2 DNA 추출법

핵산 추출은 시판되는 핵산추출키트(예를 들면, Quiagen Dneasy Blood & Tissue Kit)를 사용한다. 추출방법은 구매한 핵산추출키트에 포함된 매뉴얼에 따라 DNA를 추출한다.

2.2.3 유전자 증폭(PCR) 조건

① PCR premix는 iNtRON 또는 BIONEER 제품을 사용하며, 제품 구매시 제공되는 튜브(tube) 당 다음과 같이 재료를 혼합하여 분석을 실시한다.

DNA	1 ㎕
프라이머 : 정방향 (10 pmol)	1 ㎕
프라이머 : 역방향 (10 pmol)	1 ㎕
증류수	17 ㎕
전체 부피	20 ㎕

* 정방향 프라이머 : LCO1490 (5-GGTCAACAAATCATAAAGATATTGG-3)

역방향 프라이머 : HCO2198 (5-TAAACTTCAGGGTGACCAAAAAATAC-3)

② 분석에 사용되는 PCR 기계의 조건은 다음과 같다.

구 분	온도	시간	반복수
초기 변성	95℃	7 min	1 ×
변성 재생 합성	95℃ 45~55℃ 72℃	60 s 30 s 60 s	35 ×
최종단계	72℃	10 min	1 ×

③ 증폭된 PCR결과물은 마크로젠 등에 염기서열 분석의뢰 한다.

1) 염기서열 분석 의뢰한 회사에 BLAST까지 요청하여 동정결과를 수령하거나,

2) 염기서열 정보를 수령하여 직접 "해충DNA 바코드시스템(http://10.110.128.102/main/main.asp)" 또는 "BOLD SYSTEMS (http://boldsystems.org)"에 접속, BLAST하여 동정을 실시한다.

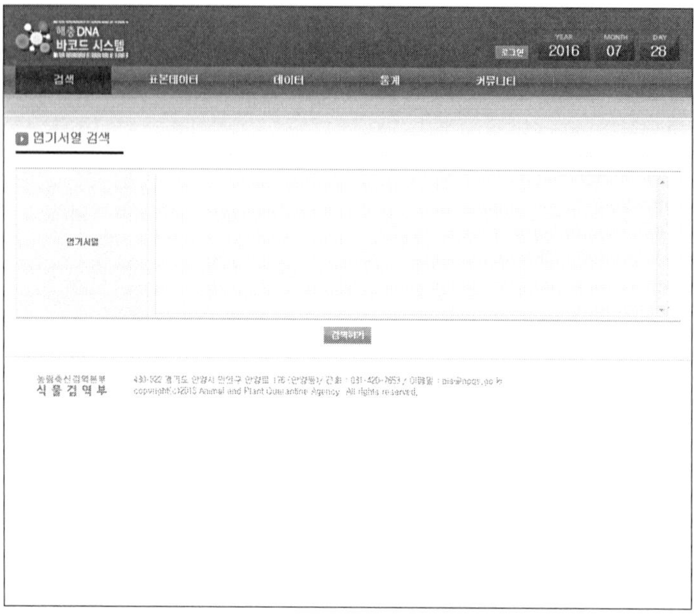

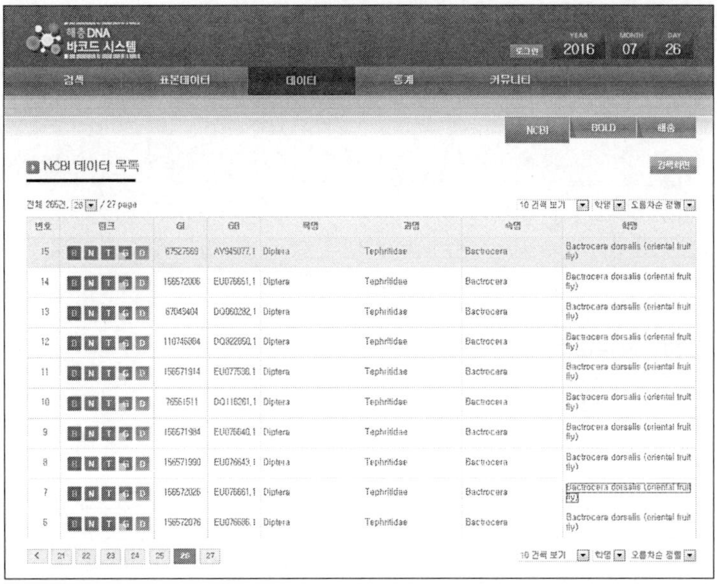

‖ 농림축산검역본부, 해충 DNA바코드 시스템 웹사이트 ‖

2.2.4 DNA 바코드 동정기준

2019년 4월 현재 BOLD 데이터베이스에 60개체가 입력되어 있으며, 이 중 57 개체의 바코드가 다운로드 가능하다. 바코드 거리가 0.5% 이내로 일치하는 개체들의 동정이 확실하며, 근연종인 *B. tsuneonis*와도 명확히 구분된다.

2.3 표본관리 및 정밀동정

델타트랩 등 끈끈이 판에서 채집된 의심 성충 표본은 조심스럽게 다루어져야 한다. 끈끈이 물질에 포획된 표본이 정확하게 동정됨을 보증하기 위해서 다음의 과정이 권고된다.

- 끈끈이판(트랩 삽입지)의 표본 주위를 잘라서 표본이 붙은 작은 끈끈이판 조각을 만든다. 이 작은 조각에 곤충핀(2호)을 꽂아 표본을 완성한다. 전문가에게 동정을 의뢰하기 위해 표본을 우송하려면 우송용 곤충상자에 위의 표본을 꽂아 단단히 고정시킨다. 이를 더 큰 상자에 넣고 상자 사이의 빈 공간에는 스티로폼 등의 충진제를 넣어 파손을 방지한다.
- 끈끈이판(트랩 삽입지)을 직접 잘라서 사용하지 않으려면, 작은 시약용 주걱(spatula)으로 끈끈이판에서 표본을 끈끈이와 함께 조심스럽게 떼어내어 카드종이에 붙인 후에 위와 같은 방식으로 보관용 표본을 제작한다.

• 의심 유충은 끓는 물속에 넣어 죽인 후, 바로 식혀서 70~75% 에탄올에 보존한다. 맥페일과 델타트랩에서 채집된 의심 성충 표본 및 다른 곤충 영기는 모두 동정 확인을 위해 에탄올 바이엘에 넣어 보관한다.

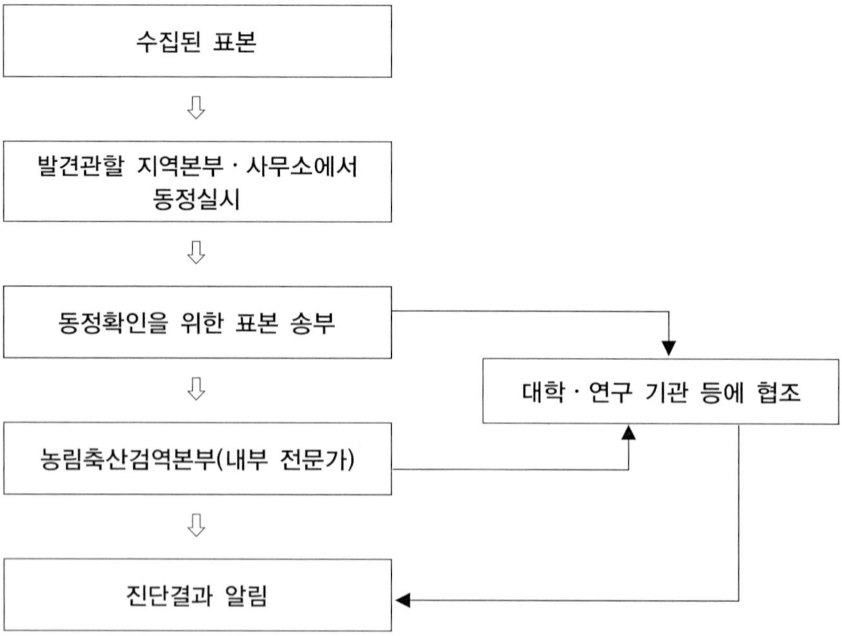

‖ 수집된 표본 동정(진단) 절차도 ‖

3 예찰 생물정보

3.1 성충우화 예측모형

중국귤과실파리는 번데기 단계에서 의무적 휴면에 들어가는 종으로 연간 1세대 발생하는 과실파리 해충이다. 번데기로 월동하여 다음해 성충으로 우화하고 알과 유충을 거쳐 번데기로 되었을 때 휴면에 들어간다.

따라서 중국귤과실파리가 예찰 트랩에 검출된 경우 발생세대수를 추정하여 박멸선언 등 의사결정을 진행할 수 없다. 따라서 월동 번데기의 성충으로 우화시기와 성충의 수명(생존기간)을 기준으로 대응조치를 결정한다.

Dong et al. (2013)과 Chen et al. (2016)의 자료에 따르면 휴면이 완전 종료된 상태에서 월동 번데기의 발육기간은 25℃에서 32.04 일, 22℃에서 43.4 일이 된다. 두 온도의 발육기간에 역수를 취하여 발육률(발육속도)을 계산하고 회귀분석을 이용하여 발육영점온도를 경험적으로 추정할 수 있다(두 점을 지나는 직선 추정).

추정한 선형 회귀식은 y = 0.002723x-0.036868로 발육영점온도는 13.5℃, 발육완료에 필요한 적산온도는 367.2일도(DD, degree-days)가 된다.

성충우화시기 추정은 1월 1일부터 온도를 누적하여 367.2 DD되는 날이 월동집단의 50%가 우화를 완료하는 시기이다. 토양온도(2~4 cm 깊이)를 이용할 수 있는 경우 우선적으로 적용하고, 없는 경우는 대기온도에 0.8℃를 더하여 대략적인 토양온도로 취급할 수 있다. 대기온도자료(토양온도가 존재하는 경우 토양온도 이용 권고)는 발견 또는 발생된 지점에서 가장 기후학적으로 가까이 있는 기상대(기상청)의 기상자료를 이용한다. 기타 이동형 데이터 로거를 설치하여 현장의 온도를 직접 수집하고 그 값을 이용할 수도 있다. 일평균온도를 이용하여 적산온도를 계산하는데, 일최고온도와 최저온도를 알고 있는 경우 평균온도[(최고+최저)/2]로 계산하여 사용할 수 있다.

시그모이드 함수식을 이용하여 월동집단이 시기별 성충으로 우화하는 비율을 추정할 수 있다.

$$y = \frac{1}{1 + 10^{(a-x)b}}$$

Kostal and Havelka (2001)이 제시한 매개변수(a = 50% 우화일, b = 변이)를 적산온도를 적용하여 환산하면 a = 367.2, b = 0.02757이 된다. 함수에서 x는 적산온도가 되며(발육영점온도 13.5℃ 적용 1월 1일부터 누적), y는 우화비율을 나타낸다.

3.2 발생세대수 추정 및 박멸활동 의사결정

중국귤과실파리가 예찰트랩에 검출되었을 때 당해연도 모니터링의 중지 시기는 연간생활사를 바탕으로 정성적인 기준에 따라 결정한다. 중국귤과실파리 성충의 활동은 8월에 거의 중단되고 알의 발생도 8월 중순이후에는 보이지 않으므로 8월 하순에는 모니터링을 중단할 수 있다. 또한 착색되지 않은 감귤에 산란하므로 감귤 착색이 시작되면 조사를 중지할 수 있다.

이와 같이 조사를 중지하고 다음해 트랩조사의 재개는 시그모이드 우화모형을 이용하여 적어도 5% 우화일 전에 시작해야한다. 트랩조사의 중지는 발견 당해연도와 같은 요령으로 실시한다.

중국귤과실파리 발견시 당해연도와 다음연도까지 모니터링을 실시하고, 그 후 모니터링의 중지여부는 전문가들의 협의에 따라 결정한다.

부록 1 중국귤과실파리 번데기 우화시기 추정 엑셀시트 사용방법

적산온도 계산 초기 화면 시트 A

	A	B	C	D	E	F	G	H	I	J	K
1	중국귤과실파리 월동번데기 우화 모형 A					발육영점온도		13.5		a= 367.2	
2						적산온도		367.2		b= 0.02757	
3		월	일	쥴리언	평균온도			적산온도			누적우화율(%)
4		2017(해당년도)						0			
5		1	1	1	3.3			0			0.0
6		1	2	2	6.1			0			0.0
7		1	3	3	6.8			0			0.0
8		1	4	4	11.5			0			0.0
9		1	5	5	12.9			0			0.0
10		1	6	6	7.8			0			0.0
11		1	7	7	4.7			0			0.0
12		1	8	8	6.3			0			0.0
13		1	9	9	8			0			0.0
14		1	10	10	8.6			0			0.0
15		1	11	11	8.5			0			0.0
16		1	12	12	4.9			0			0.0
17		1	13	13	9.7			0			0.0
18		1	14	14	9.3			0			0.0
19		1	15	15	8.4						0.0
20		1	16		7.7			0			0.0
21					5						

시그모이드 식의 매개변수 a와 b를 나타냄

E 열에 해당지역의 평균온도 입력

H열에 적산온도가 계산되어 출력됨
- H : 발육영점온도 13.5도

K열에 누적우화율이 출력됨 "90.0"은 월동 번데기 집단의 90%가 우화를 완료 했다는 것을 의미 함

적산온도 계산 초기 화면 시트 B

	A	B	C	D	E	F	G	H	I	J	K
1	중국귤과실파리 월동번데기 우화 모형 B					발육영점온도		13.5		a= 367.2	
2					0.8	적산온도		367.2		b= 0.02757	
3		월	일	쥴리언	평균온도	토양온도보정		적산온도			누적우화율(%)
4		2017(해당년도)						0			
5		1	1	1	3.3	4.1		0			0.0
6		1	2	2	6.1	6.9		0			0.0
7		1	3	3	6.8	7.6		0			0.0
8		1	4	4	11.5	12.3					0.0
9		1	5	5	12.9	13.7		0.2			0.0
10		1	6	6	7.8	8.6		0.2			0.0
11		1	7	7	4.7	5.5		0.2			0.0
12		1	8	8	6.3	7.1		0.2			0.0
13		1	9	9	8	8.8		0.2			0.0
14		1	10	10	8.6	9.4		0.2			0.0
15		1	11	11	8.5	9.3		0.2			0.0
16		1	12	12	4.9	5.7		0.2			0.0
17		1	13	13	9.7	10.5		0.2			0.0
18		1	14	14	9.3	10.1		0.2			0.0
19		1	15	15	8.4	9.2		0.2			0.0
20		1	16	16	7.7	8.5					0.0
21		1	17	17	5						0.0

시그모이드 식의 매개변수 a와 b를 나타냄

대기 평균온도에 0.8를 더하여 토양온도 추정한 경우
0.8의 값을 변경할 수 있음(모두 자동 변경)

K열에 누적우화율이 출력됨 "56.4"은 월동 번데기 집단의 56.6%가 우화를 완료 했다는 것을 의미 함

E 열에 해당지역의 평균온도 입력

H열에 적산온도가 계산되어 출력됨
- H : 발육영점온도 13.5도

4 예찰 매뉴얼

과실파리류에서 사용하는 발견과 발생의 용어는 다음과 같이 정의된다.

○ 발견과 발생

발견	• 발생 전 단계 • 무발생으로 간주되나 긴급조치 추진 • 정착되지 않았으나 당분간 생존 가능한 고립된 집단이 검출된 경우
발생	• 국제기구, 수출상대국 등에 의무통보 • 대내·외 공식 발표 • 국가 주도의 방제작업 추진 • 다수가 검출되거나 정착되어 지속적으로 존재하는 경우

○ 중국귤과실파리의 발생 기준

- 알, 유충, 번데기 또는 교미한 암컷 1마리 이상 또는
- 1세대 이내에 발견지 중심(14.4 × 14.4 km) 안에서 성충 5마리 이상이 트랩에서 검출된 경우(수컷, 미교미 암컷)

종류	목적	방법	조사범위	조사횟수 및 기간
상시모니터링	조기탐지용	맥페일트랩	주요 기주 재배지역 및 항구, 항만 인접지역(전국 1,000 개 지점)	연중
		순회모니터링	재배기주 및 이동기주 조사	월 1~2회
긴급모니터링	분포한계 조사	맥페일트랩	발견지중심 14.4 km 격자	1회/일(첫 1주) 2회/주(첫 세대) 0.5회/주(2-3세대)
		기주조사	발견지중심 200 m 반경	1회 및 폐기 처리

4.1 상시 모니터링

4.1.1 조사지역

① 전국 공항 · 항만 주변 반경 1.6 km
② 전국 중국귤과실파리 기주식물 대형 재배단지
③ 전국 과일판매시장 주변 200 m

4.1.2 모니터링 방법

모티터링 방법은 식물검역관이 실시하는 과실파리에 대한 트랩조사와 포장순회모니터링(대상 : 이동 기주)이 있다.

4.1.3 유형별 모니터링 요령

4.1.3.1 트랩조사

① 조사기간 : 연중

② 트랩설치 장소

전국 1,000개 운영(제주도 500 개, 본토 500 개)하되 공항 · 항만지역, 전국 기주식물 재배단지, 수출 · 입식물 재배지, 과일 판매시장 주변, 격리재배지, 외국군부대 주변 등을 중심으로 적절한 장소를 선정한다. 트랩의 설치 밀도는 위험도에 따라 네 등급으로 나누어 결정하여 설치한다.

1) 고위해도 지역(항만, 도시 및 부도심 지역) : 평방마일 당 10 개 트랩
2) 중위해도 지역(기타 부도심 지역) : 평방마일 당 5 개 트랩
3) 저위해도 지역(기주식물이 없는 농촌 지역) : 평방마일 당 2 개 트랩
4) 최저위해도 지역(정착 가능성 없는 지역) : 5 평방마일 당 1 개 트랩

③ 트랩설치 방법

기주과일 나무를 우선 선택한다. 기주나무가 없는 도심지역은 그늘진 장소를 선택한다. 설치장소는 출입이 편리하고 안정성이 있는 장소를 선택하여 지상에서 1.6~1.8 m 높이에 사방이 잘 트이고 약간 그늘이 있는 곳에 설치한다. 트랩의 설치간격은 유인력에 영향을 주지 않도록 다른 트랩과 최소 5 m 이상의 간격을 유지하도록 하고, 설치한 지점의 침입위험도가 변경되는 등 필요하다고 판단될 경우 트랩설치 지점을 변경한다.

④ 유인제 설치 및 교체

단백질먹이(protein bait) 유인제를 맥페일트랩에 설치한다. 각 트랩에는 물에 녹인 펠렛형 단백질먹이 유인제를 투입하고 1~2주 간격으로 교체한다. 단백질먹이 유인제 제작은 "트랩과 유인제의 종류와 사용 방법"을 참조한다.

⑤ 조사 횟수

- 동계(12-2월) 월 1 회
- 춘계(3-5월) 2주 1 회
- 하계(6-9월) 1주 1 회
- 추계(10-11월) 2주 1 회

⑥ 트랩설치장소 등록

농림축산검역본부(이하 "검역본부"라 한다) 지역본부 · 사무소별로 트랩번호를 부여하여 설치한 다음 설치위치의 GPS 좌표를 식물검역통합정보시스템의 금지급 과실파리예찰방제시스템에 등록한다.

⑦ 유인제 보관

단백질먹이 유인제를 제조하기 위한 펠렛(pellet)은 밀봉하여 냉동고에 보관한다. 제조한 단백질먹이 유인제는 제조 후 3 일내에 사용한다.

4.1.3.2 포장 순회 모니터링

① 조사기간 : 연중

② 조사 횟수

- 11~2월에는 월 1 회
- 3~10월에는 월 2 회 이상

③ 조사지역

공항 · 항만지역, 경유물품에 긴급사태가 발생한 지역, 격리재배지, 수출 · 입 식물 재배지역 등

④ 주요 조사 대상 기주식물

오렌지, 감귤, 만다린, 포멜로, 라임, 레몬, 금귤 등

⑤ 조사방법

기형과일, 유충, 알, 식흔, 부패, 배설물 등

4.1.4 모니터링 결과 등록 및 표본 제작

채집된 모든 과실파리는 분류, 동정하고 그 결과를 금지급 과실파리모니터링방제시스템에 등록한다.

FF 관리 DB

	A	B	C	D	E	F	G	H	I
1	날자	채집지점	트랩	곤충종(추정)	마리수	진단기술	종동정	조치	관리
2	16.3.17	제주(CJ-A-i-47)	ME	B. oroientalis	1	DNA/형태	B. orientalis	OFF 매뉴얼 제10조 1항에 따라 제주본부장통보(3/19)	OFF 매뉴얼 제4항에 따라 긴급방제지역선포(3/20)
3				B. sp.	1	DNA/형태	B. scutellata	무조치	무관리
4				Unknown	1	DNA	B. scutellata	무조치	무관리
5									

동정은 형태지표 및 분자지표를 이용한다. 분자지표의 경우는 신속동정시스템을 이용하고, 정밀동정은 농림축산검역본부의 전문가에게 보내 판정 받는다.

채집된 과실파리는 표본을 제작한 후 라벨을 부착(해충명, 기주, 채집지, 채집일자, 채집자)하여 보관한다.

4.1.5 상황보고

지역본부장 · 사무소장은 모니터링 결과 새로운 식물병해충(검역병해충, 국내미분포병해충 등)을 발견한 경우 또는 경유물품에 긴급사태가 발생한 경우와 모니터링 요원의 새로운 병해충 신고 및 조치사항을 별지 서식 제3호에 따라 농림축산검역본부(식물방제과)로 계통보고 하고 발견된 병해충 표본을 긴급 송부한다.

[별지 제3호 서식]

새로운 식물병해충 발견상황 보고

구 분	내 용
1. 발견일자	
2. 발견장소	• 주소 : • 농가명 : (TEL)
3. 병해충명	
4. 기주식물 (트랩설치 식물)	
5. 발견상황	• 발견병해충수, 발견정도, 피해증상 등
6. 조치사항	• 긴급조치(약제살포, 폐기 등) 등
7. 기 타	• 병해충 발견자 : 직 성명 • 분류동정자 : 직 성명 • 확인자 : 직 성명 • 기타 참고사항 수입식물의 수입시기, 수입국가, 수입량 농가에서 최초 발견시기 등

4.2 긴급모니터링

4.2.1 분포한계조사

4.2.1.1 트랩 종류와 배치

어떤 지역에서 1 개체 또는 그 이상의 귤과실파리가 채집될 경우, 침입한 중국귤과실파리의 분포 한계를 결정하기 위한 조사가 즉시 수행된다. 귤과실파리가 최초 발견된 지점을 중심으로 그 주변을 1.6 km 간격으로 정사각형(1.6 × 1.6 km) 격자배치구를 설정한 후 중심부에서 주변부로 격자 당 25-5-5-5-5 개의 맥페일트랩(단백질먹이 유살제 사용)을 설치한다.

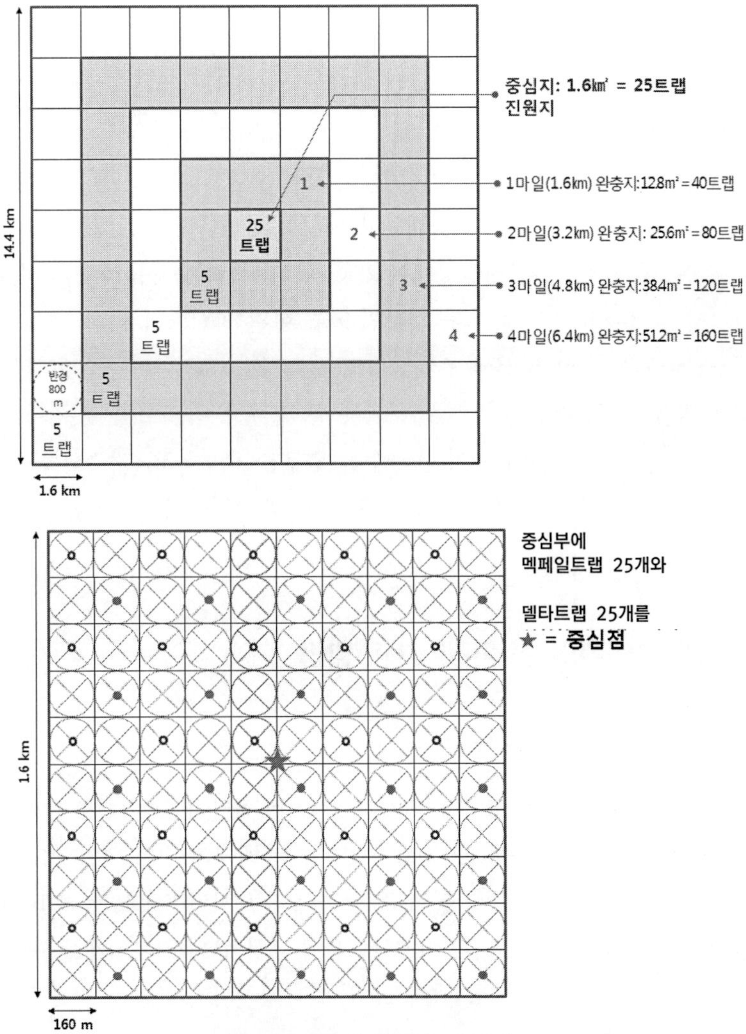

▌ 분포한계조사 예찰트랩설치 ▌

중국귤과실파리가 검출된 지점으로부터 14.4 km 밖의 지역은 상시모니터링 설치 지역에 해당하며, 기존의 실시간 모니터링을 지속한다.

4.2.1.2 트랩 조사기간 및 조사 빈도

① 조사 기간

마지막 발견 후 3세대 기간으로 세대 기간의 계산은 제3장의 예찰 프로그램을 이용한다.

② 조사 빈도

최초 발견 이후 1주 동안은 매일 조사하고, 그 후 1세대 기간 동안은 주당 2회 조사한다. 2~3세대 동안에는 2주 1회 조사한다. 트랩에 채집된 암컷은 해부하여 암컷저정낭(spermatheca)에 존재하는 정자의 유무로 교미 여부를 조사한다.

4.2.2 기주 조사

① 과실절개 검사

귤과실파리 검출지로부터 200 m 이내의 기주식물(오렌지, 감귤, 만다린, 포멜로, 라임, 레몬, 금귤 등)의 과실을 수거하여 절개하고 미성숙 과실파리의 존재를 확인한다. 이후 절개된 과실은 금지급 생물안전시설에서 27℃와 70% 상대습도를 유지하며 2~3 주 동안 보존하면서 과실파리 존재 유무를 재확인한다. 한편 과실파리 의심 기주가 보존되는 시설은 "수입금지품 수입 및 사후관리요령의 관리장소 요건"을 충족해야한다.

② 발견지 주변 기주 조사

발견지 주변 2.4 km 이내에 위치한 과수원 명부를 작성하고, 기주식물을 조사한다. 이 지역의 과일을 7~10 일 간격으로 조사한다. 이때 과수원 주인을 대상으로 탐문조사도 실시한다.

4.3 트랩과 유인제의 종류 및 사용 방법

4.3.1 맥페일트랩

맥페일트랩은 아래쪽에 액상의 유인제를 채울 수 있는 공간이 있는 윗부분이 투명한 트랩으로 과실파리는 아래쪽으로 뚫린 구멍을 통해 유인되어 용액에 빠져 포획된다(그림 1-3). 일반적으로, 맥페일트랩에는 희석한 Nu-Lure 용액 또는 물에 용해시킨 Torula yeast/borax tablet 등의 액상 단백질먹이가 유인제로 사용된다. 맥페일트랩에 액상 단백질 유인제 용액은 저장고의 가장자리 바로 아래까지 채워져야 한다. 맥페일트랩에의 과실파리 포획을 조사하고 트랩을 취급하는 요령은 다음과 같다.

1) 트랩을 나무 아래에서 내용물이 쏟아지지 않도록 수거한다.
2) 내용물을 조심스럽게 돌려서 살아있거나 용기 내벽에 붙어 있는 과실파리를 용액에 빠지게 한다.
3) 마개를 열고 내용물을 양동이 위에 놓은 체에 걸러낸다. 용기에 붙어 있는 곤충들도 모두 수거한다. 체의 아랫부분을 물에 살짝 담가서 포획된 과실파리의 날개가 펼쳐지도록 한다.
4) 포획된 과실파리 및 기타 곤충들을 70% 에탄올이 담긴 바이알에 담는다.
5) 바이알에 라벨을 부착하고 트랩의 위치 및 종류, 날짜 및 기타 필요 정보를 기입한다.
6) 트랩을 재사용하기 전에 깨끗이 한다. 투명한 부분의 투명도는 과실파리의 포획에 아주 중요하다.
7) 유인제를 첨가할 때 트랩 밖으로 쏟지 않도록 주의한다.
8) 수거한 유인제와 세척액은 적당한 용기에 담아 폐기장으로 옮긴다. 사용한 맥페일트랩은 trisodium phosphate (TSP) 용액에 5-6시간 정도 담근 후 솔로 닦아 세척할 수 있으며, 잔류한 칼슘 침전물은 Lime-A-Way를 사용해서 제거할 수 있다. 심하게 오염된 트랩은 muriatic acid 를 사용해서 세척할 수 있는데, 이 물질을 취급할 때 보호장구를 착용하는 등 각별한 주의가 요구된다.

▌그림 1-3 ▌맥페일트랩(McPhaill trap)

4.3.2 단백질먹이 유인제

단백질먹이 유인제는 천연 먹이를 기반으로 한 것으로, 보통 borax 등의 보존제와 물을 섞은 액상으로 사용된다. 단백질먹이는 과실파리 암, 수컷에 모두 유인력을 나타내며 종특이성이 낮아 여러 종류의 비대상 곤충들도 유인하는 경향이 있다. 여러 종류의 단백질먹이가 있는데, 귤과실파리에는 미국 USDA 에서 추천하는 Torula yeast (TY)/borax는 Torula yeast (5 gram pellet

+ borax) 하나를 100 ml의 포획용액(10% 프로필렌글리콜 수용액)에 섞어 사용하며, 트랩 하나에 300 ml의 용액을 사용한다. 이렇게 제조한 용액은 3일 정도 숙성된 후부터 본격적인 유인력을 발휘한다.

4.4 담당자의 역할 및 책임

4.4.1 모니터링 요원의 임무

모니터링 요원은 다음의 임무를 숙지하고 수행한다.

1) 트랩과 주변 환경의 오염을 피한다.
2) 예찰 대상 곤충을 식별해서 감독자에게 보고한다.
3) 차량 사용 일지를 정확히 기록한다.
4) GPS 데이터를 사용한 트랩의 분포도와 위치를 파악한다.
5) 트랩설치 및 서비스 방법을 숙지한다.
6) 곤충 시료의 취급, 내용 작성 및 시료 전달 방법을 숙지한다.
7) 모니터링에 필요한 장비들을 관리한다.
8) 적법한 트랩 조사 기록을 유지한다.
9) 적절한 트랩 밀도와 배치를 유지한다.
10) 트랩의 재배치를 수행한다.
11) 매뉴얼에 따라 트랩을 서비스한다.
12) 쓰레기와 낡은 트랩 및 부품들을 적절히 폐기한다.
13) 새로 도입되거나 변경된 절차를 신속히 파악하고 실행한다.
14) 대상 곤충의 기주식물을 식별하고 대상 해충의 선호기주를 숙지한다.
15) 트랩 시즌이 종료되면 모든 트랩들을 수거한다.
16) 트랩설치와 조사를 효율적으로 할 수 있도록 동선을 파악한다.
17) 임무 수행 및 명령 체계를 숙지한다.

4.4.2 모니터링 요원 기술교육

식물방제과는 지역본부 모니터링팀, 인력지원팀 및 모니터링 요원을 구성 · 확인하고, 모니터링팀 · 인력지원팀 · 예찰조사원은 정기적인 교육 · 훈련 · 평가를 통하여 상시모니터링 및 귤과실파리 발견(발생) 긴급 상황에 대비한다. 모니터링팀 · 인력지원팀 · 모니터링 요원은 상시모니터링 시작 전 실무교육을 이수하고 상시모니터링 기간 동안의 해충식별 능력평가를 받는다. 식물방제과 모니터링 담당자는 모니터링팀 · 인력지원팀 · 모니터링 요원에 대한 이론교육과 실습교육을 포함한 연간 교육계획을 수립하여 시행한다.

4.4.2.1 교육방법

모니터링 요원 실무교육	모니터링 요원 해충식별 능력평가
(담당) 식물방제과 모니터링 담당자	(담당) 식물방제과 모니터링 담당자
(대상) 모니터링 요원	(대상) 모니터링 요원
(내용) 금지병해충 육안 진단법, 트랩설치 장소 선정법, 트랩 취급법, 모니터링 결과 작성법, GPS 사용법, 포획된 표본 취급, 동정의뢰 방법, 민원인 응대법, 약품 및 차량 안전관리기본법 등	(내용) 모니터링 기간중 무작위로 선발된 4개 트랩에 금지해충 투입
(방식) 집합교육, 8시간	(방식) 실전교육
(일정) 트랩조사 시작 15일 전	(일정) 상시모니터링 시작 1개월 후 및 종료 1개월 전 실시 (2회)
(평가) 실무교육 후 실기평가 실시	(평가) 현장평가

4.4.2.2 외국의 모니터링 요원 기술교육 사례 (자료출처 : 미농무부 과실파리 예찰 가이드라인, 2015)

현장감독관은 각 모니터링 요원의 업무를 관리한다. 모니터링 요원들의 일정을 관리하고, 문제를 해결하기 위한 도움을 주며, 전반적인 지침을 내리고, 다음의 사항들도 수행한다.

4.4.2.2.1 평가

현장감독관은 정기적으로 각 모니터링 요원에 의해 운영되는 트랩의 수를 점검한다. 감독관은 평가서에 트랩 개수, 위치, 설치 장소, 설치 날짜, 유인제의 종류, 및 기타 사항 등을 기록하고, 유인제의 상태, 트랩의 재배치, 그리고 트랩 조사 일정 등을 파악한다. 모니터링 요원은 작업하는 지역에서 모니터링 결과와 문제점들을 현장감독관에게 보고한다.

4.4.2.2.2 트랩 주소록

(1) 트랩위치 주소록

모니터링 요원은 모든 트랩의 설치 날짜 및 조사 날짜와 각 트랩의 정확한 위치를 GPS 수치로 기록한 각 트랩 카드의 목록을 유지해야 한다.

(2) 지도

모니터링에 사용된 좌표들을 표시한 격자형의 대형 마스터 지도를 유지하며 내용을 매일 점검, 갱신한다. 지도에는 모든 트랩의 위치를 나타내고, 규제 지역을 표기한다.

4.4.2.2.3 트랩설치 훈련 및 홍보업무

(1) 트랩위치

새로 온 모니터링 요원은 트랩의 적절한 설치 위치 선정에 대한 개인별 지침을 부여받을 것이다.

① 트랩설치 장소의 선택

트랩을 설치할 적절한 기주식물을 선택하는 것은 효율적인 예찰에 아주 중요하다. 중국귤과실파리의 선호기주에는 오렌지, 감귤, 만다린, 포멜로, 라임, 레몬, 금귤 등이 포함되며, 귤과실파리의 트랩은 되도록 성숙한 과실이 달려 있는 선호기주에 설치하도록 한다. 트랩을 설치할 장소를 선택할 때, 과실이 달려 있는 귤과실파리의 선호 기주에 트랩의 설치를 우선적으로 고려한다. 비슷한 상태의 기주식물이 2개 이상 가용한 장소가 있다면, 동일한 품종 또는 다른 품종의 여러 가지 기주식물이 있는 장소에 트랩설치를 우선적으로 고려한다. 많은 경우, 한 종류의 식물들만이 유일하게 활용 가능한 기주가 되는데 이 경우 이 식물들에 트랩을 설치해야 할 것이다. 그리고, 한 장소에만 트랩을 설치하는 것은 피한다. 중국귤과실파리의 경우 과수원의 중앙부 또는 근처에 설치된 트랩이 가장자리에 설치된 트랩보다 과실파리를 포획할 가능성이 더 높다. 비선호 또는 2차 기주에 트랩을 설치하거나, 성숙된 과실을 가지는 기주가 있음에도 불구하고 과실이 없는 기주에 트랩을 설치할 경우 과실파리에 대한 유인 효과가 낮아질 수 있다. 또한, 주요 선호 기주이지만 성숙한 과실이 부족하거나 트랩을 설치하기에는 충분한 그늘이 없는 경우가 있는데, 이 경우, 주변의 감로가 있는 나무가 적절한 트랩설치 장소가 될 수 있다. 일반적으로, 감로가 충분히 있지 않는 한, 과실이 없는 기주에 트랩을 설치하는 것은 피하도록 한다. 감로는 달거나 투명한 분비물로 진딧물, 깍지벌레, 가루깍지벌레 및 가루이와 같은 곤충들에 의해 생성되며, 이들 감로는 단 맛을 내는 풍부한 탄수화물의 공급처로 성충 과실파리에게는 좋은 먹이원이다. 그을음병이라고 불리는 곰팡이가 감로 위에 서식하여 잎을 검게 만들기 때문에, 그을음병의 존재는 기주가 감로를 형성하는 곤충에 의해 감염되었음을 나타내는 좋은 지표이다. 흔히 구아바와 망고가 좋은 감로 제공원이 된다. 다른 선호 기주가 가용할 때에는 잎이 적은 나무나 가지에는 트랩설치를 피해야 한다. 특히 여름 기간 동안에는 중요한데, 이것은 이러한 나무나 가지는 충분한 그늘을 형성하지 못하기 때문이다. 따라서, 선호 기주가 충분한 그늘을 가지지 못할 경우에는 주변에 있는 선호성이 떨어지는 기주 또는 비선호 기주에 트랩을 설치할 것을 고려해야 한다. 바람직한 트랩설치 장소들은 "트랩위치기록"에 표시하여 향후 트랩설치 위치로 활용하도록 한다. 이는 초기 트랩설치 장소 결정 시 또는 트랩 조사 기간에 이루어질 수 있다. 도시 지역에서는 뒷마당보다 앞마당에 있는 기주식물에 트랩을 설치하는 것이 좋은데 이것은 모니터링 요원이 드나들기 용이하기 때문이다. 하지만 이것은 적합한 기주가 있는 경우에 국한된다.

② 기주에서의 트랩위치

일반적으로 과실이 없는 기주식물 속에 트랩을 설치하는 것은 권장되지 않는다.

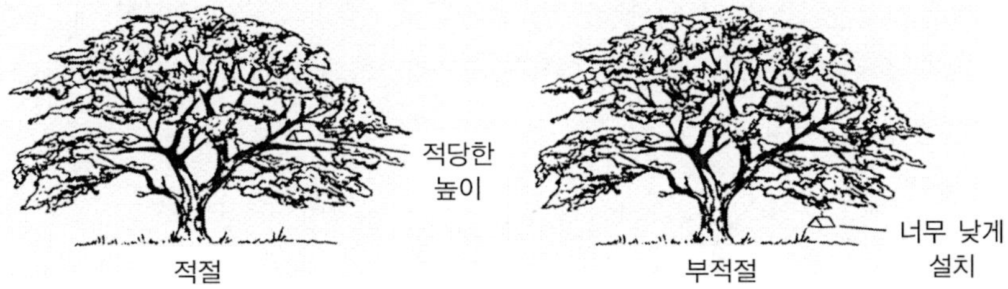

▌그림 1-4▐ 나무에서의 적절한 트랩설치 위치

트랩은 어린이, 가축, 또는 애완동물이 접촉할 수 없는 충분한 높이의 기주식물 내부에 설치되어야 한다. 이렇게 하면 바람에 의해 트랩이 떨어지는 것을 방지할 수 있다. 여름 또는 기온이 높은 시기 동안에는 트랩이 그늘진 곳에 있도록 해야 한다. 반면, 겨울 또는 서늘한 시기 동안에는 트랩이 남쪽을 향하도록 설치하는 것이 좋다. 하지만 태양 직사광선에 설치하는 것은 피한다. 나무의 줄기에서 나뭇가지의 바깥쪽 가장자리까지 거리의 1/2 ~ 2/3 정도가 되는 지점에 트랩을 설치하는 것이 좋다(그림 1-4). 트랩은 나무의 나뭇잎 바로 아래 또는 바깥쪽에 노출되도록 걸어 두어서는 안된다. 또한, 트랩을 밀집한 나뭇잎 속에 설치하는 것도 피해야 하는데, 이는 나뭇잎이 트랩 속으로 뻗어 들어가거나 트랩 속으로 파리가 들어가는 것을 방해하기때문이다. 트랩의 아래 부분에 나뭇잎이 있는 것은 좋지만 트랩 바로 밑에 나뭇잎이 있어야 하는 것은 아니다. 금속 고리를 한쪽 끝에 부착한 긴 막대를 어린이나 호기심이 많은 어른들의 선길이 쉽게 닿지 않도록 충분한 높이에 트랩을 설치하기 위해 사용할 수 있다.

(2) 홍보업무

적절한 홍보업무는 모니터링의 중요한 부분이다. 모니터링 요원들은 모니터링 프로그램의 목적과 이를 수행하기 위한 각 절차를 숙지하고 이를 일반인들이 이해할 수 있도록 설명할 수 있는 준비가 되어 있어야 한다. 그들은 일관성 있게 보여야 되고 빈번히 일반 국민과 접촉해야 한다. 모니터링 요원들은 항상 정중해야 한다. 일반인들과는 오래 계속되는 대화는 피하고 업무와 관련한 짧고 따뜻한 대화가 바람직하다. 프로그램 활동 관련 논쟁은 벌이지 않도록 주의한다. 모니터링 요원은 농식품부를 대표하고 일반 국민의 감시 속에 그 기관의 이미지를 형성한다. 일반 대중에게 좋은 인상을 만들기 위해 복장,

개인적 외관 그리고 행동을 적절히 해야 한다. 짧은 티셔츠를 입어서는 안된다. 편안하고 보호를 위해 긴 바지 또는 헐렁한 셔츠 또는 소매가 있는 블라우스를 입도록 규정한다. 신발은 신어야 한다. 두꺼운 밑창의 가죽신발은 못과 유리 조각으로부터 보호한다. 신분 확인 명찰은 매일 근무시간 동안 쉽게 신분확인을 위하여 가슴에 착용한다. 개인 소유지에 처음 들어갈 때에는 소유자 또는 관리인에게 항상 연락을 시도하며 업무를 간략하게 설명하고 트랩을 설치하기 위한 허락을 요청한다. 일반 대중과 대화할 때, 트랩은 "곤충 조사 트랩"으로 언급되어야 한다. 아무도 집에 없다면 소유자 또는 세입자에게 메모를 남겨야 한다.

4.4.2.2.4 프로그램 수행관리 전문가

모니터링 프로그램에는 프로그램 수행관리 전문가들이 참여할 수 있다. 이 전문가들은 모니터링 프로그램을 분석, 평가하며 트랩 조사 지역에 모든 모니터링 요원들과는 긴밀한 관계를 형성한다. 모니터링 요원들과 일하는 전문가들은 적절한 트랩위치, 미끼 교체, 기주 선택, 트랩 배치 및 기록 관리 등에 관한 사항들을 도와준다. 트랩 조사 지역의 문제점과 추천된 개선점은 현장전문가에게 보고되며, 프로그램 관리자에게도 알려준다. 모니터링 프로그램과 수행 과정에 대한 관점(시각)을 이해하고 개선점을 토론하기 위한 전문가들과의 미팅을 정기적으로 갖도록 한다.

4.4.2.2.5 중국귤과실파리 모니터링 요원의 평가

대부분의 박멸프로그램의 과정 동안 표식을 한, 죽은 귤과실파리가 들어 있는 트랩들을 설치해서 모니터링 요원들을 평가할 수 있다. 이는 높은 수준의 트랩 조사 능력을 유지하고 모니터링 요원의 과실파리 식별 능력을 평가하는데 큰 도움이 될 것이다. 보고 및 트랩 조사 절차는 표준화 하도록 한다. 표식된 죽은 귤과실파리는 다른 곳에서 확보하여 프로젝트 본부에서 준비하도록 한다. 다음 절차들을 참고하여 현장 등의 상황에 따라 적절히 변형하여 평가에 사용한다. 이러한 평가 프로그램을 시행하기 위해서는 사전에 그 사실을 해당 지역 비상기구 직원에게 통보해 둔다.

(1) 트랩 선택

현장감독관은 시험을 치르는 모니터링 요원 당 5~15개 트랩을 무작위로 선택한다. 프로그램 사무소에는 평가일에 앞서 적어도 1주일 전에 모두 자료를 제공하도록 한다.

(2) 준비

현장감독관은 시험용 과실파리 표본의 정확한 운반시간을 공지하도록 한다. 과실파리 표

본은 칼라로 표시된 것을 선택하여 검사한다. 과실파리를 표식한 색상은 해당 월(月)마다 변경하도록 하며, 오른쪽 또는 왼쪽 날개의 일부를 자르도록 한다. 프로그램 사무소는 각 색깔로 표식하는 것과 날개를 잘라내는 일정들을 숙지하고 있어야 한다.

(3) 우편물 발송

각 표시된 표본은 평가용 식별번호를 부착하여 자체 바이엘에 보관하고, 이 숫자들은 품질관리 로그(log.)로 기록한다. 이후 표식된 파리는 등기로 현장 감독관에게 송부하며, 현장감독관은 프로그램 사무소에 각 표본 번호와 이 표본들이 설치된 트랩 목록을 송부한다. 표본은 유인제를 설치하기 하루 전에 트랩 속에 설치한다.

(4) 반납

표식이 된 과실파리 표본이 탐지되면 표준 트랩 조사 절차에 따라 처리한다. 수거된 표본은 원래의 바이엘에 넣고, 해충감지보고서 비고란에 식별번호를 기록하며, 표본은 등기메일로 프로그램 사무소에 반납한다.

(5) 구두시험

모니터링 요원의 과실파리 등 해충 식별력을 평가, 유지하기 위해, 가끔 시험을 시행한다. 시험을 치룬 후 일반 토론을 통해 관련된 모니터링 요원들이 서로 유익한 정보를 교류할 수 있도록 한다.

5 방제 매뉴얼

5.1 방제 매뉴얼 개요

중국귤과실파리 방제를 위한 발견과 발생 기준은 대외적 발생 발표와 차이가 있다. 다음의 기준에 따라 발견의 경우는 초기방제를 실시하고, 발생의 경우는 박멸방제를 취하게 된다.

발견	모니터링 트랩에 1 마리 이상 포획된 경우
발생	• 알, 유충, 번데기 또는 교미된 암컷 1 마리 이상 또는 • 발견 후 1 주일 이내에 발견지중심(14.4 × 14.4 km)에서 성충 3 마리 이상이 트랩에 검출된 경우(수컷, 미교미 암컷)

단계	목적	방제 항목	방제적용기술	방제 영역	처리 횟수 및 기간
발견시 방제	조기발견 후 급방제	모니터링	맥페일트랩	14.4 km 격자	1회/일(첫 1주) 2회/주(첫 세대) 0.5회/주(2-3세대)
발생시 방제	초기방제 이후 박멸방제	모니터링	맥페일트랩	발견지별 14.4 km 격자	1회/일(첫 1주) 2회/주(첫 세대) 0.5회/주(2-3세대)
		방제지역선포	행정조치	14.4 km 격자	박멸기간
		기주 이동 제한	행정조치	14.4 km 격자	박멸기간
		토양소독	팔라딘 유제	발견지별 200 m 반경	1회/2주
		과실제거	수작업	발견지별 200 m 반경	1회 처리
		암컷유살제 (GF120)	지상방제	중심부 + 제1완충지 + 제2완충지	농경지, 하천 기주
			시설지방제		시설하우스 내부
			항공방제		산림지역
		불임충방사	불임충수컷	백만마리/1.6 km 중심 격자	대발생시 적용함 매주 방사
				5만마리/외곽	

5.2 발견 시 방제 매뉴얼

발견 초기 1 주일 이내에 이뤄지는 긴급 방제 매뉴얼이다.

5.2.1 분포한계 설정

발견지 중심으로 14.4 × 14.4 km 지역에서 긴급모니터링 트랩을 발견 후 24 시간 이내에 이뤄진다.

5.3 발생 시 방제 매뉴얼

5.3.1 박멸 매뉴얼 가동 기준

중국귤과실파리 "발견"에 따라 긴급 실시하는 "분포한계설정" 조사과정을 통하여 "발생"으로 전환되는 경우 박멸프로그램을 가동한다.

5.3.2 박멸 프로그램 기간

박멸 프로그램은 해당시기에 중국귤과실파리가 적어도 2 세대 발생되는 기간 동안 가동된다. 이후 재발견되면 다시 최소한 2 세대 박멸 프로그램이 재가동된다.

5.3.3 박멸 처리방법 선정기준

① 기본적으로 토양소독, 단백질먹이 유살제 및 기주제거 처리가 가동되어야 한다.
② 방제 지역이 넓은 경우 항공방제가 추가된다.
③ 불임충방사는 선택적 처리이다.

5.3.4 이동 및 재배 제한

① 과실파리가 발견된 지점을 중심으로 14.4 × 14.4 km 격자에 있는 규제대상 품목의 재배 · 취급 · 가공업자들에게 비상조치 내용을 통보한다.
② 선포된 방역지역에서는 다음의 규제조치가 포함된다.
　가) 과일 채소류의 상업구역에서 소독처리 상황 감시·감독·증명서 발급
　나) 농산물 가공시설의 주기적 방문
　다) 규제품목 폐기물에 대한 감시
　라) 공항 · 터미널에서 규제대상품목의 이동감시
　마) 검역규제지역 경계의 국도, 지방도로 등에서의 이동감시

5.3.5 과일수거

중국귤과실파리 발견지점을 중심으로 200 m 이내에 있는 모든 과일을 신속히 수거하여 50 cm 이상의 깊이에 묻는다. 유충 발견 장소에서는 기주 과일 껍질도 제거되어야 한다. 이를 수거 기간 동안 플라스틱 상자 속에 보관 후 승인된 매립지에 제거 처리된다. 매몰시 생석회(0.4%)를 첨가한다.

5.3.6 토양소독

발생 지점을 중심으로 200 m 내에 있는 모든 기주는 과일나무 밑에 팔라딘 유제(경농)를 살포한다.

5.3.7 암컷유살제 처리

살충제가 첨가된 단백질먹이 유살제를 살포한다.

(1) 지상 독먹이살포

① 조제

GF120 (동방아그로)을 물로 1.5 배 희석하여 처리한다. 예를 들어 GF120 4 L에 물을 6 L 혼합하여 살포액을 조제하게 된다.

② 처리 지역 규모

발견 지점 기준으로 중심부, 제1완충지역 및 제2완충지역까지 살포 처리한다.

③ 처리 간격

초기 발견 이후 2 세대 기간 동안 주당 1 회 살포한다.

④ 처리 방법

미끼는 개인휴대용 스프레이기 또는 동등한 장치의 수단에 의해 주거지와 휴식공간이 제공되는 기주와 식물에 제한된 범위적용으로 사용될 수도 있다. 사용은 어린이 또는 애완동물에게 피해가 발생하지 않는 장소에 적용된다. 모든 범위적용이 요구된다면 송풍식 분무기 또는 유사한 장치가 사용될 수 있다.

⑤ 처리 약량

각 처리지점은 표면이 모두 적셔지도록 살포한다.

(2) 시설지 살포

지상 살포와 동일방법으로 약제를 조제하고, 해당지역에서 기주를 재배하는 모든 시설재배지 내부에 살포한다.

(3) 항공 살포

지상 살포와 동일방법으로 약제를 조제하고, 해당지역 포함된 산림 지역에 살포한다.

5.3.8 불임충방사 처리

① 불임충방사는 박멸처리 후 잉여 중국귤과실파리 개체를 완전히 제거하기 적용된다. 이 방법은 과실 껍질 제거, 독먹이살포 및 토양관주(토양이나 나무에 구멍을 파서 약액을 주입하는 약제살포의 한 방법)와 혼합하여 사용될 수 있다.

② 우선 정확한 종 동정이 필요하다. 즉 방사될 종과 침입 종과 동질성이 확보 되어야 한다.

③ 모니터링 트랩을 이용하여 1.6 × 1.6 km 면적 단위로 5 개 트랩배치가 필요하다. 이 트랩들은 단백질먹이유인제를 유인제로 일주일 간격으로 조사된다.

④ 불임충방사 밀도

감염중심지를 1.6 × 1.6 km 면적으로 정하고 여기에 매주 백만마리 이상의 불임충을 방사하게 된다. 감염외곽지(완충지)는 중심지에서 4.8 km 반경 지역으로 1.6 × 1.6 km 면적 기준으로 50,000 마리 이상이 방사된다.

⑤ 불임충방사 수단

(1) 지상 방사

이동 차량을 통해 불임충을 방사한다. 특히 감염중심지 처리에 유효하다.
감염중심지 주변처리도 가능할 수 있다.

(2) 항공 방사

육상 차량 방사보다 균일하게 불임충을 방사할 수 있다.

5.4 박멸선언 매뉴얼

5.4.1 트랩 모니터링을 통한 박멸효과 확인

① 마지막 발견 후 3 세대 기간 동안 모니터링을 실시한다.

② 정밀조사 이외의 지역에도 상시모니터링 지역에서 3 세대 동안 모니터링을 실시한다.

5.4.2 과일수거검사를 통한 박멸효과 확인

① 중앙지점 및 제1완충지역(발견지점으로부터 2.4 km 반경이내) 등에 있는 과일을 7~10 일 간격으로 조사한다. 특히 중앙지점의 기주과일은 명부를 작성하고 즉석에서 칼로 절개하

여 검사한다.

② 시설이 갖추어진 경우에는 수거된 과일은 과실파리 최적온도인 26℃/70% 습도조건에서 1 주 ~ 1 세대기간 동안 사육 후 검사한다. 과일이 저장되는 시설은 우화하는 과실파리가 날아가지 않도록 안전관리에 만전을 기해야 한다.

5.4.3 박멸선언

과실파리 최종발견 후 3 세대 기간 동안 더 이상 발견이 되지 아니하였을 경우 박멸된 것으로 판정한다.

CHAPTER 02

타우과실파리

1 생물정보

1.1 분류학적 위치

영 명	Pumpkin fruit fly
학 명	*Zeugodacus* (*Zeugodacus*) *tau* (Walker, 1849)
강	곤충강(Insecta)
목	파리목(Diptera)
과	과실파리과(Tephritidae)

Dasyneura tau Walker 1849 : 1074. — China. Jiangxi : Foochow [Fuzhou]; & unknown locality. Syntype ♂ BMNH. Type data (Hardy 1959 : 185).

Dacus hageni Meijere 1911 : 375. — Indonesia. Sumatra : Serdang, Tandjong Morawa. Syntype ♀ RNH.

Dacus caudatus var. *nubilus* Hendel 1912 : 16. — Taiwan. Tainan. Lectotype ♀ NMW. Lectotype designated by Hardy 1968 : 113.

Dacus nubilus ssp. *femoralis* Hendel 1934 : 11. — China. ne. Sichuan. Holotype ♀ NRS?

Zeugodacus bezzianus f. *signata* Hering 1941 : 10. — India. Sikkim. Syntype ♂♀ ZMHU.

Zeugodacus nubilus ssp. *heinrichi* Hering 1941 : 11. — Indonesia. Sulawesi : Bantimoeroeng. Holotype ♀ ZMHU.

Zeugodacus bezzianus Hering 1941 : 26. — China. Sichuan : Mou Pin [Pao Hing]. Holotype ♀ BMNH.

Drew (1989)의 분류체계에 따르면, 많은 해충 종을 포함하는 *Bactrocera, Zeugodacus* 및 *Dacus*속은 Dacinae아과의 Dacini족에 속한다. *Zeugodacus*속은 최근까지 *Bactrocera*속의 몇몇 아속들에 속하는 분류군이었으나, 다른 *Bactrocera*속 분류군들과 계통적으로 명확하게 구분되며, 오히려 *Dacus*속에 더 근연관계가 깊은 것으로 추정되어 독립적인 속으로 재분류되었다(Vergilio et al., 2015; DeMeyer et al., 2015). *Zeugodacus tau*는 *Zeugodacus*속의 190여종 중 하나이다. 이 속은 동남아시아, 중국, 오스트레일리아 및 남태평양 섬들에서 아프리카까지 넓게 분포하고 있다. *Zeugodacus* 속에 속한 많은 종들의 숙주 및 피해 상황이 아직 정확히 연구되지 않고 있으며 여기에 추가적으로 신종들이 매년 발견되는 상황이다. 따라서 정확히 집계할 수는 없지만, 전체적으로 매우 큰 경제적 피해를 주는 것으로 믿어지고 있다.

*Zeugodacus tau*는 현재 식별되고 있는 10여 개의 아속들 중에서 *Zeugodacus*아속에 속한다. 따라서 타우과실파리의 학명은 아속명을 포함하여 *Zeugodacus* (*Zeugodacus*) *tau*로 인용되기도 한다. 그러나 아직도 많은 문헌들에서는 최근의 분류체계 변화가 적용되지 않아 *Bactrocera tau* 또는 *Bactrocera* (*Zeugodacus*) *tau*로 인용된다. 이 종은 분포지인 동남아시아에서 매우 흔하며, 근연종들과의 구분을 위해 가슴 및 배무늬와 날개무늬를 잘 확인하여야 한다. 특히 소순판이 전부 황색이며, 복부 등판의 T-무늬, 넓적다리 마디들의 끝부분 가까이에 흑갈색 무늬가 있는 점으로 근연종들과 구분이 가능하다.

1.2 생활사

타우과실파리는 동남아시아와 아시아 남부 전지역에 거쳐 연중 발생하는 종으로 박과류(Cucurbitaceae)의 중요한 해충이고, 호박과 토마토에 피해가 크다(White and Elson-Harris, 1992; Danjuma, 2018). 분포지역과 기주식물이 오이과실파리(*B. cucurbita*)와 중복되어 있고, 생물적 특성과 행동 특성이 서로 유사하여 종종 혼동되기도 한다(Narayanan and Batra, 1960). 타우과실파리의 생물적 특성은 지역 간 변이가 심하여 자매종이 존재하며(Jaleel et al., 2018), 인도에서는 Jaah 지역 개체군의 내적자연증가율이 가장 높은 것으로 보고되었다(Thakur et al., 2017).

타우과실파리는 산란 선택에서 오이, 호박, 수세미에 각각 23.68, 19.94, 21.18%의 선호성을 보이고, 가시박(kankrol : *Momordica cochinensis*)이 가장 선호하는 기주식물이었다(Huque, 2006). 동남아지역에서는 기주식물에 30~40%의 피해를 주는 종으로 알려져 있다(Jaleel et al., 2018). 인도에서는 오리엔탈과실파리나 카람볼라과실파리와 비교하여 피해가 적으며 연간 발생량이 낮게 유지된다고 보고하였다(Danjuma, 2018).

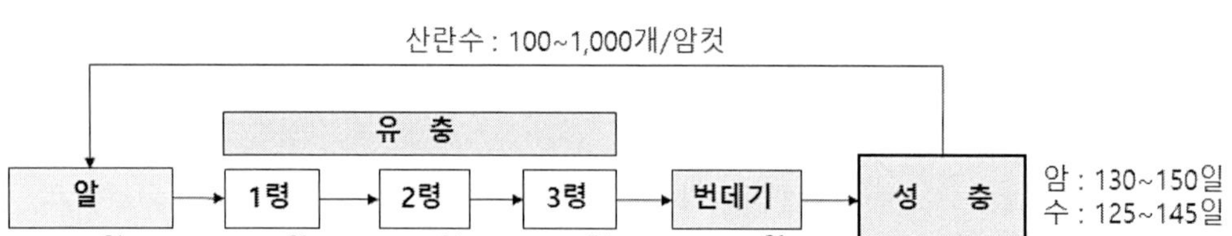

그림 2-1 타우과실파리 생활사(Jaleel et al., 2018)

타우과실파리는 기주식물에 따라 발육기간, 성충수명, 산란수 등 생물적 특성에 매우 다르게 나타나는데(그림 2-1), 알기간 1~2일, 유충 10~15 일, 번데기 6~10 일이고, 성충수명은 암컷 130~150 일로 수컷보다 약간 길다. 산란수는 기주식물에 따라 차이가 심하며 수세미에서 최대 900 개 이상 산란하고, 인공사료를 제공한 경우 1,000 개 이상의 알을 낳는다(Liu and Lin, 2001). 기존 보고된 타우과실파리 온도별 발육기간, 수명 및 산란수 등 자료는 다음 표 2-1과 같다.

표 2-1 타우과실파리 온도별 발육기간, 수명 및 산란수 기존자료

온도	알	유충	번데기	산란전 기간	수명 (암)	산란수	알-알 기간	사육 환경	기주식물	참고문헌
19	1.51	7.38	13.45	17		210.9	39.3	실내	오이	Zhou et al,. 1994
19.69	3	17	11	22			53.0	포장	여주	Kabir et al., 1997
19.84	3	19	13	23			58.0	포장	여주	Kabir et al., 1997
22	1.35	6.99	11.86	13		211.9	33.2	실내	오이	Zhou et al,. 1994
22.41	2.5	16	12	18			48.5	포장	여주	Kabir et al., 1997
24.26	2	12	10	16			40.0	포장	여주	Kabir et al., 1997
24.56	2	15	9	18			44.0	포장	여주	Kabir et al., 1997
25*				9.8	33.8	105.88	22.1	실내	토마토, 오이	Thakur et al., 2017
25*				10.1	38.5	202.6	24	실내	토마토, 오이	Thakur et al., 2017
25*				0.2	36.4	209.21	12.8	실내	토마토, 오이	Thakur et al., 2017
25*				11.1	28.4	178.6	27.3	실내	토마토, 오이	Thakur et al., 2017
25*				8.6	31.6	233.2	20.2	실내	토마토, 오이	Thakur et al., 2017
25	1.3	6.9	7	11.6	111.9	464.6	41.0	실내	호박	Singh et al., 2010
25	1.03	6.09	10.02	12		524.4	29.1	실내	오이	Zhou et al,. 1994
25	0.97	8.95	8.63	14.7			33.3	실내	파파야	Chen, 2001
27.17	1.5	11	8	14			34.5	포장	여주	Kabir et al., 1997
27.98	1.6	13	8	15			37.6	포장	여주	Kabir et al., 1997
28	0.86	5.27	7.15	10		375.8	23.3	실내	오이	Zhou et al,. 1994
28	0.84	13.15	7.36		85.75	665.5	22.0	실내	여주	Liu and Lin, 2001
28	0.83	12.09	7.48		69.86	769.43	26.0	실내	멜론	Liu and Lin, 2001
28	0.84	11.92	7.85		90.2	910.9	28.0	실내	수세미	Liu and Lin, 2001
28	0.84	11.32	8.21		93	1099.1	30.0	실내	인공사료	Liu and Lin, 2001
28.84	1	10	7	11			29.0	포장	여주	Kabir et al., 1997
28.93	1.5	12	7	14			34.5	포장	여주	Kabir et al., 1997
29.2	1.3	10.5	7	12			30.8	포장	여주	Kabir et al., 1997
29.51	1.2	10.5	7	12			30.7	포장	여주	Kabir et al., 1997
29.8	1.4	11	7	13			32.4	포장	여주	Kabir et al., 1997
31	0.67	4.6	6.76	9		93.5	21.0	실내	오이	Zhou et al,. 1994
34	0.66	4.93	7.72	11		0.51	24.3	실내	오이	Zhou et al,. 1994

* 상온(room temperature)을 25℃로 간주하였음

1.3 분포

타우과실파리는 아시아 남부지역에 분포하며 오세아니아에서는 솔로몬제도에서 발견되는 것으로 알려져 있으면 기존자료를 종합하면 다음과 같다.

○ 타우과실파리 분포지역(Jaleel et al., 2018; EPPO/CABI 포함)

대륙	국가/지역
아시아 (Asia)	방글라데시 (Bangladesh)
	부탄 (Bhutan)
	브루나이 다루살람 (Brunei Darussalam)
	캄보디아 (Cambodia)
	중국 (China)
	- 충칭 (Chongqing)
	- 푸젠성 (Fujian)
	- 광둥성 (Guangdong)
	- 광시 (Guangxi)
	- 구이저우성 (Guizhou)
	- 하이난성 (Hainan)
	- 홍콩 (Hongkong)
	- 후베이성 (Hubei)
	- 산시성 (Shaanxi)
	- 쓰촨성 (Sichuan)
	- 티베트족 자치구 (Xizang)
	- 윈난성 (Yunnan)
	- 저장성 (Zhejiang)
	인도 (India)
	- 안다만 니코바르 제도 (Andaman and Nicobar Is.)
	- 아루나찰프라데시 (Arunachal Pradesh)
	- 비하르 (Bihar)
	- 델리 (Delhi)
	- 하리아나 (Haryana)
	- 히마찰프라데시 (Himachal Pradesh)

	- 히마찰프라데시 (Himachal Pradesh)
	- 잠무 카슈미르 (Jammu and Kashmir)
	- 카르나타카 (Karnataka)
	- 케랄라 (Kerala)
	- 마하라슈트라 (Maharashtra)
	- 메갈라야 (Meghalaya)
	- 펀자브 (Punjab)
	- 시킴 (Sikkim)
	- 타밀 나두 (Tamil Nadu)
	- 우타르 프라데시 (Uttar Pradesh)
	- 서벵골 (West Bengal)
(Asia)	인도네시아 (Indonesia)
	- 수마트라 (Sumatra)
	라오스 (Laos)
	말레이시아 (Malaysia)
	- 서말레이시아 (Peninsular Malaysia)
	- 사바 (Sabah)
	- 사라왁 (Sarawak)
	미얀마 (Myanmar)
	싱가포르 (Singapore)
	대만 (Taiwan)
	태국 (Thailand)
	베트남 (Vietnam)
오세아니아 (Oceania)	솔로몬제도 (Solomon Islands)

1.4 기주

타우과실파리는 박과류 식물뿐만 아니라 망고, 파파야, 오렌지, 만다린, 고추 등도 가해한다.

○ **타우과실파리의 기주목록** (Jaleel et al., 2018; CABI, 2018)

과	학명	영문명	일반명
Achariaceae	*Hydnocarpus anthelminticus*	-	-
Anacardiaceae	*Mangifera indica*	mango	망고
Arecaceae	*Borassus flabellifer*	toddy palm	팔미라야자(palmyrapalm) 다라수
Caricaceae	*Carica papaya*	papaya	파파야
Celastraceae	*Siphonodon celastrineus*	Hyunja	-
Cucurbitaceae	*Benincasa hispida*	winter melon waxgourd	동과
	Bryonia laciniosa	ayurvedic herb	-
	Citrullus lanatus	watermelon	수박
	Coccinia grandis	ivy gourd voigt scarlet gourd	-
	Cucumis melo	melon musk melon	멜론
	Cucumis sativus	cucumber	오이
	Cucurbita maxima	giant pumpkin	서양계 호박 (squash)
	Cucurbita moschata	pumpkin	호박
	Cucurbita pepo	marrow zucchini	호박 (marrow) 일종
	Diplocyclos palmatus	striped cucumber Jeffrey	-
	Lagenaria siceraria	bottle gourd	호리병박 (calabash)
	Luffa acutangula	angled luffa	비단 단호박 (ridge gourd)
	Luffa aegyptiaca	loofah towelgourd	수세미외
	Momordica charantia	bitter gourd	여주 (balsam apple)
	Momordica cochinchinensis	gac fruit	큰둥근여주 게욱(geuk)

	Siraitia grosvenorii	-	나한과
	Trichosanthes cucumerina	snake gourd tropical vine subtropical vine	뱀오이
	Trichosanthes dioica	parval gourd pointed gourd	-
	Trichosanthes laceribracteata	-	-
	Trichosanthes pilosa	Japanese snake gourd	뱀오이 (snake gourd) 일종
	Trichosanthes palmat	Red ball snake gourd	-
	Trichosanthes tricuspidata	Tropical vine subtropical vine	-
Fabaceae	*Phaseolus vulgaris*	common bean	덩굴강낭콩
Loganiaceae	*Strychnos thorelii*	-	-
Moraceae	*Artocarpus heterophyllus*	jackfruit	잭프루트
	Ficus racemosa	cluster tree	영서화 우담화
Myrtaceae	*Psidium guajava*	guava	구아바
	Syzygium samarangense	Wax apple	왁스잠부 (wax jambu)
Oxalidaceae	*Averrhoa carambola*	star fruit	카람볼라 (carambola, starfruit)
Passifloraceae	*Passiflora edulis*	passion fruit	패션프루트
Rutaceae	*Citrus maxima*	Pomelo	포멜로 (pomelo)
	Citrus reticulata	mandarin tangerine	만다린 (mandarine)
	Citrus sinensis	orange	당귤, 오렌지
Sapindaceae	*Dimocarpus longan*	longan tree	용안 롱간
Sapotaceae	*Manilkara zapota*	sapodilla	사포딜라
Solanaceae	*Capsicum annuum*	bell pepper	고추
	Capsicum frutescens	chili pepper	고추 일종
	Solanum lycopersicum	tomato	토마토 일종
Vitaceae	*Vitis vinifera*	Grapes	유럽종 포도

1.5 피해 및 방제 기술

1.5.1 이동과 확산 방법

타우과실파리와 복합종은 운송수단을 통하여 일본, 미국, 인도네시아, 파키스탄으로 침입한 사례가 있듯이 이동과 확산 위험성이 높다(Hasyim et al., 2016; Ohno et al., 2008). 주로 성충비행과 감염과실의 이동에 의하여 이루어지지만 일반 배의 화물 또는 비행승객의 과실 밀반입, 우편물을 통한 과실의 밀반입도 중요하다.

타우과실파리 이동(장거리) 매개체가 될 수 있는 종류는 다음과 같다.

매개체	내용	장거리	지역내
항공기	유충 및 알에 감염된 과실	○	
대량화물	모든 발육단계	○	
소모성물품(유람선에 실은 식량 등)	모든 발육단계	○	
부유 식물체/쓰레기	유충 및 알에 감염된 과실	○	○
육상 교통수단	번데기	○	○
화물(선원들의 사물함 포함)	유충 및 알에 감염된 과실	○	○
메일/우편	알 및 유충에 감염된 과실	○	○
식물 또는 식물 일부	알 및 유충에 감염된 과실	○	○
토양, 모래, 자갈 등	번데기	○	○
바람	성충		○
히치하이크	성충	○	○

1.5.2 경로 매개체

다음은 타우과실파리 충체 자신의 이동 능력 외에 다른 운반체에 의해 이동되는 수단이다.

식물체의 종류/부위	발육단계	내부	외부
꽃, 꽃송이(화서), 꽃받침, Cones	알, 유충	○	
과실류(콩 꼬투리 포함)	알, 유충	○	
기주식물이 심어진 배지	번데기	○	
잎	알, 유충	○	
뿌리	알, 유충	○	
줄기(지상부), 가지, 새순	알, 유충	○	

■ 운반체 역할을 하지 않는 것으로 알려진 식물체 부분 : 껍질, 구근(비늘줄기), 꽃(꽃받침 부위 포함), 잎, 뿌리, 줄기(신초, 가지 포함), 덩이줄기(tuber), 채근(구경 corms), 지하경(rhizome), 실생묘(seedling), 조직배양 식물, 종자, 목질부 등

1.5.3 검역 중요성

타우과실파리는 대만, 태국, 인도네시아, 인도 등에서 특히 호박 등 박과류에 피해가 큰 해충이고, 감귤류에도 발생이 가능하므로 우리나라에서 중요한 검역대상해충이다.

1.5.3.1 경제적 영향

인도네시아에서 여주 41~89% 피해, 태국 비단 단호박(*Luffa acutangula*) 5.6% 및 채소류 10~15% 피해, 대만에서는 나한과(*Siraitia grosvenorii*)와 동양계 호박(*Cucurbita moschata*)에 각각 21~34%와 21~32%, 인도에서는 채소 80% 피해가 보고되었다(Reviewed in Jaleel et al., 2018).

1.5.3.2 환경적 영향

타우과실파리는 원산지나 침입지의 자연환경에 심각한 피해를 유발하는 해충은 아니다.

1.5.4 모니터링과 방제

1.5.4.1 의심 기주 조사

타우과실파리 기주식물의 목록을 작성하고, 국내 해당지역에서 기주식물로 가능성 있는 종을 선정한다. 농경지 내에서는 주기적으로 약제방제를 실시하기 때문에 발견이 되지 않을 수 있다. 관리하지 않는 야생기주식물의 조사가 중요하며 특히 민간에서 정원수 또는 텃밭에서 재배되는 기주식물을 파악해야 한다.

1.5.4.2 조기경보시스템

상시모니터링 트랩을 운영하여 감시가 필요하다. 항만, 공항, 대형 마켓, 농산물 집하장, 외래인 밀집지역 등 위험도가 높은 지역에 트랩을 설치하여 조기 검출한다. 유인제로서는 큐루어(Cuelure : CL)가 유효하다. 대만 타이중 지역에서 실시된 2017년 야외 모니터링에서 메틸유제놀(methyl eugenol : ME)과 CL을 비교한 결과 CL에서만 포획되었다(Kim et al., 2018b). 이듬해 2018년에 다시 대만 타이페이와 타이중 지역에서 모니터링한 결과 타우과실파리가 CL 유인제에만 특이적으로 유인되는 것을 확인하였다(Kim et al., 2019). 따라서 CL로 국경검역 지역을 중심으로 조기경보시스템을 갖추어야 한다.

1.5.4.3 발생 모니터링

CL 유인제를 이용하여 상시모니터링이 실시되어야 한다. 단, CL 유인제에 국내에 서식하는 호박꽃과실파리가 다수 유인되기에 이들 가운데 타우과실파리의 형태적 특징으로 구분을 지어야 한다.

찔린 자국 및 괴사와 관련된 흔적이 보이는 과실(지역적으로 재배된 또는 수입 과실의 샘플)은 검사해야 한다. 의심되는 과실은 절개하여 유충 유무를 점검해야 한다. 유충 동정은 어려워 분자지표를 이용하거나 성충으로 발육시켜 정확한 동정을 진행하게 된다. 우화 후 체벽의 경화와 체색을 갖추도록 며칠간 성충에게 설탕과 물을 공급한다.

1.5.4.4 법적 방제

타우과실파리가 발생하는 지역에서 농작물을 수출하는 국가에 대해서는 엄격한 수확후 살충처리를 요구한다. 이 처리는 훈증, 열처리, 저온처리, 살충제 처리 또는 방사능 조사가 포함된다(Hossain et al., 2011). 방사능 조사는 대부분 나라에서 허용하지 않으며, 현재 많은 국가들이 메틸브로마이드 훈증처리를 한다. 열처리는 대부분 과실의 유통 기간을 감소시키는 경향이 있다. 따라서, 법적 방제는 과실파리 발생이 없는 지역에서 생산된 과실 수입으로 제한하게 된다.

1.5.4.5 재배적 방제

일반적으로 과실파리에 대해 가장 효과적인 방제 기술 중 하나는 신문지, 종이박스 또는 길고 얇은 폴리에틸렌 주머니로 과실 열매를 싸는 물리적 수단으로 성충이 과실을 공격하기 전에 이뤄져야 한다.

감염과실의 제거 방법(낙과 과실포함)은 소각 또는 매물(적어도 지표면에서 0.5 m 이하), 동물먹이 제공 및 짙은 색 비닐봉지에 보관하여 태양에 방치함(이에 내부온도는 상승하여 유충을 죽임)으로써 가능하다. 또 다른 물리적 방제 방법으로 과실나무 아래 토양을 갈퀴질한다. 이는 번데기를 지상부로 노출시켜 건조 또는 다른 생물체에 의해 포식되게 한다.

과수에서는 토양 수분함량을 높이므로써 과실파리 번데기를 방제할 수 있다. 토양수분을 80~90%로 처리하였을 때 타우과실파리 번데기가 우화하지 못하는 것으로 알려졌다(Li et al., 2013).

1.5.4.6 화학적 방제

망고 과원에서 과실이 익기전 endrin, sialodrin, diptrex, diazinon, dimecron 살포가 효과적이었으며 carbaryl과 malathion 혼합 살포시 방제효과가 제일 좋았다(Panhwar, 2005).

당밀(molasses)과 fenvalerate 혼합제 미끼살포로 효과적으로 타우과실파리를 방제할 수 있었다(Saikia and Dutta 1997). 붕사(붕산)과 가수분해 단백질은 타우과실파리에 노출 24시간후 40~98% 살충률을 나타냈다(Sunandita and Gupta 2001). 대만에서 오이과실파리뿐만 아니라 타우과실파리 방제에도 단백질 유인제(pinnacle, Australian protein bait)와 trichlorfon 혼합살포가 효과적 이었다(Chinajariyawong et al., 2003).

1.5.4.7 불임곤충방사 기술

타우과실파리에 관한 연구는 아직 수행되지 않았으며 오이과실파리에 준하여 적용할 수 있을 것이다(Reviewed in Jaleel et al., 2018).

1.5.4.8 수컷유살제 처리기술

수컷유살제는 과실파리 박멸 초기단계에서 폭 넓게 사용할 수 있는 방법이다. ME (methyl eugenol) 68.5~72.0%와 cue-lure 8.0~8.5% 독미끼를 이용하여 Ishigaki 섬(대만에서 300 km 거리 위치)에서 효과적으로 오리엔탈과실파리와 타우과실파리를 방제한 사례가 있다(Ohno et al., 2008). 살충제로는 naled, malathion, fipronil 등을 사용한다. 방글라데시에서는 타우과실파리가 ME에 유인된 사례가 있다(Toledo et al. 2004).

2 진단 매뉴얼

2.1 형태적 진단법

2.1.1 유충형질

White & Elson-Harris (1992) 273쪽 참조

2.1.2 성충형질

중형종이다(그림 2). 얼굴은 황갈색에 한 쌍의 타원형 흑색 점이 측면 하단부 가까이 있으며, 3쌍의 이마센털 중 앞쪽 2쌍은 가깝게 근접해있다. 안센털은 1쌍이다. 가슴판(순판)의 전반부 중앙부위는 갈색이며 정중앙에 가는 흑색 세로띠가 있으며 어깨판 뒤는 흑색이다. 가슴판 횡단 봉합선 뒤쪽 양 옆에는 한 쌍의 뚜렷한 황색 세로띠가 소순판 측면 전방의 센털(intra-alar seta)에서 끝나며, 황색 중앙세로띠는 측면 띠보다 훨씬 짧다. 소순판과 어깨판, 날개 앞쪽에서 측판 하단 부근까지 황색이다. 넓적다리마디들은 황갈색이며 마디들의 끝부분 가까이에 흑갈색 무늬가 있다. 뒷다리 종아리마디는 흑갈색이다. 날개는 투명하며 좁은 갈색 띠가 전단부를 따라 R4+5를 약간 지나서 끝나며, 끝 부분이 크게 확장되어 있다. 기주실(bcu)과 둔맥(A)을 따라 추가적인 넓은 갈색 띠가 있다. 복부등판들은 황갈색-갈색 바탕에 흑갈색 무늬가 있으며 중앙세로무늬가 뚜렷하며, 3번 복부등판의 가로무늬와 함께 T-자를 형성하며, 4-5 등판 측면에도 각각 넓은 흑색 가로무늬가 있다. 암컷의 산란통은 황갈색이며 바로 앞쪽 2개의 복부등판보다 약간 짧다.

이 종은 분포지인 동남아시아에서 매우 흔하다. 근연종들과의 구분을 위해 가슴 및 배무늬와 날개무늬를 잘 확인하여야 한다. 특히 소순판이 전부 황색이며, 복부 등판의 T-무늬, 넓적다리 마디들의 끝부분 가까이에 흑갈색 무늬가 있는 점으로 근연종들과 구분이 가능하다.

2.1.3 유인제

큐루어(Cue-lure)

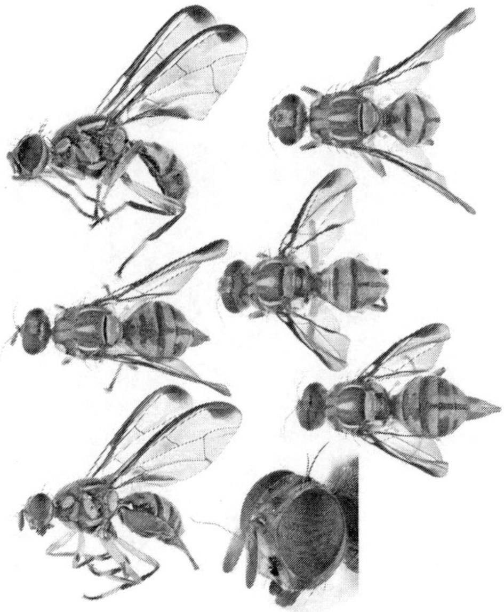

‖ 그림 2-2 ‖ 타우과실파리(*Zeugodacus tau*)의 수컷 및 암컷. Photographs by Ho-Yeon Han.

한국에서 타우과실파리의 예찰과정에서 혼돈될 수 있는 과실파리 종들은 오리엔탈과실파리(*Bactrocera dorsalis* (Hendel)), 오이과실파리(*Zeugodacus cucurbitae* (Coquillett)), 호박과실파리(*Zeugodacus depressa* (Shiraki)), 호박꽃과실파리(*Zeugodacus scutellata* (Hendel)), 녹나무과실파리(*Bactrocera hyalina* (Shiraki))이다. 이들 종들을 구별할 수 있는 검색표는 다음과 같다.

[검색표(성충)]

1. 가슴등판에 노란색의 세로줄이 2개이다 ········· 2
—. 가슴등판에 노란색의 세로줄이 3개이다 ········· 3
2. 소순판은 노란색이다 ········· 오리엔탈과실파리
—. 소순판의 뒤쪽 반 정도가 검은색이다 ········· 녹나무과실파리
3. 소순판의 뒤쪽 반 정도가 검은색이다 ········· 호박꽃과실파리
—. 소순판은 노란색이다 ········· 4
4. 가슴등판의 후반부가 노란 줄무늬를 제외하고 황갈색이 우세하다; Crossvein DM-Cu 주변에 넓은 흑갈색 띠가 있다 ········· 오이과실파리
—. 가슴등판의 후반부가 노란 줄무늬를 제외하고 흑갈색이다; Crossvein DM-Cu 주변에 넓은 흑갈색 띠가 없다 ········· 5
5. 날개 전방 말단부의 검정 점무늬가 작다(점무늬 중앙 시맥 앞쪽과 뒤쪽의 너비가 비슷) ········· 호박과실파리
—. 날개 전방 말단부의 검정 점무늬가 크다(점무늬 중앙 시맥 앞쪽보다 뒤쪽의 너비가 월등) ········· 타우과실파리

타우과실파리

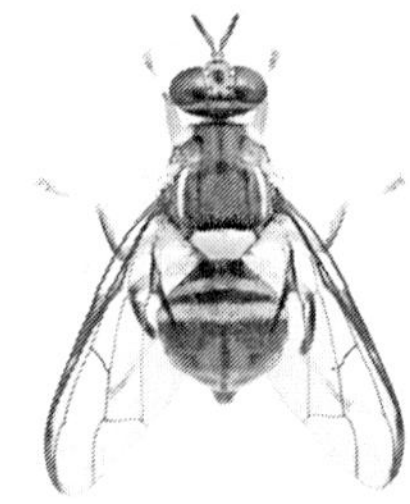

오리엔탈과실파리
(IAEA Imagebank 06410590)

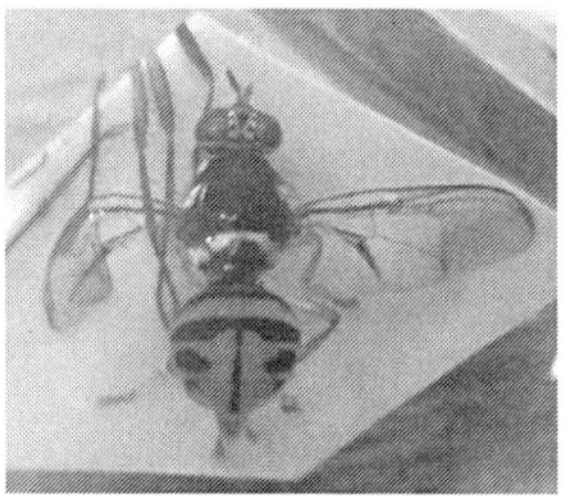

녹나무과실파리
(농림축산검역본부 제공)

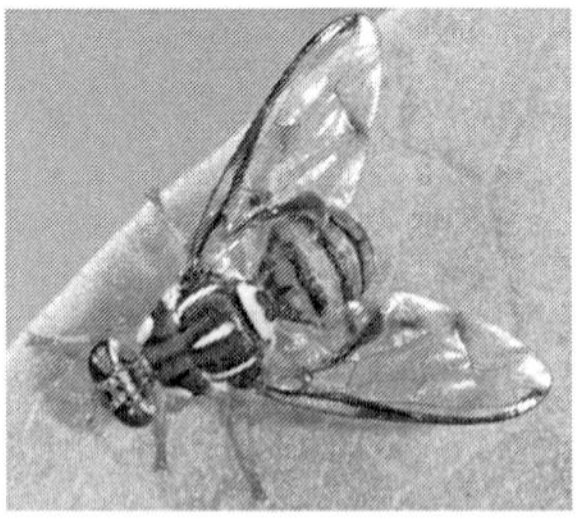

호박꽃과실파리

오이과실파리

호박과실파리

2.2 분자적 진단법

2.2.1 시료 준비법

모든 발육태(알, 유충, 번데기, 성충)를 재료로 활용가능하다. 성충은 다리 또는 가슴을 재료로 활용이 권장되며 이들 영역에 응애 등 다른 이물질이 부착할 수 있기에 재료로 사용 전 확인 및 제거한다. 번데기는 주로 기주의 외부환경에 존재하므로 내부기생성인 기생봉(천적)이 감염될 가능성이 있기에 사용 시 주의가 요구된다.

2.2.2 DNA 추출법

핵산 추출은 시판되는 핵산추출키트(예를 들면, Quiagen Dneasy Blood & Tissue Kit)를 사용한다. 추출방법은 구매한 핵산추출키트에 포함된 매뉴얼에 따라 DNA를 추출한다.

2.2.3 유전자 증폭(PCR) 조건

① PCR premix는 iNtRON 또는 BIONEER 제품을 사용하며, 제품 구매시 제공되는 튜브(tube) 당 다음과 같이 재료를 혼합하여 분석을 실시한다.

DNA	1 ㎕
프라이머 : 정방향 (10 pmol)	1 ㎕
프라이머 : 역방향 (10 pmol)	1 ㎕
증류수	17 ㎕
전체 부피	20 ㎕

* 정방향 프라이머 : LCO1490 (5-GGTCAACAAATCATAAAGATATTGG-3)
  역방향 프라이머 : HCO2198 (5-TAAACTTCAGGGTGACCAAAAAATAC-3)

② 분석에 사용되는 PCR 기계의 조건은 다음과 같다.

구 분	온도	시간	반복수
초기 변성	95℃	7 min	1 ×
변성 재생 합성	95℃ 45~55℃ 72℃	60 s 30 s 60 s	35 ×
최종단계	72℃	10 min	1 ×

③ 증폭된 PCR결과물은 마크로젠 등에 염기서열 분석의뢰 한다.

1) 염기서열 분석 의뢰한 회사에 BLAST까지 요청하여 동정결과를 수령하거나,
2) 염기서열 정보를 수령하여 직접 "해충DNA 바코드시스템(http://10.110.128.102/main/main.asp)" 또는 "BOLD SYSTEMS (http://boldsystems.org)"에 접속, BLAST하여 동정을 실시한다.

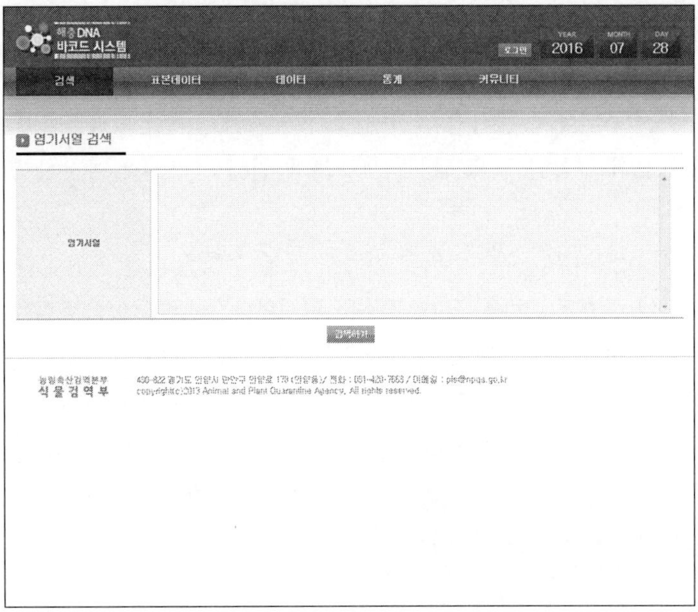

농림축산검역본부, 해충 DNA바코드 시스템 웹사이트

2.2.4 DNA 바코드 동정기준

2019년 4월 현재 BOLD 데이터베이스에 200개체 이상 입력되어 있다. 근연종 문제가 없는 것으로 사료되며, 진단시 대부분의 개체들과 유전자 거리 0.5% 이내로 클러스터를 이루는지 확인하여 판단한다.

2.3 표본관리 및 정밀동정

델타트랩 등 끈끈이 판에서 채집된 의심 성충 표본은 조심스럽게 다루어져야 한다. 끈끈이 물질에 포획된 표본이 정확하게 동정됨을 보증하기 위해서 다음의 과정이 권고된다.

- 끈끈이판(트랩 삽입지)의 표본 주위를 잘라서 표본이 붙은 작은 끈끈이판 조각을 만든다. 이 작은 조각에 곤충핀(2호)을 꼽아 표본을 완성한다. 전문가에게 동정을 의뢰하기 위해 표본을 우송하려면 우송용 곤충상자에 위의 표본을 꼽아 단단히 고정시킨다. 이를 더 큰 상자에 넣고 상자 사이의 빈 공간에는 스티로폼 등의 충진제를 넣어 파손을 방지한다.
- 끈끈이판(트랩 삽입지)을 직접 잘라서 사용하지 않으려면, 작은 시약용 주걱(spatula)으로 끈끈이판에서 표본을 끈끈이와 함께 조심스럽게 떼어내어 카드종이에 붙인 후에 위와 같은 방식으로 보관용 표본을 제작한다.

• 의심 유충은 끓는 물속에 넣어 죽인 후, 바로 식혀서 70~75% 에탄올에 보존한다. 맥페일과 델타트랩에서 채집된 의심 성충 표본 및 다른 곤충 영기는 모두 동정 확인을 위해 에탄올 바이엘에 넣어 보관한다.

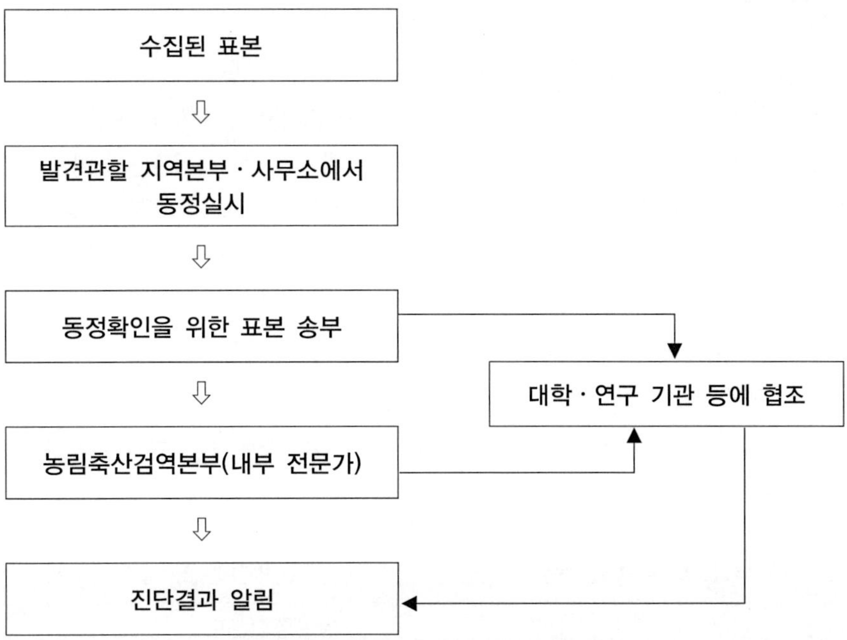

‖ 수집된 표본 동정(진단) 절차도 ‖

3 예찰 생물정보

3.1 온도발육 매개변수

곤충은 전형적인 변온동물로 온도에 따라 발육이 좌우된다. 알, 유충 및 성충의 생식발육은 대기온도에 의해 영향을 받으며, 다만 번데기 단계는 토양 내에서 경과함으로 토양온도의 지배를 받는다. 따라서 발육을 진행할 수 있는 최저온도의 개념인 발육영점온도와 발육완료에 필요한 총 온량을 적산하여(적산온도, degree-days, DD) 생활사의 경과를 예측할 수 있다.

Zhou et al. (1994) (실내항온실험, 기주 : 오이)가 제시한 발육영점과 유효적산온도는 알 15.75 DD/9.32℃, 유충 113.82 DD/6.67℃, 번데기 144.35 DD/9.30℃, 산란전기간 180.8 DD/8.56℃, 알-알기간 459.28DD/8.22℃ 이다. 이 매개변수는 발육률이 선형구간에서 벗어나는 34℃를 포함하는 값으로 재추정한 매개변수는 표 2와 같다.

세대기간 추정에 사용할 수 있는 알-알기간의 발육영점온도와 적산온도는 각각 6.0℃과 525.4DD 이었다.

표 2-1 타우과실파리 발육단계별 발육영점온도 및 전산온도 추정값

발육단계	선형 모형식	발육영점온도 (℃)	적산온도 (DD)	R^2
알	y = 0.0639x - 0.6032	9.4	15.6	0.96
유충	y = 0.0702x - 0.0541	0.8	142.5	0.97
번데기	y = 0.6760x - 0.0597	8.8	148.0	0.94
산란전기간	y = 0.4260x - 0.0203	4.8	235.0	0.98
알-알 기간	y = 0.1900x - 0.0115	6.0	525.4	0.98

3.2 발생세대수 추정 및 박멸활동 의사결정

타우과실파리 박멸과정에서 최종발견 후 발생 세대수에 따라서 대응조치를 달리하게 되는데, 세대수는 세대기간 완료에 필요한 발육영점온도와 유효적산온도를 이용하여 추정할 수 있다.

대기온도자료는 발견 또는 발생된 지점에서 가장 기후학적으로 가까이 있는 기상대의 기상자료를 이용한다. 기타 이동형 데이터 로거를 설치하여 현장의 온도를 직접 수집하고 그 값을 이용할 수도 있다. 일평균대기온도를 이용하여 적산온도를 계산하는데, 일최고온도와 최저온도를 알고 있는 경우 평균온도[(최고+최저)/2]로 계산하여 사용한다.

일별 평균대기온도에서 발육영점온도 이상의 온도를 일유효온도라고 하며 따라서 단위는 일도(DD)가 된다. 적산온도는 이 일유효온도를 누적하는 것이다. 번데기의 경우 토양에서 존재하기 때문에 토양온도가 필요하지만 생육기에는 대기 온도와 큰 차이가 없으므로 대기온도 만을 이용하여 세대완료를 추정할 수 있다. 최종 발견일 다음날부터 적산온도를 계산하여 525.4 DD(발육영점온도 6.0℃ 적용) 되는 날이 1 세대가 완료되는 날이다(525.4 DD와 정확하게 일치하지 않는 경우는 이 적산온도 값을 초과하는 첫날을 1세대 완료일로 취급한다). 제공된 엑셀 시트(사용법 : 부록 1)를 이용하여 간편하게 계산할 수 있다.

타우과실파리는 원산지 열대 및 아열대 지역에서는 연중 발생하는 해충이고 자세한 생태가 알려져 있지 않으나 오이과실파리와 유사한 종으로 알려져 있다. 따라서 오이과실파리의 기준에 준하여 연속적으로 4일 이상 일평균대기온도가 14℃ 이하로 내려가면 조사를 중단할 수 있다. 또한 연속적으로 4일 이상 일평균 대기온도가 14℃ 이상 올라가면 조사를 재개한다.

부록 1 타우과실파리 번데기 우화시기 추정 엑셀시트 사용방법

적산온도 계산 초기 화면

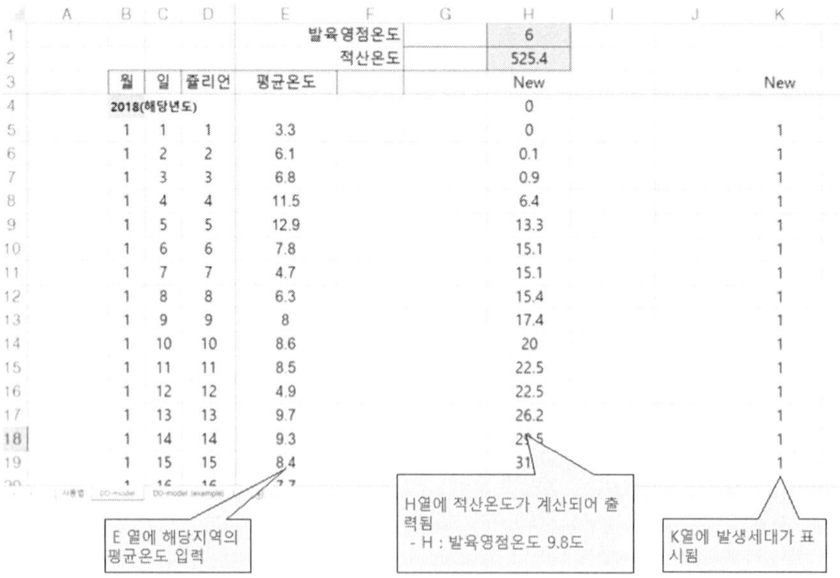

적산온도 계산 예제화면 1

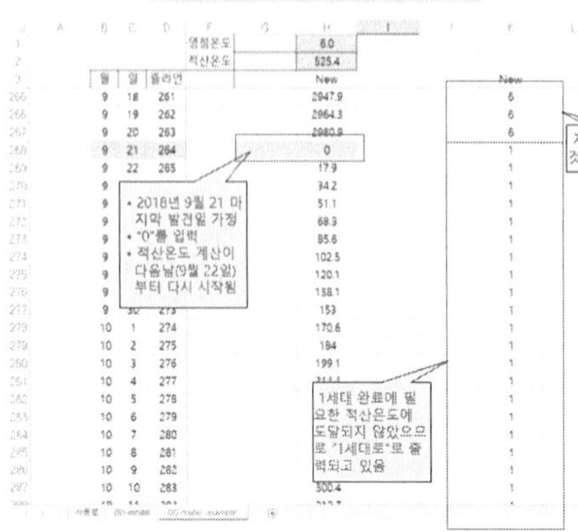

적산온도 계산 예제화면 2

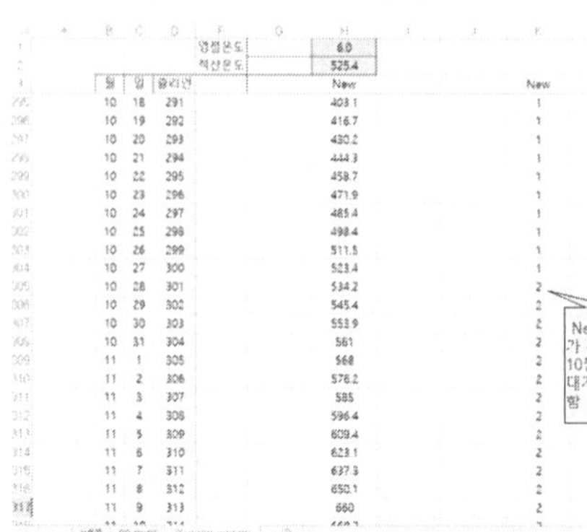

4 예찰 매뉴얼

과실파리류에서 사용하는 발견과 발생의 용어는 다음과 같이 정의된다.

○ **발견과 발생**

발견	• 발생 전 단계 • 무발생으로 간주되나 긴급조치 추진 • 정착되지 않았으나 당분간 생존 가능한 고립된 집단이 검출된 경우
발생	• 국제기구, 수출상대국 등에 의무통보 • 대내·외 공식 발표 • 국가 주도의 방제작업 추진 • 다수가 검출되거나 정착되어 지속적으로 존재하는 경우

○ **타우과실파리의 발생 기준**

- 알, 유충, 번데기 또는 교미한 암컷 1마리 이상 또는
- 1세대 이내에 발견지 중심(14.4 × 14.4 km) 안에서 성충 5마리 이상이 트랩에서 검출된 경우(수컷, 미교미 암컷)

종류	목적	방법	조사범위	조사횟수 및 기간
상시모니터링	조기탐지용	델타트랩	주요 기주 재배지역 및 항구, 항만 인접지역 (전국 1,000개 지점)	연중
		순회모니터링	재배기주 및 이동기주 조사	월 1-2회
긴급모니터링	분포한계조사	델타트랩	발견지중심 14.4 km 격자	1회/일(첫 1주) 2회/주(첫 세대) 0.5회/주(2-3세대)
		기주조사	발견지중심 200 m 반경	1회 및 폐기 처리

4.1 상시모니터링

4.1.1 조사지역

① 전국 공항·항만 주변 반경 1.6 km
② 전국 타우과실파리 기주식물 대형 재배단지
③ 전국 과일판매시장 주변 200 m

4.1.2 모니터링 방법

모티터링 방법은 식물검역관이 실시하는 과실파리에 대한 트랩조사와 포장순회모니터링(대상 : 이동 기주)이 있다.

4.1.3 유형별 모니터링 요령

4.1.3.1 트랩조사

① 조사기간 : 연중

② 트랩설치 장소

전국 1,000 개 운영(제주도 500 개, 본토 500 개)하되 공항 · 항만지역, 전국 기주식물 재배단지, 수출 · 입 식물 재배지, 과일 판매시장 주변, 격리재배지, 외국군부대 주변 등 적절한 장소를 찾아 선정한다. 트랩의 설치 밀도는 위험도에 따라 네 등급으로 나누어 결정하여 설치한다.

1) 고위해도 지역 (항만, 도시 및 부도심 지역) : 평방마일 당 10 개 트랩
2) 중위해도 지역 (기타 부도심 지역) : 평방마일 당 5 개 트랩
3) 저위해도 지역 (기주식물이 없는 농촌 지역) : 평방마일 당 2 개 트랩
4) 최저위해도 지역 (정착 가능성 없는 지역) : 5 평방마일 당 1 개 트랩

③ 트랩설치 방법

기주식물(박과식물) 또는 기주식물 주변의 나무를 우선 선택한다. 기주식물 주변에 나무가 없는 도심지역은 기주식물 주변의 그늘진 장소에 지지대를 사용하여 트랩을 설치한다. 설치장소는 출입이 편리하고 안정성이 있는 장소를 선택하여 지상에서 1.6~1.8 m 높이에 사방이 잘 트이고 약간 그늘이 있는 곳에 설치한다. 트랩의 설치간격은 유인력에 영향을 주지 않도록 다른 트랩과 최소 5 m 이상의 간격을 유지하도록 하고, 설치한 지점의 침입 위험도가 변경되는 등 필요하다고 판단될 경우 트랩설치 지점을 변경한다.

④ 유인제 설치 및 교체

폴리에틸렌 봉지에 함유된 큐루어(CL) 유인제를 잭슨트랩에 설치한다. 각 트랩에는 솜방망이에 처리한 500 mg의 큐루어(cue lure) 유인제를 투입하고 12 주 간격으로 교체한다. CL 유인제 제작은 "트랩과 유인제의 종류와 사용 방법"을 참조한다.

⑤ 조사 횟수

동계(12-2월) 월 1회; 춘계(3-5월) 2주 1회; 하계(6-9월) 1주 1회; 추계(10-11월) 2주 1회

⑥ 트랩설치장소 등록

농림축산검역본부(이하 "검역본부"라 한다) 지역본부 · 사무소별로 트랩번호를 부여하여 설치한 다음 설치위치의 GPS 좌표를 식물검역통합정보시스템의 금지급 과실파리예찰방

제시스템에 등록한다.

⑦ 유인제 보관

제조된 박스형 방출기는 밀봉하여 냉동고에 보관한다. 큐루어 원액은 갈색 병에 넣어 밀봉하여 냉장고에 보관한다.

4.1.3.2 포장 순회 모니터링

① 조사기간 : 1~12월

② 조사횟수

- 11~2월에는 월 1회
- 3~10월에는 월 2회 이상

③ 조사지역

공항 · 항만지역, 경유물품에 긴급사태가 발생한 지역, 격리재배지, 수출 · 입 식물 재배지역등

④ 주요 조사 대상 기주식물

오이, 수세미, 호박, 참외, 여주, 호리병박, 수세미오이 등의 박과식물

⑤ 조사방법

기형과일, 유충, 알, 식흔, 부패, 배설물 등

4.1.4 모니터링 결과 등록 및 표본 제작

채집된 모든 과실파리는 분류, 동정하고 그 결과를 금지급 과실파리모니터링방제시스템에 등록한다.

FF 관리 DB

	A	B	C	D	E	F	G	H	I
1	날자	채집지점	트랩	곤충종(추정)	마리수	진단기술	종동정	조치	관리
2	16.3.17	제주(CJ-A-i-47)	ME	B. oroientalis	1	DNA/형태	B. orientalis	OFF 매뉴얼 제10조 1항에 따라 제주본부장통보(3/19)	OFF 매뉴얼 제4항에 따라 긴급방제지역선포(3/20)
3				B. sp.	1	DNA/형태	B. scutellata	무조치	무관리
4				Unknown	1	DNA	B. scutellata	무조치	무관리
5									

동정은 형태지표 및 분자지표를 이용한다. 분자지표의 경우는 신속동정시스템을 이용하고, 정밀동정은 농림축산검역본부의 전문가에게 보내 판정 받는다.

채집된 과실파리는 표본을 제작한 후 라벨을 부착(해충명, 기주, 채집지, 채집일자, 채집자)하여 보관한다.

4.1.5 상황보고

지역본부장 · 사무소장은 모니터링 결과 새로운 식물병해충(검역병해충, 국내미분포병해충 등)을 발견한 경우 또는 경유물품에 긴급사태가 발생한 경우와 모니터링 요원의 새로운 병해충 신고 및 조치사항을 별지 서식 제3호에 따라 농림축산검역본부(식물방제과)로 계통보고 하고 발견된 병해충 표본을 긴급 송부한다.

[별지 제3호 서식]

새로운 식물병해충 발견상황 보고

구 분	내 용
1. 발견일자	
2. 발견장소	• 주소 : • 농가명 : (TEL)
3. 병해충명	
4. 기주식물 (트랩설치 식물)	
5. 발견상황	• 발견병해충수, 발견정도, 피해증상 등
6. 조치사항	• 긴급조치(약제살포, 폐기 등) 등
7. 기 타	• 병해충 발견자 : 직 성명 • 분류동정자 : 직 성명 • 확인자 : 직 성명 • 기타 참고사항 수입식물의 수입시기, 수입국가, 수입량 농가에서 최초 발견시기 등

4.2 긴급모니터링

4.2.1 분포한계조사

4.2.1.1 트랩 종류와 배치

어떤 지역에서 1 개체 또는 그 이상의 타우과실파리가 채집될 경우, 침입한 타우과실파리의 분포 한계를 결정하기 위한 조사가 즉시 수행된다. 타우과실파리가 최초 발견된 지점을 중심으로 그 주변을 1.6 km 간격으로 정사각형(1.6 × 1.6 km) 격자배치구를 설정한 후 중심부에서 주변부로 격자 당 25-5-5-5-5 개의 잭슨트랩(큐루어 유인제 사용)을 설치하고, 중심지역에 맥페일 트랩(단백질먹이 유살제 사용) 25 개를 추가로 설치한다.

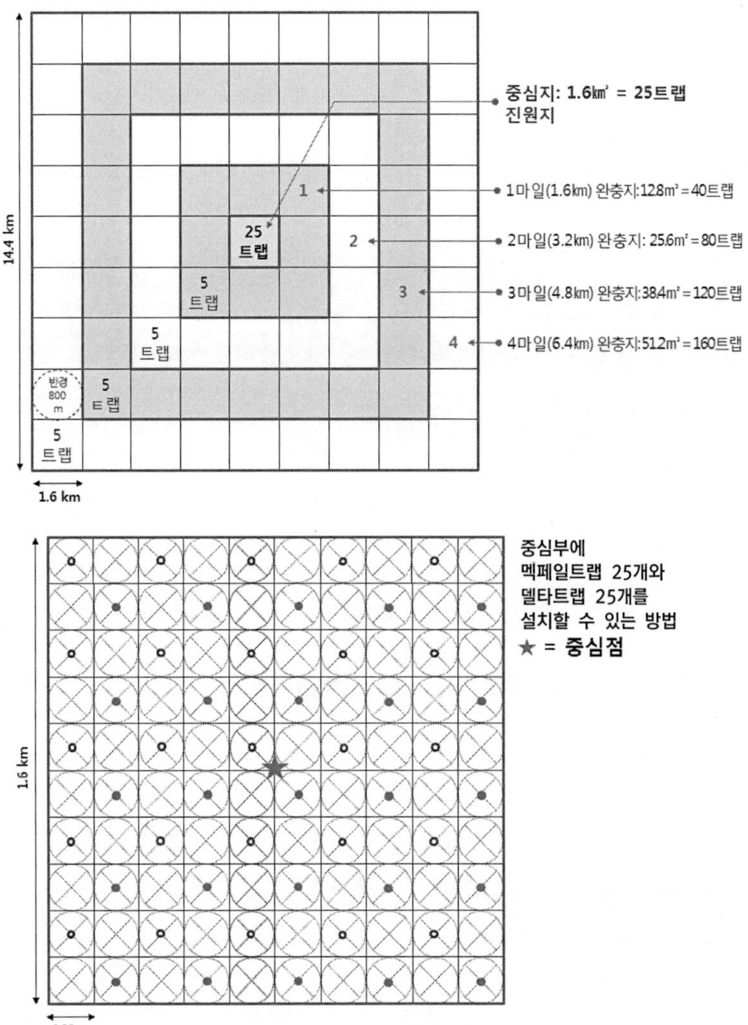

‖ 분포한계조사 예찰트랩설치 ‖

타우과실파리가 검출된 지점으로부터 14.4 km 밖의 지역은 상시모니터링 설치 지역에 해당하며, 기존의 실시간 모니터링을 지속한다.

4.2.1.2 트랩 조사기간 및 조사 빈도

① 조사 기간

마지막 발견 후 3세대 기간으로 세대 기간의 계산은 제3장의 예찰 프로그램을 이용한다.

② 조사 빈도

최초 발견 이후 1주 동안은 매일 조사하고, 그 후 1세대 기간 동안은 주당 2회 조사한다. 2~3세대 동안에는 2주 1회 조사한다. 트랩에 채집된 암컷은 해부하여 암컷저정낭(spermatheca)에 존재하는 정자의 유무로 교미 여부를 조사한다.

4.2.2 기주 조사

① 과실절개 검사

타우과실파리 검출지로부터 200 m 이내의 기주식물(오이, 수세미, 호박, 참외, 여주, 호리병박, 수세미오이 등의 박과식물)의 과실을 수거하여 절개하고 미성숙 과실파리의 존재를 확인한다. 이후 절개된 과실은 금지급 생물안전시설에서 27℃와 70% 상대습도를 유지하며 2-3 주 동안 보존하면서 과실파리 존재 유무를 재확인한다. 한편 과실파리 의심 기주가 보존되는 시설은 "수입금지품 수입 및 사후관리요령의 관리장소 요건"을 충족해야 한다.

② 발견지 주변 기주 조사

발견지 주변 2.4 km 이내에 위치한 과수원 명부를 작성하고, 기주식물을 조사한다. 이 지역의 과일을 7~10 일 간격으로 조사한다. 이때 과수원 주인을 대상으로 탐문조사도 실시한다.

4.3 트랩과 유인제의 종류 및 사용 방법

4.3.1 델타트랩과 왁스형 큐루어 방출기

델타트랩은 국내 페로몬 트랩 회사에서 구입하여 사용한다. CL 유인제는 국내 상용화된 왁스형 방출기 제품을 이용한다. 유인제를 델타트랩에 넣고 트랩 바깥쪽에 트랩 번호를 기록한다. 델타트랩의 포획 조사는 다음과 같이 한다.

1) 트랩을 나무에서 수거한다

2) 끈끈이판을 꺼내고 끈끈이판의 아랫면을 포함한 전체를 조사하여 과실파리 등 곤충의 포획 여부를 확인한다. 이 절차는 다른 트랩을 조사하기 전에 완료한다.
3) 끈끈이판에 부착된 나뭇잎이나 가지 등을 제거하며 이 때 제거하는 물질에 곤충이 부착되어 있는지 살핀다. 곤충이 포획되지 않았을 경우 끈끈이판이 계속 사용하기에 적당한지를 살핀다. 끈끈이판에 과실파리가 포획된 경우 끈끈이판을 수거하여 투명한 셀로판으로 덮고 날짜와 트랩 번호를 기록한다.

준비된 큐루어 유인제 왁스형 방출기는 냉장 보관하며, 야외에서 트랩에 설치한 후 한여름에는 12 주 간격, 기타 계절에는 16 주 간격으로 새 것으로 교체한다.

4.3.2 맥페일트랩

맥페일트랩은 아래쪽에 액상의 유인제를 채울 수 있는 공간이 있는 윗부분이 투명한 트랩으로 과실파리는 아래쪽으로 뚫린 구멍을 통해 유인되어 용액에 빠져 포획된다(그림 2-3). 일반적으로, 맥페일트랩에는 희석한 Nu-Lure 용액 또는 물에 용해시킨 Torula yeast/borax tablet 등의 액상 단백질먹이가 유인제로 사용된다. 맥페일트랩에 액상 단백질 유인제 용액은 저장고의 가장자리 바로 아래까지 채워져야 한다. 맥페일트랩에의 과실파리 포획을 조사하고 트랩을 취급하는 요령은 다음과 같다.

1) 트랩을 나무 아래에서 내용물이 쏟아지지 않도록 수거한다.
2) 내용물을 조심스럽게 돌려서 살아있거나 용기 내벽에 붙어 있는 과실파리를 용액에 빠지게 한다.
3) 마개를 열고 내용물을 양동이 위에 놓은 체에 걸러낸다. 용기에 붙어 있는 곤충들도 모두 수거한다. 체의 아랫부분을 물에 살짝 담가서 포획된 과실파리의 날개가 펼쳐지도록 한다.
4) 포획된 과실파리 및 기타 곤충들을 70% 에탄올이 담긴 바이알에 담는다.
5) 바이알에 라벨을 부착하고 트랩의 위치 및 종류, 날짜 및 기타 필요 정보를 기입한다.
6) 트랩을 재사용하기 전에 깨끗이 한다. 투명한 부분의 투명도는 과실파리의 포획에 아주 중요하다.
7) 유인제를 첨가할 때 트랩 밖으로 쏟지 않도록 주의한다.
8) 수거한 유인제와 세척액은 적당한 용기에 담아 폐기장으로 옮긴다. 사용한 맥페일트랩은 trisodium phosphate (TSP) 용액에 5-6시간 정도 담근 후 솔로 닦아 세척할 수 있으며, 잔류한 칼슘 침전물은 Lime-A-Way 를 사용해서 제거할 수 있다. 심하게 오염된 트랩은 muriatic acid 를 사용해서 세척할 수 있는데, 이 물질을 취급할 때 보호 장구를 착용하은 등 각별한 주의가 요구된다.

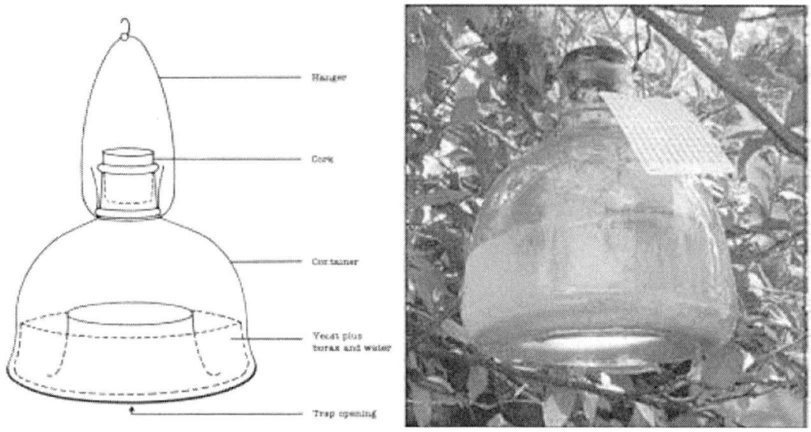

▌그림 2-3▐ 맥페일트랩(McPhaill trap)

4.3.3 단백질먹이 유인제

단백질먹이 유인제는 천연 먹이를 기반으로 한 것으로, 보통 borax 등의 보존제와 물을 섞은 액상으로 사용된다. 단백질먹이는 과실파리 암, 수컷에 모두 유인력을 나타내며 종특이성이 낮아 여러 종류의 비대상 곤충들도 유인하는 경향이 있다. 여러 종류의 단백질먹이가 있는데, 타우과실파리에는 미국 USDA 에서 추천하는 Torula yeast (TY)/borax는 Torula yeast (5 gram pellet + borax) 하나를 100 ml의 포획용액(10% 프로필렌글리콜 수용액)에 섞어 사용하며, 트랩 하나에 300 ml의 용액을 사용한다. 이렇게 제조한 용액은 3일 정도 숙성된 후부터 본격적인 유인력을 발휘한다.

4.4 담당자의 역할 및 책임

4.4.1 모니터링 요원의 임무

모니터링 요원은 다음의 임무를 숙지하고 수행한다.

1) 트랩과 주변 환경의 오염을 피한다.
2) 예찰 대상 곤충을 식별해서 감독자에게 보고한다.
3) 차량 사용 일지를 정확히 기록한다.
4) GPS 데이터를 사용한 트랩의 분포도와 위치를 파악한다.
5) 트랩설치 및 서비스 방법을 숙지한다.
6) 곤충 시료의 취급, 내용 작성 및 시료 전달 방법을 숙지한다.
7) 모니터링에 필요한 장비들을 관리한다.

8) 적법한 트랩 조사 기록을 유지한다.
9) 적절한 트랩 밀도와 배치를 유지한다.
10) 트랩의 재배치를 수행한다.
11) 매뉴얼에 따라 트랩을 서비스한다.
12) 쓰레기와 낡은 트랩 및 부품들을 적절히 폐기한다.
13) 새로 도입되거나 변경된 절차를 신속히 파악하고 실행한다.
14) 대상 곤충의 기주식물을 식별하고 대상 해충의 선호기주를 숙지한다.
15) 트랩 시즌이 종료되면 모든 트랩들을 수거한다.
16) 트랩설치와 조사를 효율적으로 할 수 있도록 동선을 파악한다.
17) 임무 수행 및 명령 체계를 숙지한다.

4.4.2 모니터링 요원 기술교육

식물방제과는 지역본부 모니터링팀, 인력지원팀 및 모니터링 요원을 구성·확인하고, 모니터링팀·인력지원팀·예찰조사원은 정기적인 교육·훈련·평가를 통하여 상시모니터링 및 타우과실파리 발견(발생) 긴급 상황에 대비한다. 모니터링팀·인력지원팀·모니터링 요원은 상시모니터링 시작 전 실무교육을 이수하고 상시모니터링 기간 동안의 해충식별 능력평가를 받는다. 식물방제과 모니터링 담당자는 모니터링팀·인력지원팀·모니터링 요원에 대한 이론교육과 실습교육을 포함한 연간 교육계획을 수립하여 시행한다.

4.4.2.1 교육방법

모니터링 요원 실무교육	모니터링 요원 해충식별 능력평가
(담당) 식물방제과 모니터링 담당자	(담당) 식물방제과 모니터링 담당자
(대상) 모니터링 요원	(대상) 모니터링 요원
(내용) 금지병해충 육안 진단법, 트랩설치 장소 선정법, 트랩 취급법, 모니터링 결과 작성법, GPS 사용법, 포획된 표본 취급, 동정의뢰 방법, 민원인 응대법, 약품 및 차량 안전관리기본법 등	(내용) 모니터링 기간중 무작위로 선발된 4개 트랩에 금지해충 투입
(방식) 집합교육, 8시간	(방식) 실전교육
(일정) 트랩조사 시작 15일 전	(일정) 상시모니터링 시작 1개월 후 및 종료 1개월 전 실시 (2회)
(평가) 실무교육 후 실기평가 실시	(평가) 현장평가

4.4.2.2 외국의 모니터링 요원 기술교육 사례 (자료출처 : 미농무부 과실파리 예찰 가이드라인, 2015)

현장감독관은 각 모니터링 요원의 업무를 관리한다. 모니터링 요원들의 일정을 관리하고, 문제를 해결하기 위한 도움을 주며, 전반적인 지침을 내리고, 다음의 사항들도 수행한다.

4.4.2.2.1 평가

현장감독관은 정기적으로 각 모니터링 요원에 의해 운영되는 트랩의 수를 점검한다. 감독관은 평가서에 트랩 개수, 위치, 설치 장소, 설치 날짜, 유인제의 종류, 및 기타 사항 등을 기록하고, 유인제의 상태, 트랩의 재배치, 그리고 트랩 조사 일정 등을 파악한다. 모니터링 요원은 작업하는 지역에서 모니터링 결과와 문제점들을 현장감독관에게 보고한다.

4.4.2.2.2 트랩 주소록

(1) 트랩위치 주소록

모니터링 요원은 모든 트랩의 설치 날짜 및 조사 날짜와 각 트랩의 정확한 위치를 GPS 수치로 기록한 각 트랩 카드의 목록을 유지해야 한다.

(2) 지도

모니터링에 사용된 좌표들을 표시한 격자형의 대형 마스터 지도를 유지하며 내용을 매일 점검, 갱신한다. 지도에는 모든 트랩의 위치를 나타내고, 규제 지역을 표기한다.

4.4.2.2.3 트랩설치 훈련 및 홍보업무

(1) 트랩위치

새로 온 모니터링 요원은 트랩의 적절한 설치 위치 선정에 대한 개인별 지침을 부여받을 것이다.

① 트랩설치 장소의 선택

트랩을 설치할 적절한 기주식물을 선택하는 것은 효율적인 예찰에 아주 중요하다. 타우과실파리의 선호기주에는 오렌지, 감귤, 만다린, 포멜로, 라임, 레몬, 금귤 등이 포함되며, 타우과실파리의 트랩은 되도록 성숙한 과실이 달려 있는 선호기주에 설치하도록 한다. 트랩을 설치할 장소를 선택할 때, 과실이 달려 있는 타우과실파리의 선호 기주에 트랩의 설치를 우선적으로 고려한다. 비슷한 상태의 기주식물이 2개 이상 가용한 장소가 있다면, 동일한 품종 또는 다른 품종의 여러 가지 기주식물이 있는 장소에 트랩설치를 우선적으로 고려한다. 많은 경우, 한 종류의 식물들만이 유일하게 활용 가능한 기주가 되는데 이 경우 이 식물들에 트랩을 설치해야 할 것이다. 그리고, 한 장소에만 트랩을 설치하는 것은 피한다. 타우과실파리의 경우 과수원의 중앙부 또는 근처에 설치된 트랩이 가장자리에 설치된 트랩보다 과실파리를 포획할 가능성이 더 높다. 비선호 또는 2차 기주에 트랩을 설치하거나, 성숙된 과실을 가지는 기주가 있음에도 불구하고 과실이 없는 기주에 트랩을 설치할 경우 과실파리에 대한 유인 효과가 낮아질 수 있다. 또한, 주요 선호 기주이지만 성숙한 과실이 부족하거나 트랩을 설치하기에는 충분한 그늘이 없는 경우가 있는데, 이 경우, 주변의 감로가 있는 나무가 적절한 트랩설치 장소가 될 수 있다. 일반적으로, 감로가 충분히 있지 않는 한, 과실이 없는 기주에 트랩을 설치하는 것은 피하도록 한다. 감로는 달거나 투명한 분비물로 진딧물, 깍지벌레, 가루깍지벌레 및 가루이와 같은 곤충들에 의해 생성되며, 이들 감로는 단 맛을 내는 풍부한 탄수화물의 공급처로 성충 과실파리에게는 좋은 먹이원이다. 그을음병이라고 불리는 곰팡이가 감로 위에 서식하여 잎을 검게 만들기 때문에, 그을음병의 존재는 기주가 감로를 형성하는 곤충에 의해 감염되었음을 나타내는 좋은 지표이다. 흔히 구아바와 망고가 좋은 감로 제공원이 된다. 다른 선호 기주가 가용할 때에는 잎이 적은 나무나 가지에는 트랩설치를 피해야 한다. 특히 여름 기간 동안에는 중요한데, 이것은 이러한 나무나 가지는 충분한 그늘을 형성하지 못하기 때문이다. 따라서, 선호 기주가 충분한 그늘을 가지지 못할 경우에는 주변에 있는 선호성이 떨어지는 기주 또는 비선호 기주에 트랩을 설치할 것을 고려해야 한다. 바람직한 트랩설치 장소들은 "트랩위치기록"에 표시하여 향후 트랩설치 위치로 활용하도록 한다. 이는 초기 트랩설치 장소 결정 시 또는 트랩 조사 기간에 이루어질 수 있다. 도시지역에서는 뒷마당보다 앞마당에 있는 기주식물에 트랩을 설치하는 것이 좋은데 이것은 모니터링 요원이 드나들기 용이하기 때문이다. 하지만 이것은 적합한 기주가 있는 경우에 국한된다.

② 기주에서의 트랩위치

일반적으로 과실이 없는 기주식물 속에 트랩을 설치하는 것은 권장되지 않는다.

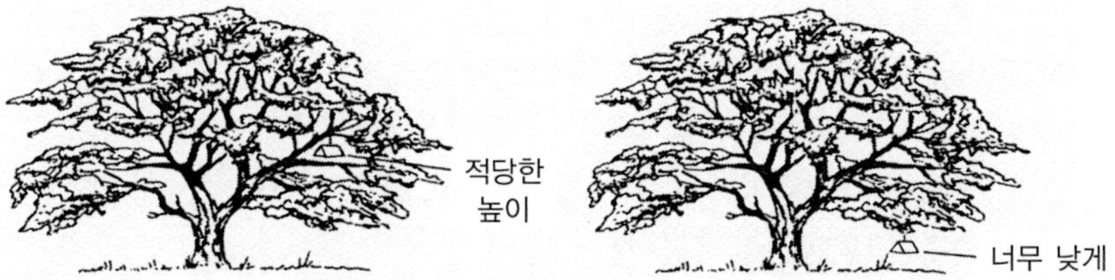

‖ 그림 2-4 ‖ 나무에서의 적절한 트랩설치 위치

트랩은 어린이, 가축, 또는 애완동물이 접촉할 수 없는 충분한 높이의 기주식물 내부에 설치되어야 한다. 이렇게 하면 바람에 의해 트랩이 떨어지는 것을 방지할 수 있다. 여름 또는 기온이 높은 시기 동안에는 트랩이 그늘진 곳에 있도록 해야 한다. 반면, 겨울 또는 서늘한 시기 동안에는 트랩이 남쪽을 향하도록 설치하는 것이 좋다. 하지만 태양 직사광선에 설치하는 것은 피한다. 나무의 줄기에서 나뭇가지의 바깥쪽 가장자리까지 거리의 1/2 ~ 2/3 정도가 되는 지점에 트랩을 설치하는 것이 좋다(그림 2-4). 트랩은 나무의 나뭇잎 바로 아래 또는 바깥쪽에 노출되도록 걸어 두어서는 안된다. 또한, 트랩을 밀집한 나뭇잎 속에 설치하는 것도 피해야 하는데, 이는 나뭇잎이 트랩 속으로 뻗어 들어가거나 트랩 속으로 파리가 들어가는 것을 방해하기때문이다. 트랩의 아래 부분에 나뭇잎이 있는 것은 좋지만 트랩 바로 밑에 나뭇잎이 있어야 하는 것은 아니다. 금속 고리를 한쪽 끝에 부착한 긴 막대를 어린이나 호기심이 많은 어른들의 선길이 쉽게 닿지 않도록 충분한 높이에 트랩을 설치하기 위해 사용할 수 있다.

(2) 홍보업무

적절한 홍보업무는 모니터링의 중요한 부분이다. 모니터링 요원들은 모니터링 프로그램의 목적과 이를 수행하기 위한 각 절차를 숙지하고 이를 일반인들이 이해할 수 있도록 설명할 수 있는 준비가 되어 있어야 한다. 그들은 일관성 있게 보여야 되고 빈번히 일반국민과 접촉해야 한다. 모니터링 요원들은 항상 정중해야 한다. 일반인들과는 오래 계속되는 대화는 피하고 업무와 관련한 짧고 따뜻한 대화가 바람직하다. 프로그램 활동 관련 논쟁은 벌이지 않도록 주의한다. 모니터링 요원은 농식품부를 대표하고 일반 국민의 감시 속에 그 기관의 이미지를 형성한다. 일반 대중에게 좋은 인상을 만들기 위해 복장, 개인적 외관 그리고 행동을 적절히 해야 한다. 짧은 티셔츠를 입어서는 안된다. 편안하고 보호를 위해 긴 바지 또는 헐렁한 셔츠 또는 소매가 있는 블라우스를 입도록 규정한다. 신발은 신어야 한다. 두꺼운 밑창의 가죽신발은 못과 유리 조각으로부터 보호한다. 신분확인 명찰은 매일 근무시간 동안 쉽게 신분확인을 위하여 가슴에 착용한다. 개인 소유지에 처음 들어갈 때에는 소유자 또는 관리인에게 항상 연락을 시도하며 업무를 간략하게 설명하고 트랩을 설치하기 위한 허락을 요청한다. 일반 대중과 대화할 때, 트랩은 "곤충조사 트랩"으로 언급되어야 한다. 아무도 집에 없다면 소유자 또는 세입자에게 메모를 남겨야 한다.

4.4.2.2.4 프로그램 수행관리 전문가

모니터링 프로그램에는 프로그램 수행관리 전문가들이 참여할 수 있다. 이 전문가들은 모니터링 프로그램을 분석, 평가하며 트랩 조사 지역에 모든 모니터링 요원들과는 긴밀한 관계를 형성한다. 모니터링 요원들과 일하는 전문가들은 적절한 트랩위치, 미끼 교체, 기주 선택, 트랩 배치 및 기록 관리 등에 관한 사항들을 도와준다. 트랩 조사 지역의 문제점과 추천된 개선점은 현장전문가에게 보고되며, 프로그램 관리자에게도 알려준다. 모니터링 프로그램과 수행 과정에 대한 관점(시각)을 이해하고 개선점을 토론하기 위한 전문가들과의 미팅을 정기적으로 갖도록 한다.

4.4.2.2.5 타우과실파리 모니터링 요원의 평가

대부분의 박멸프로그램의 과정 동안 표식을 한, 죽은 타우과실파리가 들어 있는 트랩들을 설치해서 모니터링 요원들을 평가할 수 있다. 이는 높은 수준의 트랩 조사 능력을 유지하고 모니터링 요원의 과실파리 식별 능력을 평가하는데 큰 도움이 될 것이다. 보고 및 트랩 조사 절차는 표준화 하도록 한다. 표식된 죽은 타우과실파리는 다른 곳에서 확보하여 프로젝트 본부에서 준비하도록 한다. 다음 절차들을 참고하여 현장 등의 상황에 따라 적절히 변형하여 평가에 사용한다. 이러한 평가 프로그램을 시행하기 위해서는 사전에 그 사실을 해당 지역 비상기구 직원에게 통보해 둔다.

(1) 트랩 선택

현장감독관은 시험을 치르는 모니터링 요원 당 5~15개 트랩을 무작위로 선택한다. 프로그램 사무소에는 평가일에 앞서 적어도 1주일 전에 모두 자료를 제공하도록 한다.

(2) 준비

현장감독관은 시험용 과실파리 표본의 정확한 운반시간을 공지하도록 한다. 과실파리 표본은 칼라로 표시된 것을 선택하여 검사한다. 과실파리를 표식한 색상은 해당 월(月)마다 변경하도록 하며, 오른쪽 또는 왼쪽 날개의 일부를 자르도록 한다. 프로그램 사무소는 각 색깔로 표식하는 것과 날개를 잘라내는 일정들을 숙지하고 있어야 한다.

(3) 우편물 발송

각 표시된 표본은 평가용 식별번호를 부착하여 자체 바이엘에 보관하고, 이 숫자들은 품질관리 로그(log.)로 기록한다. 이후 표식된 파리는 등기로 현장 감독관에게 송부하며, 현장감독관은 프로그램 사무소에 각 표본 번호와 이 표본들이 설치된 트랩 목록을 송부한다. 표본은 유인제를 설치하기 하루 전에 트랩 속에 설치한다.

(4) 반납

표식이 된 과실파리 표본이 탐지되면 표준 트랩 조사 절차에 따라 처리한다. 수거된 표본은 원래의 바이엘에 넣고, 해충감지보고서 비고란에 식별번호를 기록하며, 표본은 등기메일로 프로그램 사무소에 반납한다.

(5) 구두시험

모니터링 요원의 과실파리 등 해충 식별력을 평가, 유지하기 위해, 가끔 시험을 시행한다. 시험을 치룬 후 일반 토론을 통해 관련된 모니터링 요원들이 서로 유익한 정보를 교류할 수 있도록 한다.

5 방제 매뉴얼

타우과실파리 방제를 위한 발견과 발생 기준은 대외적 발생 발표와 차이가 있다. 다음의 기준에 따라 발견의 경우는 초기방제를 실시하고, 발생의 경우는 박멸방제를 취하게 된다.

발견	모니터링 트랩에 1 마리 이상 포획된 경우
발생	• 알, 유충, 번데기 또는 교미된 암컷 1 마리 이상 또는 • 발견 후 1 주일 이내에 발견지중심(14.4 × 14.4 km)에서 성충 3 마리 이상이 트랩에 검출된 경우(수컷, 미교미 암컷)

5.1 방제 매뉴얼 개요

단계	목적	방제 항목	방제적용기술	방제 영역	처리 횟수 및 기간
발견시 방제	조기발견 후 긴급방제	모니터링	델타형 트랩	14.4 km 격자	1회/일(첫 1주) 2회/주(첫 세대) 0.5회/주(2-3세대)
		수컷유살제	왁스형 도포제 또는 심지형 방출기	1.6 km 격자 600 개 처리	1회 처리
발생시 방제	초기방제 이후 박멸방제	모니터링	델타형 트랩 (발견시 모니터링 트랩과 동일)	발견지별 14.4 km 격자	1회/일(첫 1주) 2회/주(첫 세대) 0.5회/주(2-3세대)
		방제지역 선포	행정조치	중심부 + 제1완충지	박멸기간
		기주 이동 제한	행정조치	중심부 + 제1완충지	박멸기간
		토양소독	해당작물에 등록된 성분	발견지별 200 m 반경 (기주식물 하부)	1회/2주
		과실제거	수작업	발견지별 200 m 반경	1회 처리
		수컷유살제	왁스형 도포제 또는 심지형 방출기	중심부 6천개	1회/2주
				1완충격자 5천 2완충격자 4천 3완충격자 3천 4완충격자 2천	
		암컷유살제 (GF120)	지상방제	중심부 + 제1완충지 + 제2완충지	농경지, 하천 기주
			시설지방제		시설하우스 내부
			항공방제		산림지역
		불임충방사	불임충수컷	오십만마리/1.6 km 중심격자	대발생시 적용함 매주 방사
				2.5만마리/외곽	

5.2 발견 시 방제 매뉴얼

발견 초기 1 주일 이내에 이뤄지는 긴급 방제 매뉴얼이다.

5.2.1 분포한계 설정

발견지 중심으로 14.4 × 14.4 km 지역에서 긴급모니터링 트랩을 발견 후 24 시간 이내에 설치한다.

5.2.2 수컷유살제 처리

수컷유살제 즉 왁스형 도포제 또는 심지형 방출기를 타우과실파리 발견 중심부를 포함하는 1.6 × 1.6 km 격자 내에 600 지점에 도포하거나 600개를 처리한다. 수컷의 사체를 확인하려는 경우 황색끈끈이 판에 도포 또는 부착하여 처리할 수 있다.

5.3 발생 시 방제 매뉴얼

5.3.1 박멸 매뉴얼 가동 기준

타우과실파리 "발견"에 따라 긴급 실시하는 "분포한계설정" 조사과정을 통하여 "발생"으로 전환되는 경우 박멸프로그램을 가동한다.

5.3.2 박멸 프로그램 기간

박멸 프로그램은 해당시기에 타우과실파리가 적어도 2 세대 발생되는 기간 동안 가동된다. 이후 재발견되면 다시 최소한 2 세대 박멸 프로그램이 재가동된다.

5.3.3 박멸 처리방법 선정기준

① 기본적으로 수컷 유살제, 토양소독, 단백질먹이 유살제 및 기주제거처리가 가동되어야 한다.

② 방제 지역이 넓은 경우 항공방제가 추가된다.

③ 불임충 방사는 선택적 처리이다.

5.3.4 이동 및 재배 제한

① 과실파리가 발견된 지점을 중심으로 반경 2.4 km 이내(중심부 + 제1완충지)에 있는 규제 대상 품목의 재배 · 취급 · 가공업자들에게 비상조치 내용을 통보한다.

② 선포된 방역지역에서는 다음의 규제조치가 포함된다.

가) 과일 채소류의 상업구역에서 소독처리 상황 감시·감독·증명서 발급

나) 농산물 가공시설의 주기적 방문

다) 규제품목 폐기물에 대한 감시

라) 공항 · 터미널에서 규제대상품목의 이동감시

마) 검역규제지역 경계의 국도, 지방도로 등에서의 이동감시

5.3.5 기주식물 및 과실 수거

타우과실파리 발견지점을 중심으로 200 m 이내에 있는 기주식물을 신속히 수거하여 제거한다. 과수의 경우는 과실을 제거한다. 과수에서 유충이 발견 장소에서는 기주 과일 껍질도 제거되어야 한다. 수거하는 기간 동안 플라스틱 상자 속에 보관 후 승인된 매립지에 제거 처리된다. 매몰 시 50 cm 이상의 깊이로 하며 생석회(0.4%)를 첨가한다.

5.3.6 토양소독

유충이 발견된 경우 발생 지점을 중심으로 200 m 내에 있는 기주식물 재배지와 기주식물이 집단적으로 서식하는 비경작지에 토양살충제를 살포한다. 경작지의 경우는 해당작물에 등록된 성분을 사용한다. 등록된 성분이 없는 경우는 소관부서와 협의하여 결정한다. 과수의 경우는 수관하부 토양에 약제를 살포한다. 과실파리 방제용으로 토양에 처리할 수 있는 대표적인 성분은 다음과 같다.

계통	성분명	감귤 등록성분
유기인계	클로르피리포스(입), 에토프로포스(입), 터부포스(입), 다이아지논(입), 테부피림포스(혼/입)	클로르피리포스
합성피레스로이드계	테플루트린(입), 에토펜프록스(입), 비펜트린(입), 사이플루트린(혼/입), 델타메트린(혼/입)	에토펜프록스 비펜트린 사이플루트린 델타메트린
네오니코티닐계	아세타미프리드(입), 디노테퓨란(입), 이미다클로프리드(입), 치아메톡삼(입)	좌동
카바메이트계	카보퓨란(입), 카보설판(입)	

* (입) = 입제, (혼/입) = 다른 성분과 혼합제 상태의 입제

5.3.7 수컷유살제 처리

도포형 유살제나 심지형 유살제를 처리할 수 있다.

① 도포방법

발견 장소 주변으로 아이들의 접근이 어려운 높이의 전봇대, 나무, 울타리 등에 약 5 mL 양으로 도포한다. 처리 표면에 견고하게 붙어있도록 비교적 표면이 매끄러운 곳은 피하여 도포한다. 유효물질의 분해를 막기 위해 가급적 직사광선을 피하는 곳에 도포한다.

② 처리 규모

중심부에는 1.6 × 1.6 km 당 6,000 곳(개)의 비율로 처리한다. 원칙적으로 제1완충지역에서 제4완충지역까지 같은 비율로 처리하는 것이 좋으나, 확산이 광범위하지 않는 것으로 판단되는 경우 1 완충격자(8 개 격자)에 각 5,000 개, 2 완충격자(16 개 격자)에 각 4,000 개, 3 완충격자(24 개 격자)에 각 3,000 개, 4 완충격자(32 개 격자)에 각 2,000 개를 처리한다.

③ 처리 횟수

2 주마다 도포한다.

④ 처리 기간

타우과실파리 2세대 기간 동안 미발견 되는 경우 처리를 중단할 수 있다.

5.3.8 암컷유살제 처리

살충제가 첨가된 단백질먹이 유살제를 살포한다. GF120을 사용할 수 없는 경우 유사형태의 약제를 제조하여 사용할 수 있다.

(1) 지상 독먹이 살포

① 조제

GF120 (동방아그로)을 물로 1.5 배 희석하여 처리한다. 예를 들어 GF120 4 L에 물을 6 L 혼합하여 살포액을 조제하게 된다.

② 처리 지역 규모

발견 지점 기준으로 중심부, 제1완충지역 및 제2완충지역까지 살포 처리한다. 타우과실파리 기주식물과 휴식 기주를 대상으로 살포하는 경우 효과를 높일 수 있다.

③ 처리 간격

초기 발견 이후 2 세대 기간 동안 주당 1 회 살포하며, 2세대 동안 미발견되는 경우 처리를 중단할 수 있다.

④ 처리 방법

미끼는 개인휴대용 스프레이기 또는 동등한 장치의 수단에 의해 주거지와 휴식공간이 제공되는 기주와 식물에 제한된 범위적용으로 사용될 수도 있다. 사용은 어린이 또는 애완동물에게 피해가 발생하지 않는 장소에 적용된다. 모든 범위적용이 요구된다면 송풍식 분무기 또는 유사한 장치가 사용될 수 있다.

⑤ 처리 약량

각 처리지점은 표면이 모두 적셔지도록 살포한다.

(2) 시설지 살포

지상 살포와 동일방법으로 약제를 조제하고, 해당지역에서 기주를 재배하는 모든 시설재배지 내부에 살포한다.

(3) 항공 살포

긴급한 경우 지상 살포와 동일방법으로 약제를 조제하고, 사람이 접근할 수 없는 산림지역, 깊은 계곡 등에 살포한다.

5.3.9 불임충방사 처리

① 불임충방사는 박멸처리 후 잉여 타우과실파리 개체를 완전히 제거하기 위하여 선택적으로 적용된다. 이 방법은 과실제거, 독먹이살포 및 토양관주(토양이나 나무에 구멍을 파서 약액을 주입하는 약제살포의 한 방법)와 혼합하여 사용될 수 있다.

② 우선 정확한 종 동정이 필요하다. 즉 방사될 종과 침입 종과 동질성이 확보 되어야 한다.

③ 불임충 방사 작전지역에서 타우과실파리 모니터링을 위하여 1.6 × 1.6 km 당 CL-방출 델타트랩 5 개를 설치하고 일주일 간격으로 조사된다.

④ 불임충방사 밀도

감염중심지를 1.6 × 1.6 km 면적으로 정하고 여기에 매주 오십만마리 이상의 불임충을 방사하게 한다. 감염외곽지(완충지)는 중심지에서 4.8 km 반경 지역으로 1.6 × 1.6 km 면적을 기준으로 25,000 마리 이상이 방사한다. 토착파리와 불임충의 비율이 1:50 이하가 되지 않도록 관리해야 한다.

⑤ 불임충방사 수단

(1) 지상 방사

이동 차량을 통해 불임충을 방사한다. 특히 감염중심지 처리에 유효하다. 감염중심지 주변처리도 가능할 수 있다.

(2) 항공 방사

육상 차량 방사보다 균일하게 불임충을 방사할 수 있다.

5.4 박멸선언 매뉴얼

5.4.1 트랩 모니터링을 통한 박멸효과 확인

① 마지막 발견 후 3 세대 기간 동안 모니터링을 실시한다.
② 정밀조사 이외의 지역에도 상시모니터링 지역에서 3 세대 동안 모니터링을 실시한다.

5.4.2 과일수거검사를 통한 박멸효과 확인

① 중앙지점 및 제1완충지역(발견지점으로부터 2.4 km 반경이내) 등에 있는 과일을 7~10 일 간격으로 조사한다. 특히 중앙지점의 기주과일은 명부를 작성하고 즉석에서 칼로 절개하여 검사한다.
② 시설이 갖추어진 경우에는 수거된 과일은 과실파리 최적온도인 26℃/70% 습도조건에서 1 주 ~ 1 세대기간 동안 사육 후 검사한다. 과일이 저장되는 시설은 우화하는 과실파리가 날아가지 않도록 안전관리에 만전을 기해야 한다.

5.4.3 박멸선언

과실파리 최종발견 후 3 세대 기간 동안 더 이상 발견이 되지 아니하였을 경우 박멸된 것으로 판정한다.

CHAPTER 03

서인도제도과실파리

1 생물정보

1.1 분류학적 위치위치

영 명	West Indian fruit fly
학 명	*Anastrepha obliqua* (Macquart, 1835)
강	곤충강(Insecta)
목	파리목(Diptera)
과	과실파리과(Tephritidae)

Tephritis obliqua Macquart 1835 : 464.—Cuba. Lectotype ♀ MNHNP. Lectotype designation by inference of holotype by Steyskal 1975 : 357.

Anastrepha fraterculus var. *mombinpraeoptans* Sein 1933 : 187.—Puerto Rico. Rio Piedras. Holotype ♀ USNM.

Anastrepha fraterculus var. *ligata* Lima 1934 : 552.—Brazil. Rio de Janeiro. Syntype ♂♀ CPARJ ♂.

Anastrepha trinidadensis Greene 1934 : 161.—Trinidad. Tabaquite. Holotype ♀ USNM. Type data (Stone 1942 : 69).

Anastrepha fraterculus var. *mombinpraeoptera* Phillips 1946 : 106.—missp. mombinpraeoptans Sein.

Anastrepha mombimpreoptans Mena 1965 : 13.—missp. mombinpraeoptans Sein.

Anastrepha ethalea : Greene 1934 : 161.—misid. See Stone 1942 : 68.

Anastrepha acidusa : Greene 1934 : 162.—misid. See Stone 1942 : 68.

서인도제도과실파리는 현재 참과실파리아과(Subfamily Trypetinae)의 Toxotrypanini족에 속한다. 이 아족에는 3개의 속이 소속되며 많은 해충을 포함하는 *Anastrepha*가 약 200종, 몇몇 해충을 포함하는 *Toxotrypana*가 7종, 비해충 분류군인 *Hexachaeta* 속이 20여 종이 있다.

서인도제도과실파리는 남미의 베네주엘라 브라질 페루 등지에 분포하는 종이며, 구아바의 해충으로 알려져 있다.

1.2 생활사

서인도제도과실파리는 카리브해 남부에서 브라질에 거쳐 발생하는 과실파리로 망고를 비롯한 아열대 과실의 중요한 해충이다(감귤 공격 가능). 분포지역에서 연간 6~7세대 발생하며 산란전기간은 여름철 1주일, 겨울은 2~3주 소요된다(Weems et al., 2001). 알은 3~12일내 부화하여 유충은 15~32일 섭식하고 토양에서 번데기가 되며, 15~19일에 성충으로 우화한다(CABI, 2018AO). 이 과실파리는 계절적 발생량의 변이는 있지만(Hedstrom, 1993) 분포지역에서 연중 발생한다(Christenson and Foote, 1960).

멕시코에서 다양한 기주식물에서 과실파리류를 조사한 결과 서인도제도과실파리는 느릅나무과(Ulmaceae)에 속한 열대과일류 Ampelocera hottlei에서 우화하였으며, 천적으로 *Utetes anastrephae* (고치벌과), *Aganaspis pelleranoi* (기생혹과) 두 종 기생봉이 같이 우화하였고, 기생률 0~76.5%로 변이가 심하였다(Aluja et al., 2003).토양 번데기 상태에서 천적의 기생률(병원성 곰팡이 포함)은 초기 8.6%에서 성충 우화기 15.3%로 증가는 하지만 전체 생존률 큰 영향을 미치지 못하였다(Bressan-Nascimento, S., 2001; 브라질).

강우량의 증가에 따라서 번데기에서 성충의 우화율 직접적으로 감소하였으나, 성충의 생존률에는 영향을 미치지 않았으며, 기주식물의 착과시기가 더 밀접히 관련되어 있었다(Montoya et al., 2008; 멕시코). 멕시코에서 10여종의 과실파리가 발생하는데 서인도제도과실파리는 주로 망고와 옻나무과에 속한 jobo 열매에서 발견되었다(Rodríguez-Rodríguez et al., 2018).

이 종은 형태적 변이가 심하여 콜롬비아에서 두 집단으로 분리되었으며, 멕시코 등 다른 지역 개체군과도 형태적 변이가 나타난다(Castañeda et al., 2015).

1.3 분포

○ 서인도제도과실파리 분포지역(CABI, 2018AO)

대륙	국가/지역
북아메리카(North America)	멕시코 (Mexico)
중앙아메리카 및 카리브해 일대 (Central America and Caribbean)	앤티가바부다 (Antigua and Barbuda)
	바하마 (Bahamas)
	바베이도스 (Barbados)
	벨리즈 (Belize)
	영국령 버진아일랜드 (British Virgin Islands)
	코스타리카 (Costa Rica)
	쿠바 (Cuba)
	도미니카 (Dominica)
	도미니카 공화국 (Dominican Republic)
	엘살바도르 (El Salvador)
	그레나다 (Grenada)
	과들루프 (Guadeloupe)
	과테말라 (Guatemala)
	아이티 (Haiti)
	온두라스 (Honduras)
	자메이카 (Jamaica)
	마르티니크 (Martinique)
	몬트세렛 (Montserrat)
	네덜란드령 앤틸리스 제도 (Netherlands Antilles)
	니카라과 (Nicaragua)
	파나마 (Panama)
	푸에르토리코 (Puerto Rico)
	세인트키츠네비스 (Saint Kitts and Nevis)
	세인트루시아 (Saint Lucia)
	세인트빈센트그레나딘 (Saint Vincent and the Grenadines)
	트리니다드토바고 (Trinidad and Tobago)
	미국령 버진아일랜드 (United States Virgin Islands)
남아메리카 (South America)	브라질 (Brazil)
	콜롬비아 (Colombia)
	에콰도르 (Ecuador)
	가이아나 (Guyana)
	파라과이 (Paraguay)
	페루 (Peru)
	수리남 (Suriname)
	베네수엘라 (Venezuela)

(A)

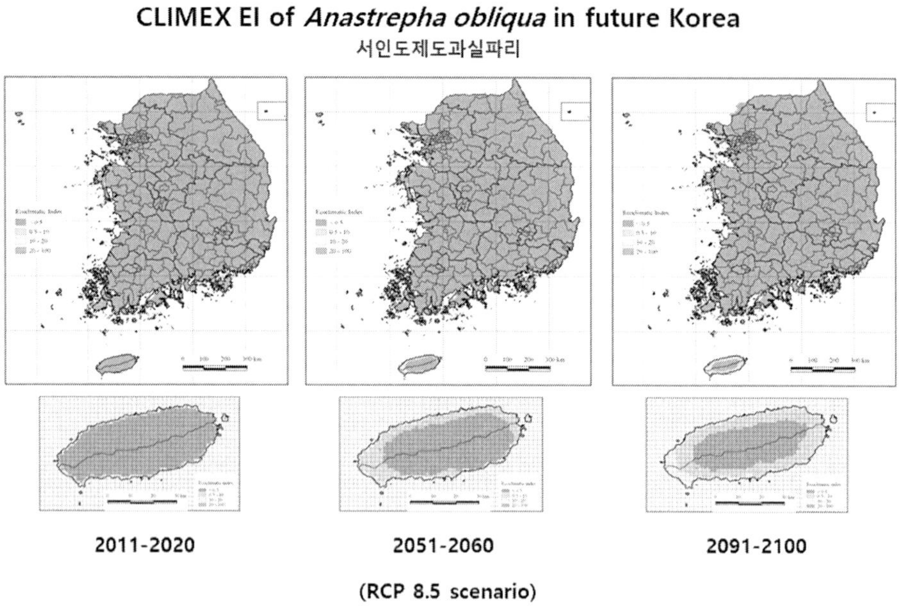

(B)

기후요소	매개변수	적용값	기후요소	매개변수	적용값
Moisture Index	SM0	0.05	Cold Stress	TTCS	7.6
	SM1	0.1		THCS	-0.003
	SM2	1.1		DTCS	-
	SM3	1.6		DHCS	-
Temperautre Index	DV0	10	Heat Stress	TTHS	39
	DV1	20		THHS	0.00015
	DV2	30		DTHS	-
	DV3	36		DHHS	-
	PDD	642	Diapuase	DPD0	-
Dry Stress	SMDS	0.05		DPT0	-
	HDS	-0.0001		DPT1	-
Wet Stress	SMWS	1.65		DPD	-
	HWS	0.001			

▌그림 3-1▐ 국내 정착적합도 추정. (A) RCP8.5 기후시나리오에 따른 서인도제도과실파리 기후적합 정착 위험도 지도. Ecoclimatic Index (EI) 기준 : 0~0.49 = unsuitable, 0.5~9.99 = marginal, 10~19.99 = suitable, 〉20 = optimal, 100 = perfect (B) CLIMEX 모형 매개변수 적용값(Fu et al., 2014)

1.4 기주

○ 서인도제도과실파리의 기주목록 (CABI, 2018AO; da Silva and Zucchi, 1996)

과	학명	영문명	일반명
Anacardiaceae	*Anacardium occidentale*	cashew	캐슈넛
	Mangifera indica	mango	망고
	Spondias dulcis	vi-apple Otaheite-apple	암바렐라
	Spondias mombin	hogplum yellowmombin	호그플럼
	Spondias nigrescens	-	-
	Spondias purpurea	purplemombin redmombin	카자(cajá) 멈빈(mombin) 일종
	Spondias spp.	-	-
Annonaceae	*Annona glabra*	pond-apple	폰드애플
	Annona hayessi	pawpaw	-
Chrysobalanaceae	*Chrysobalanus icaco*	coco-plum	코코플럼
Comretaceae	*Terminalia catappa*	tropical almond	카타파(tropical almond)
Ebenaceae	*Diospyros digyna*	black sapote	블랙 사포테
Myrtaceae	*Eugenia jambos*	jambos rose-apple pomarosa	로즈애플
	Eugenia nesiotica	-	-
	Eugenia stipitata	araca-boi	아라카 보이
	Eugenia uniflora	Surinam cherry	피탕가(pitanga) 수리남체리
	Myciaria cauliflora	jabuticaba	-
	Myciaria dubia	camu-camu	-
	Myrcia eximia	azeitoninha	-
	Psidium acutangulum	araca-pera	-
	Psidium guajava	guava	구아바
	Syzygium malaccense	malay-apple	말레이애플

Oxalidaceae	*Averrhoa carambola*	star fruit	스타프루트
Passifloraceae	*Passiflora quadrangularis*	passion-flower the giant granadilla	자이언트 그라나딜라
Rosaceae	*Eriobotrya japonica*	loquat	비파
	Prunus amygdalus	bitter almond	스위트아몬드 편도
	Prunus dulcis	almond	아몬드
	Prunus persica var. *nectarina*	nectarine	승도
Rubiaceae	*Coffea arabica*	arabica coffe	커피
Rutaceae	*Citrus aurantium*	sour orange	광귤 (bitter orange)
	Citrus grandis	pumelo	포멜로
	Citrus paradisi	grapefruit	자몽
	Citrus spp.	-	-
Salicaceae	*Dovyalis hebecarpa*	kitambilla Ceylongooseberry	실론 구스베리
Sapotaceae	*Manilkara zapota*	sapodilla	사포딜라
	Pouteria caimito	yellow zapote	아비우
	Pouteria mammosa	sapote	사포딜라
Vitaceae	*Vitis vinifera*	California grape	포도

1.5 피해 및 방제 기술

1.5.1 이동과 확산 방법

Anastrepha 속 과실파리가 135 km 비행한 기록이 있으며, 장거리 이동에 의해 확산이 가능하다. 다른 과실파리류와 마찬가지로 유충에 감염된 과실의 유통이 중요한 이동확산 수단이다. 유럽지역에서 제일 중요한 감염과실 이동이 망고이며 그 다음 감귤류와 구아바로 알려져 있다(CABI, 2018AO). 즉 프랑스에서 멕시코산 수입망고 검역에서 검출된 바 있다. 기타 열대과실의 유통을 통하여 전파될 수 있다. 서인도제도과실파리 이동(장거리) 매개체가 될 수 있는 종류는 다음과 같다.

매개체	내용	장거리	지역내
항공기	유충 및 알에 감염된 과실	○	
대량화물	모든 발육단계	○	
소모성물품(유람선에 실은 식량 등)	모든 발육단계	○	
부유 식물체/쓰레기	유충 및 알에 감염된 과실	○	○
육상 교통수단	번데기	○	○
화물(선원들의 사물함 포함)	유충 및 알에 감염된 과실	○	○
메일/우편	알 및 유충에 감염된 과실	○	○
식물 또는 식물 일부	알 및 유충에 감염된 과실	○	○
토양, 모래, 자갈 등	번데기	○	○
바람	성충		○
히치하이크	성충	○	○

1.5.2 경로 매개체

다음은 서인도제도과실파리 충체 자신의 이동 능력 외에 다른 운반체에 의해 이동되는 수단이다.

감염부위	발육단계	내부	외부	지역내
과실(꼬투리 포함)	알, 유충	○	×	육안진단 가능 : 피해증상, 해충개체
식물재배 배지	번데기	○	○	육안진단 가능 : 피해증상, 해충개체

■ 운반체 역할을 하지 않는 것으로 알려진 식물체 부분 : 껍질, 구근(비늘줄기), 꽃(꽃받침 부위 포함), 잎, 뿌리, 줄기(신초, 가지 포함), 덩이줄기(tuber), 채근(구경 corms), 지하경(rhizome), 실생묘(seedling), 조직배양 식물, 종자, 목질부 등

1.5.3 검역 중요성

서인도제도과실파리는 열대과실의 중요한 해충으로 특히 망고의 피해가 심하다, 감귤류는 기주식물로 기록되어 있으나 중요한 기주식물은 아니다(Enkerlin et al., 1989). 기타 옻나무과에 속한 과실을 가해하므로 국내에서 피해는 적을 수 있으나, 야생기주식물로 이용될 수 있다.

1.5.3.1 경제적 영향

브라질, 멕시코 등 남미에서 망고 등 열대과실에 큰 경제적 피해를 주는 것으로 알려져 있다.

1.5.3.2 환경적 영향

서인도제도과실파리는 원산지나 침입지의 자연환경에 심각한 피해를 유발하는 해충은 아니다.

1.5.4 모니터링과 방제

1.5.4.1 의심 기주 조사

서인도제도과실파리 기주식물의 목록을 작성하고, 국내 해당지역에서 기주식물로 가능성 있는 종을 선정한다. 농경지 내에서는 주기적으로 약제방제를 실시하기 때문에 발견이 되지 않을 수 있다. 관리하지 않는 야생기주식물의 조사가 중요하며 특히 민간에서 정원수 또는 텃밭에서 재배되는 기주식물을 파악해야 한다.

1.5.4.2 조기경보시스템

상시모니터링 트랩을 운영하여 감시가 필요하다. 항만, 공항, 대형 마켓, 농산물 집하장, 외래인 밀집지역 등 위험도가 높은 지역에 트랩을 설치하여 조기 검출한다.

1.5.4.3 발생 모니터링

찔린 자국 및 괴사와 관련된 흔적이 보이는 과실(지역적으로 재배된 또는 수입 과실의 샘플)은 검사해야 한다. 의심되는 과실은 절개하여 유충 유무를 점검해야 한다. 유충 동정은 어려워 분자지표를 이용하거나 성충으로 발육시켜 정확한 동정을 진행하게 된다. 우화 후 체벽의 경화와 체색을 갖추도록 며칠간 성충에게 설탕과 물을 공급한다.

수컷 특이적인 유인제가 알려지지 않았다(*Anastrepha* 속 전체에 해당). 단 암모니아 기반의 유인제에 유인된다. 맥페일 트랩이 이용되며 암모늄 아세테이트(ammonium acetate)를 미끼로 사용할 수 있다(Hedstrom and Jimenez, 1988). 기타 유인미끼로 카세인 가수분해산물(casein hydrolysate : Sharp, 1987), 토룰라 이스트(torula yeast : Hedstrom and Jiron, 1985)이 가능하다. 트랩의 효율은 0.4 ha에 18개 설치시 방사 성충의 13%가 재포획되었다(Calkins et al., 1984).

1.5.4.4 법적 방제

서인도제도과실파리가 발생하는 지역에서 농작물을 수출하는 국가에 대해서는 엄격한 수확 후 살충처리를 요구한다. 이 처리는 훈증, 열처리, 저온처리, 살충제 처리 또는 방사능 조사가 포함된다. 열처리는 대부분 과실의 유통 기간을 감소시키는 경향이 있다. 따라서, 법적 방제는 과실파리 발생이 없는 지역에서 생산된 과실 수입으로 제한하게 된다.

1.5.4.5 재배적 방제

물리적 방제법으로 신문지, 종이박스 또는 길고 얇은 폴리에틸렌 주머니로 과실에 봉지를 씌우는 방법이 있으며, 고가의 과실에 적용이 가능하다. 재배적 방제로 효과적인 것은 유충에 감염된 과실을 지속적으로 제거하는 방법이다. 감염과실을 소각, 매몰, 동물먹이 또는 햇빛에 노출을 통하여 살충시킬 수 있다. 기타 과실나무 아래 토양을 갈아엎어서 번데기를 지상부로 노출시켜 건조 또는 다른 생물체에 의해 포식되게 한다. 이러한 방법은 박멸 프로그램에 보완적으로 적용할 수 있으며, 원칙적으로는 정착되어 해충화 된 지역에서 사용하는 일반적 방제법이다.

1.5.4.6 화학적 방제

살충제로 외국에서는 말라치온(Malathion)이 사용되었으며, 단백질 먹이와 혼합하여 특정 지점에 살포할 수 있다. 독미끼 살포는 원칙적으로 암모니아가 휘발되어 암컷과 수컷을 유인하고 살충성분과 접촉하여 살충시키는 방법이다(Bateman, 1982). 허브식물(*Piper auritum*) 잎 추출물과 낙과 과실을 혼합하여 유인 방제하여 국부적 박멸에 성공한 사례가 있다(Perales-Segovia et al., 1996).

1.5.4.7 불임곤충방사 기술

서인도제도과실파리에 관한 연구는 아직 수행되지 않았다.

1.5.4.8 수컷유살제 처리기술

수컷 특이적 유살제는 알려져 있지 않다.

2 진단 매뉴얼

2.1 형태적 진단법

2.1.1 유충형질

자료 없음

2.1.2 성충형질

머리는 황갈색이며 4쌍의 이마센털과 2쌍의 안센털을 지니며, 홑눈센털은 매우 짧다(그림 3-2). 가슴판(순판)은 황갈색 바탕에 중앙부에 가늘며 뒤쪽에서 넓어지는 백색 세로띠가 있으며, 횡단봉합선(transvers suture) 이후 측면을 따라 한 쌍의 가는 백색 띠가 소순판에 연결된다. 어깨판과 소순판은 백색이다. 날개에는 전형적인 갈색에서 황갈색의 Anastrepha 패턴이 있으며 V-띠가 가늘게 S-띠에 연결되어 있다. 복부는 황갈색이며 암컷 산란통은 앞쪽 복부 길이의 2/3 정도이다.

이 종은 외형적으로 *A. fraterculus* 및 *A. suspensa*와 유사하다. 그러나 이 종의 산란관 말단부 양 옆의 톱니가 다른 종들 보다 훨씬 많은 점으로 구분된다. 또한 가슴판과 소순판 사이와 하소순판에 흑색 점이 없는 것으로도 구분할 수 있다.

2.1.3 유인제

종특이적인 유인제는 알려져 있지 않으나, 암모니아 트랩에 포획되기도 한다.

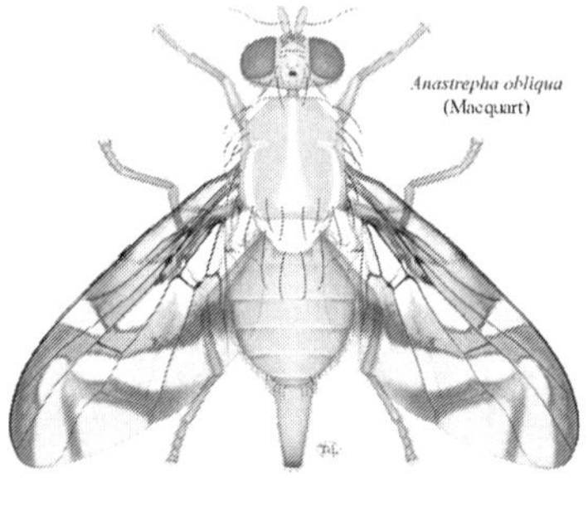

▌그림 3-2 ▌ 서인도제도과실파리(*Anastrepha obliqua*)의 암컷. Image courtesy of Carroll et al., Pest fruit flies of the world, http://delta-intkey.com/ffa/index.htm (as of 2019/11).

한국에서 서인도제도과실파리의 예찰과정에서 혼돈될 수 있는 과실파리 종들은 오리엔탈과실파리(*Bactrocera dorsalis* (Hendel)), 오이과실파리(*Zeugodacus cucurbitae* (Coquillett)), 호박과실파리(*Zeugodacus depressa* (Shiraki)), 호박꽃과실파리(*Zeugodacus scutellata* (Hendel)), 녹나무과실파리(*Bactrocera hyalina* (Shiraki))이다. 이들 종들을 구별할 수 있는 검색표는 다음과 같다.

[검색표(성충)]

1. 가슴등판에 백색의 세로줄이 있으며, 날개 에 뒤집힌 V자 모양의 띠가 2개 나란히 있다 ……………… 서인도제도과실파리
—. 가슴등판에 노란색 세로줄이 있으며, 날개에는 V자 모양의 무늬가 없다 ……………… 2
2. 가슴등판에 노란색의 세로줄이 2개이다 ……………… 3
—. 가슴등판에 노란색의 세로줄이 3개이다 ……………… 4
3. 소순판은 노란색이다 ……………… 오리엔탈과실파리
—. 소순판의 뒤쪽 반 정도가 검은색이다 ……………… 녹나무과실파리
4. 소순판의 뒤쪽 반 정도가 검은색이다 ……………… 호박꽃과실파리
—. 소순판은 노란색이다 ……………… 5
5. 가슴등판의 후반부가 노란 줄무늬를 제외하고 황갈색이 우세하다; Crossvein DM-Cu 주변에 넓은 흑갈색 띠가 있다 ……………… 오이과실파리
—. 가슴등판의 후반부가 노란 줄무늬를 제외하고 흑갈색이다; Crossvein DM-Cu 주변에 넓은 흑갈색 띠가 없다 ……………… 호박과실파리

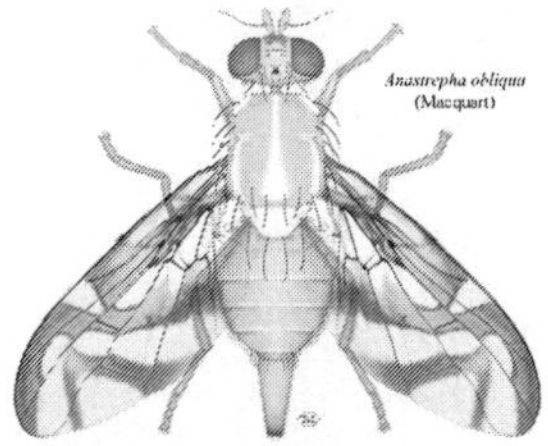

서인도제도과실파리

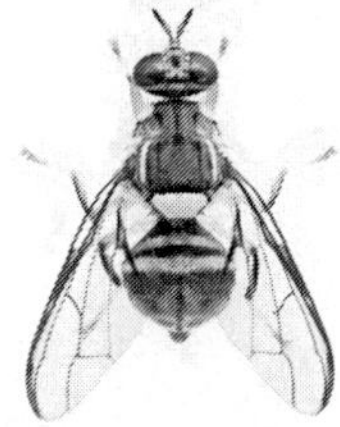
오리엔탈과실파리
(IAEA Imagebank 06410590)

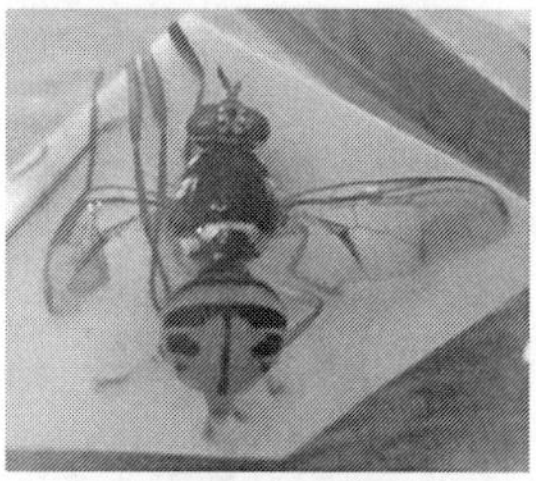
녹나무과실파리
(농림축산검역본부 제공)

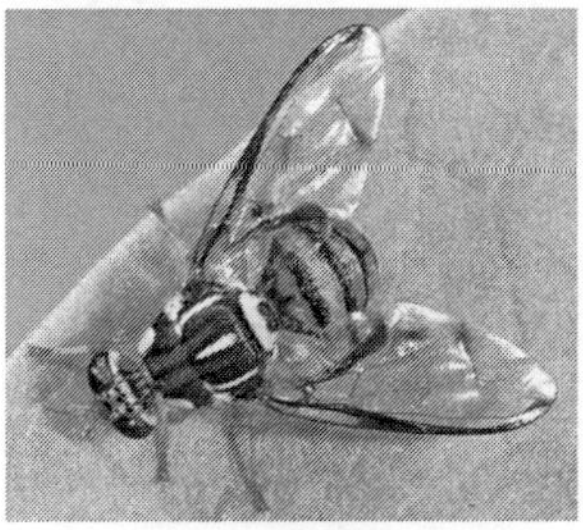
호박꽃과실파리

오이과실파리

호박과실파리

2.2 분자적 진단법

2.2.1 시료 준비법

모든 발육태(알, 유충, 번데기, 성충)를 재료로 활용가능하다. 성충은 다리 또는 가슴을 재료로 활용이 권장되며 이들 영역에 응애 등 다른 이물질이 부착할 수 있기에 재료로 사용 전 확인 및 제거한다. 번데기는 주로 기주의 외부환경에 존재하므로 내부기생성인 기생봉(천적)이 감염될 가능성이 있기에 사용 시 주의가 요구된다.

2.2.2 DNA 추출법

핵산 추출은 시판되는 핵산추출키트(예를 들면, Quiagen Dneasy Blood & Tissue Kit)를 사용한다. 추출방법은 구매한 핵산추출키트에 포함된 매뉴얼에 따라 DNA를 추출한다.

2.2.3 유전자 증폭(PCR) 조건

① PCR premix는 iNtRON 또는 BIONEER 제품을 사용하며, 제품 구매시 제공되는 튜브(tube) 당 다음과 같이 재료를 혼합하여 분석을 실시한다.

DNA	1 ㎕
프라이머 : 정방향 (10 pmol)	1 ㎕
프라이머 : 역방향 (10 pmol)	1 ㎕
증류수	17 ㎕
전체 부피	20 ㎕

* 정방향 프라이머 : LCO1490 (5-GGTCAACAAATCATAAAGATATTGG-3)
역방향 프라이머 : HCO2198 (5-TAAACTTCAGGGTGACCAAAAAATAC-3)

② 분석에 사용되는 PCR 기계의 조건은 다음과 같다.

구 분	온도	시간	반복수
초기 변성	95℃	7 min	1 ×
변성 재생 합성	95℃ 45~55℃ 72℃	60 s 30 s 60 s	35 ×
최종단계	72℃	10 min	1 ×

③ 증폭된 PCR결과물은 마크로젠 등에 염기서열 분석의뢰 한다.

1) 염기서열 분석 의뢰한 회사에 BLAST까지 요청하여 동정결과를 수령하거나,
2) 염기서열 정보를 수령하여 직접 “해충DNA 바코드시스템(http://10.110.128.102/main/main.asp)” 또는 “BOLD SYSTEMS (http://boldsystems.org)”에 접속, BLAST하여 동정을 실시한다.

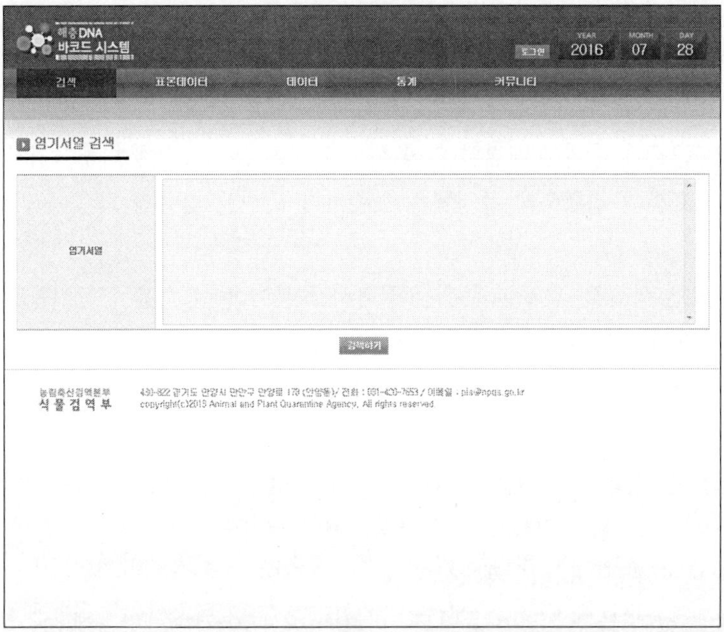

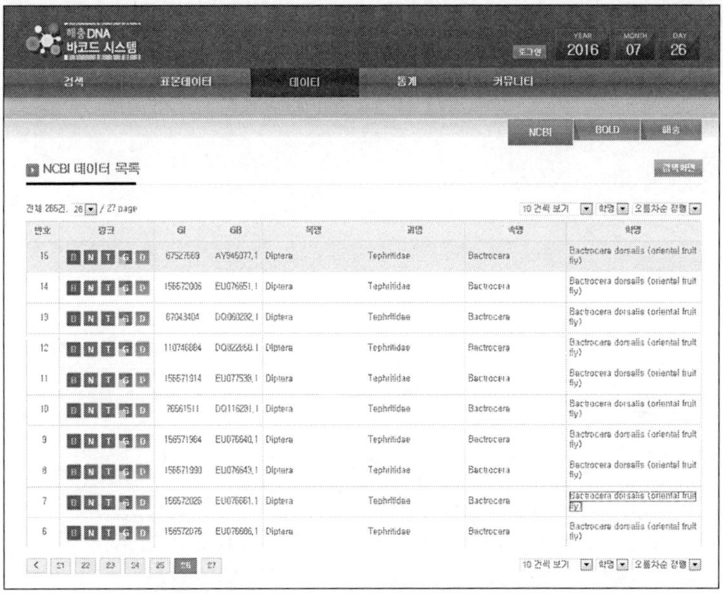

‖ 농림축산검역본부, 해충 DNA바코드 시스템 웹사이트 ‖

2.2.4 DNA 바코드 동정기준

2019년 4월 현재 BOLD 데이터베이스에 134 개체가 입력되어 있으며, 이 중 52 개체의 바코드가 다운로드 가능하다. 그러나 이들은 *A. fraterculus*, *A. distincta*, *A. ludens*, *A. suspensa*의 바코드 염기서열과 구분이 되지 않는다. 바코드 보다 좀 더 민감한 유전자 표지를 사용하여야 하며, 근연종들과의 종 문제의 해결이 이루어져야 할 것으로 본다.

2.3 표본관리 및 정밀동정

델타트랩 등 끈끈이 판에서 채집된 의심 성충 표본은 조심스럽게 다루어져야 한다. 끈끈이 물질에 포획된 표본이 정확하게 동정됨을 보증하기 위해서 다음의 과정이 권고된다.

- 끈끈이판(트랩 삽입지)의 표본 주위를 잘라서 표본이 붙은 작은 끈끈이판 조각을 만든다. 이 작은 조각에 곤충 핀(2호)을 꼽아 표본을 완성한다. 전문가에게 동정을 의뢰하기 위해 표본을 우송하려면 우송용 곤충상자에 위의 표본을 꼽아 단단히 고정시킨다. 이를 더 큰 상자에 넣고 상자 사이의 빈 공간에는 스티로폼 등의 충진제를 넣어 파손을 방지한다.
- 끈끈이판(트랩 삽입지)을 직접 잘라서 사용하지 않으려면, 작은 시약용 주걱(spatula)으로 끈끈이판에서 표본을 끈끈이와 함께 조심스럽게 떼어내어 카드종이에 붙인 후에 위와 같은 방식으로 보관용 표본을 제작한다.
- 의심 유충은 끓는 물속에 넣어 죽인 후, 바로 식혀서 70~75% 에탄올에 보존한다. 맥페일과 잭슨 트랩에서 채집된 의심 성충 표본 및 다른 곤충 영기는 모두 동정 확인을 위해 에탄올 바이엘에 넣어 보관한다.

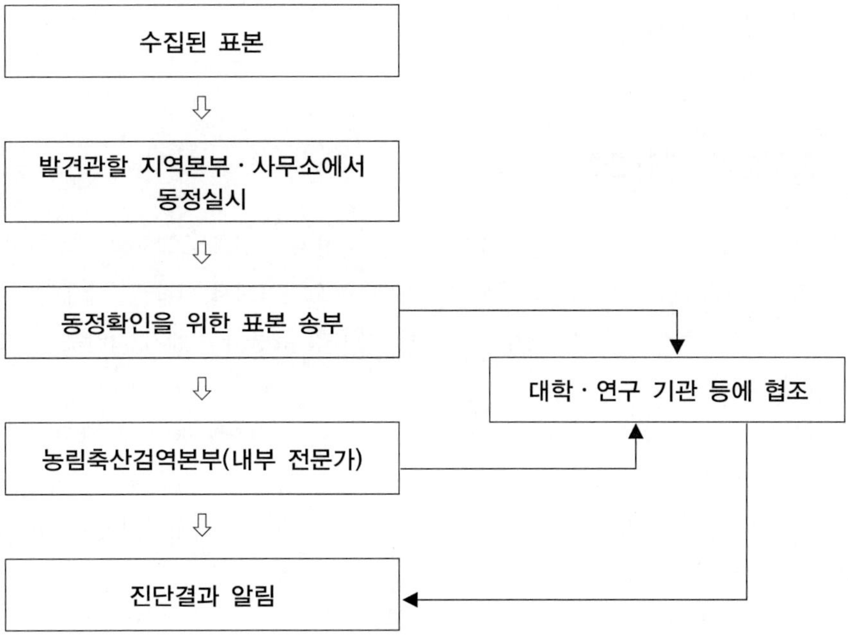

‖ 수집된 표본 동정(진단) 절차도 ‖

3 예찰 생물정보

3.1 온도발육 매개변수

서인도제도과실파리는 카리브해 남부에서 브라질에 거쳐 발생하는 과실파리로 망고를 비롯한 아열대 과실의 중요한 해충이다(감귤 공격 가능). 분포지역에서 연간 6~7세대 발생하며 산란전기간은 여름철 1주일, 겨울은 2~3주 소요된다. 여름철 유충과 번데기 기간은 10~13일이다(Weems et al., 2001).

서인도제도과실파리 온도발육은 잘 알려져 있지 않으나, Telles-Romero et al.(2011)은 번데기의 경우 18, 20, 25, 30℃에서 각각 28, 20, 13, 12일로 보고하였다. 이 자료를 이용하여 번데기의 발육영점온도를 추정한 결과 11.6℃ 이었으며(y=0.00579x-0.06739; 선형구간을 벗어난 30℃ 자료 제외), 이 값을 알-알기간의 발육영점온도로 적용하였다.

유충기간은 번데기기간과 동일한 값을 적용하였으며(Weems et al., 2001b), 산란전기간은 15일(Joachim-BravoI et al., 2003, 온도가 명시되지 않았으므로 25℃ 임의 적용), 알기간 5일(27℃에서 7일을 감안; Artiaga-Lopez et al., 2002)을 적용하여 25℃에서 알-알 기간 46일을 기준으로 세대기간 완료에 필요한 적산온도는 약 616.4일도가 되었다.

Artiaga-Lopez et al.(2002)는 서인도제도과실파리 대량사육시 알기간은 3일 (27℃), 유충기간은 9일 (25℃), 용기간은 13일 (26℃), 산란전기간은 8일 (27℃)로 보고하고 있다. 한편, Celedonio-Hurtado et al.(1988)는 28℃ 조건에서 사육한 개체의 알, 유충, 용, 산란전기간을 조사하여 각각 3.14일, 9.03일 (망고에서), 12.94일, 8일로 보고하였다. 이에 항온 28℃에서의 총발육기간 33.11일을 기준으로 세대기간 완료에 필요한 적산온도 543.0일도(발육영점온도 11.6℃ 적용)를 추정하였다.

3.2 발생세대수 추정 및 박멸활동 의사결정

서인도제도과실파리 박멸과정에서 최종발견 후 발생 세대수에 따라서 대응조치를 달리하게 되는데, 세대수는 세대기간 완료에 필요한 발육영점온도와 유효적산온도를 이용하여 추정할 수 있다.

대기온도자료는 발견 또는 발생된 지점에서 가장 기후학적으로 가까이 있는 기상대의 기상자료를 이용한다. 기타 이동형 데이터 로거를 설치하여 현장의 온도를 직접 수집하고 그 값을 이용할 수도 있다. 일평균대기온도를 이용하여 적산온도를 계산하는데, 일 최고온도와 최저온도를 알고 있는 경우 평균온도[(최고+최저)/2]로 계산하여 사용한다.

일별 평균대기온도에서 발육영점온도 이상의 온도를 일유효온도라고 하며 따라서 단위는 일도(day degrees, DD)가 된다. 적산온도는 이 일유효온도를 누적하는 것이다. 번데기의 경우 토양에서 존재하기 때문에 토양온도가 필요하지만 생육기에는 대기 온도와 큰 차이가 없으므로 대기온도 만을 이용하여 세대완료를 추정할 수 있다. 최종 발견일 다음날부터 적산온도를 계산하여 543.0DD(발육영점온도 11.6℃ 적용) 되는 날이 1 세대가 완료되는 날이다(543 DD와 정확하게 일치하지 않는 경우는 이 적산온도 값을 초과하는 첫날을 1세대 완료일로 취급한다). 제공된 엑셀시트(사용법 : 부록 1)를 이용하여 간편하게 계산할 수 있다.

서인도제도과실파리는 원산지 열대 및 아열대 지역에서는 연중 발생하는 해충이고 자세한 생태가 알려져 있지 않은 상태이다. 조사중단 및 다음연도 조사개시 기준은 오리엔탈과실파리의 매뉴얼에 따른다.

부록 1 서인도제도과실파리 번데기 우화시기 추정 엑셀시트 사용방법

적산온도 계산 초기 화면

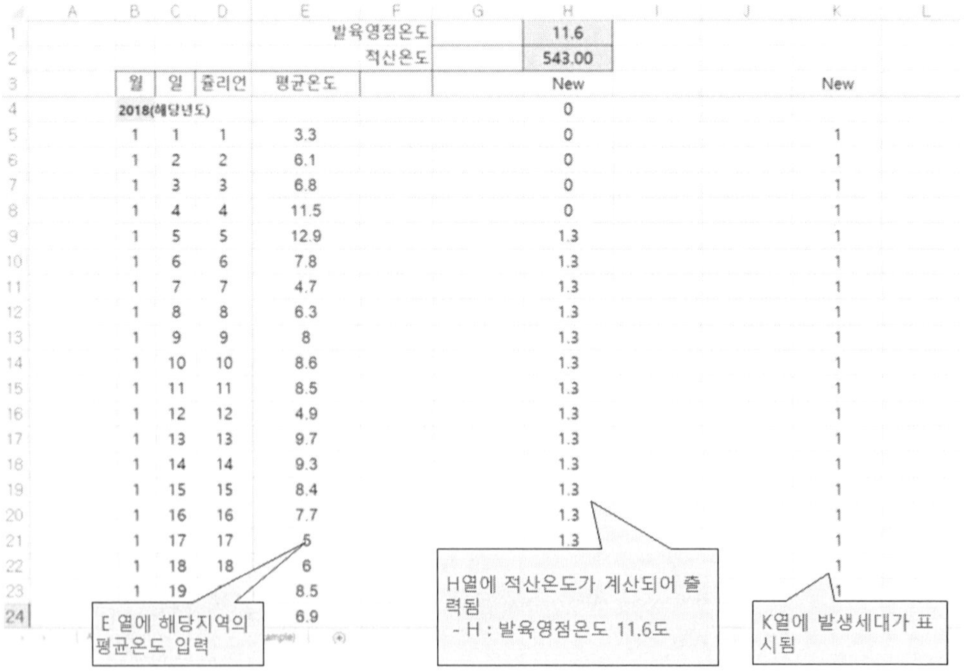

	월	일	쥴리언	평균온도		H	K
1					발육영점온도	11.6	
2					적산온도	543.00	
3	월	일	쥴리언	평균온도		New	New
4	2018(해당년도)					0	
5	1	1	1	3.3		0	1
6	1	2	2	6.1		0	1
7	1	3	3	6.8		0	1
8	1	4	4	11.5		0	1
9	1	5	5	12.9		1.3	1
10	1	6	6	7.8		1.3	1
11	1	7	7	4.7		1.3	1
12	1	8	8	6.3		1.3	1
13	1	9	9	8		1.3	1
14	1	10	10	8.6		1.3	1
15	1	11	11	8.5		1.3	1
16	1	12	12	4.9		1.3	1
17	1	13	13	9.7		1.3	1
18	1	14	14	9.3		1.3	1
19	1	15	15	8.4		1.3	1
20	1	16	16	7.7		1.3	1
21	1	17	17	5		1.3	1
22	1	18	18	6			1
23	1	19		8.5			1
24				6.9			

적산온도 계산 예제화면 1

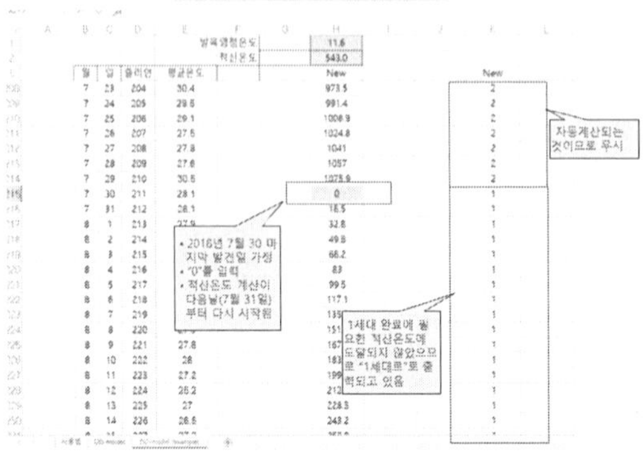

적산온도 계산 예제화면 2

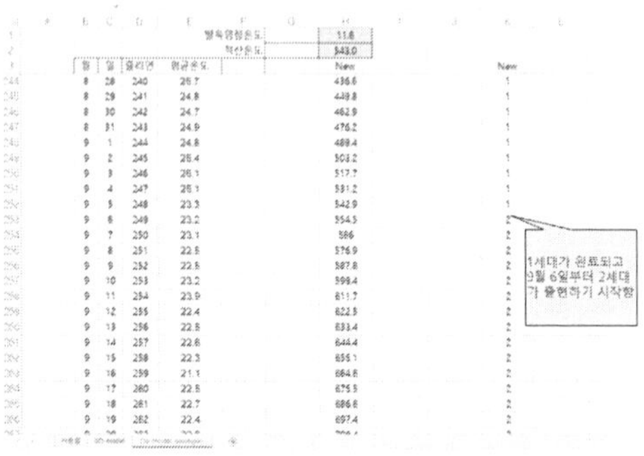

4 예찰 매뉴얼

과실파리류에서 사용하는 발견과 발생의 용어는 다음과 같이 정의된다.

○ **발견과 발생**

발견	• 발생 전 단계 • 무발생으로 간주되나 긴급조치 추진 • 정착되지 않았으나 당분간 생존 가능한 고립된 집단이 검출된 경우
발생	• 국제기구, 수출상대국 등에 의무통보 • 대내·외 공식 발표 • 국가 주도의 방제작업 추진 • 다수가 검출되거나 정착되어 지속적으로 존재하는 경우

○ **서인도제도과실파리의 발생 기준**

• 알, 유충, 번데기 또는 교미한 암컷 1마리 이상 또는

• 1세대 이내에 발견지 중심(14.4 × 14.4 km) 안에서 성충 5마리 이상이 트랩에서 검출된 경우(수컷, 미교미 암컷)

종류	목적	방법	조사범위	조사횟수 및기간
상시모니터링	조기탐지용	맥페일트랩	주요 기주 재배지역 및 항구, 항만 인접지역 (전국 1,000개 지점)	연중
		순회모니터링	재배기주 및 이동기주 조사	월 1-2회
긴급모니터링	분포한계조사	맥페일트랩	발견지중심 14.4 km 격자	1회/일(첫 1주) 2회/주(첫 세대) 0.5회/주(2-3세대)
		기주조사	발견지중심 200 m 반경	1회 및 폐기 처리

4.1 상시모니터링

4.1.1 조사지역

① 전국 공항·항만 주변 반경 1.6 km

② 전국 서인도과실파리 기주식물 (망고, 사포딜라, 구아바, 몸빈, 귤 등) 대형 재배단지

③ 전국 과일판매시장 주변 200 m

4.1.2 모니터링 방법

모니터링 방법은 식물검역관이 실시하는 과실파리에 대한 트랩조사와 포장순회모니터링(대상 : 이동 기주)이 있다.

4.1.3 유형별 모니터링 요령

4.1.3.1 트랩조사

① 조사기간 : 연중

② 트랩설치 장소 : 전국 1,000개 운영 (제주도 500개, 본토 500개)

공항 · 항만지역, 전국 기주식물 (망고, 사포딜라, 구아바, 몸빈, 귤 등) 재배단지, 수출 · 입식물 재배지, 과일 판매시장 주변, 격리재배지, 외국군부대 주변 등 적절한 장소를 선정한다. 트랩의 설치 밀도는 위험도에 따라 네 등급으로 나누어 결정하여 설치한다 : 1) 고위해도 지역 (항만, 도시 및 부도심 지역) : 평방마일 당 10개의 트랩설치; 2) 중위해도 지역 (기타 부도심 지역) : 평방마일 당 5개의 트랩설치; 3) 저위해도 지역 (기주식물이 없는 농촌 지역) : 평방마일 당 2개의 트랩설치; 4) 최저위해도 지역 (정착 가능성 없는 지역) : 5 평방마일 당 1개의 트랩설치.

③ 트랩설치 방법

기주과일 나무를 우선 선택한다. 기주나무가 없는 도심지역은 그늘진 장소를 선택한다. 설치장소는 출입이 편리하고 안정성이 있는 장소를 선택하여 지상에서 1.6~1.8 m 높이에 사방이 잘 트이고 약간 그늘이 있는 곳에 설치한다 트랩의 설치간격은 유인력에 영향을 주지 않도록 다른 트랩과 최소 5 m 이상의 간격을 유지하도록 하고, 설치한 지점의 침입 위험도가 변경되는 등 필요하다고 판단될 경우 트랩설치 지점을 변경한다.

④ 유인제 설치 및 교체

단백질먹이(protein bait) 유인제를 맥페일트랩에 설치한다. 각 트랩에는 물에 녹인 펠렛형 단백질먹이 유인제를 투입하고 1 - 2주 간격으로 교체한다. 단백질먹이 유인제 제작은 "트랩과 유인제의 종류와 사용 방법"을 참조한다.

⑤ 조사횟수

동계(12-2월) 월 1회; 춘계(3-5월) 2주 1회; 하계(6-9월) 1주 1회; 추계(10-11월) 2주 1회

⑥ 트랩설치장소 등록

농림축산검역본부(이하 "검역본부"라 한다) 지역본부 · 사무소별로 트랩번호를 부여하여 설치한 다음 설치위치의 GPS 좌표를 식물검역통합정보시스템의 금지급 과실파리예찰방제시스템에 등록한다.

⑦ 유인제 보관

단백질먹이 유인제를 제조하기 위한 펠렛(pellet)은 밀봉하여 냉동고에 보관한다. 제조한 단백질먹이 유인제는 제조 후 3일 내에 사용한다.

4.1.3.2 포장 순회 모니터링

① 조사기간 : 1~12월

② 조사횟수

- 11~2월에는 월 1회
- 3~10월에는 월 2회 이상

③ 조사지역

공항 · 항만지역, 경유물품에 긴급사태가 발생한 지역, 격리재배지, 수출 · 입 식물 재배지역 등

④ 주요 조사 대상 기주식물

망고, 사포딜라, 구아바, 몸빈(mombin; hogplum; 야생망고), 귤 등

⑤ 조사방법 : 기형과일, 유충, 알, 식흔, 부패, 배설물 등

4.1.4 모니터링 결과 등록 및 표본 제작

채집된 모든 과실파리는 분류, 동정하고 그 결과를 금지급 과실파리모니터링방제시스템에 등록한다.

FF 관리 DB

	A	B	C	D	E	F	G	H	I
1	날자	채집지점	트랩	곤충종(추정)	마리수	진단기술	종동정	조치	관리
2	16.3.17	제주(CJ-A-i-47)	ME	B. oroientalis	1	DNA/형태	B. orientalis	OFF 매뉴얼 제10조 1항에 따라 제주본부장통보(3/19)	OFF 매뉴얼 제4항에 따라 긴급방제지역선포(3/20)
3				B. sp.	1	DNA/형태	B. scutellata	무조치	무관리
4				Unknown	1	DNA	B. scutellata	무조치	무관리
5									

동정은 형태지표 및 분자지표를 이용한다. 분자지표의 경우는 신속동정시스템을 이용하고, 정밀동정은 농림축산검역본부의 전문가에게 보내 판정 받는다. 채집된 과실파리는 표본을 제작한 후 라벨을 부착(해충명, 기주, 채집지, 채집일자, 채집자)하여 보관한다.

4.1.5 상황보고

지역본부장·사무소장은 모니터링 결과 새로운 식물병해충(검역병해충, 국내미분포병해충 등)을 발견한 경우 또는 경유물품에 긴급사태가 발생한 경우와 모니터링 요원의 새로운 병해충 신고 및 조치사항을 별지 서식 제3호에 따라 농림축산검역본부(식물방제과)로 계통보고 하고 발견된 병해충 표본을 긴급 송부한다.

[별지 제3호 서식]

새로운 식물병해충 발견상황 보고

구 분	내 용
1. 발견일자	
2. 발견장소	• 주소 : • 농가명 : (TEL)
3. 병해충명	
4. 기주식물 (트랩설치 식물)	
5. 발견상황	• 발견병해충수, 발견정도, 피해증상 등
6. 조치사항	• 긴급조치(약제살포, 폐기 등) 등
7. 기 타	• 병해충 발견자 : 직 성명 • 분류동정자 : 직 성명 • 확인자 : 직 성명 • 기타 참고사항 수입식물의 수입시기, 수입국가, 수입량 농가에서 최초 발견시기 등

4.2 긴급모니터링

4.2.1 분포한계조사

4.2.1.1 트랩 종류와 배치

어떤 지역에서 1 개체 또는 그 이상의 서인도제도과실파리가 채집될 경우, 침입한 서인도제도과실파리의 분포 한계를 결정하기 위한 조사가 즉시 수행된다. 서인도제도과실파리가 최초 발견된 지점을 중심으로 그 주변을 1.6 km 간격으로 정사각형(1.6 × 1.6 km) 격자배치구를 설정한 후 중심부에서 주변부로 격자 당 25-5-5-5-5 개의 맥페일 트랩(단백질먹이 유살제 사용)을 설치한다.

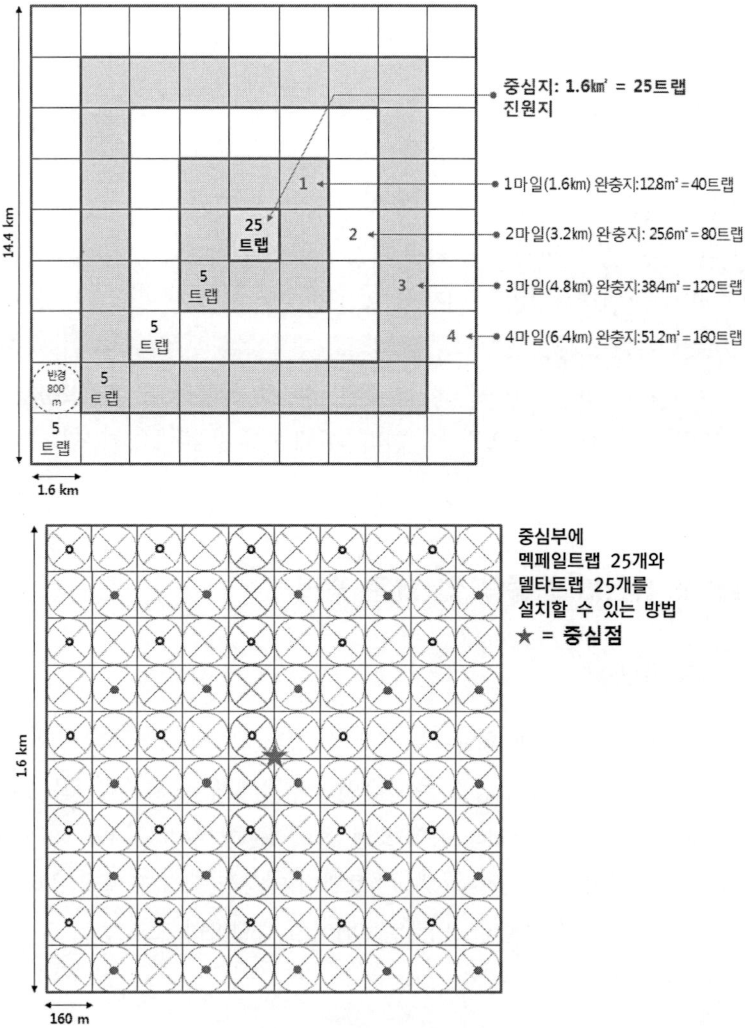

▌분포한계조사 예찰트랩설치▐

서인도제도과실파리가 검출된 지점으로부터 14.4 km 밖의 지역은 상시모니터링 설치 지역에 해당하며, 기존의 실시간 모니터링을 지속한다.

4.2.1.2 트랩 조사기간 및 조사 빈도

① **조사 기간** : 마지막 발견 후 3세대 기간으로 세대 기간의 계산은 제3장의 예찰 프로그램을 이용한다.

② **조사 빈도** : 최초 발견 이후 1주 동안은 매일 조사하고, 그 후 1세대 기간 동안은 주당 2회 조사한다. 2~3세대 동안에는 2주 1회 조사한다. 트랩에 채집된 암컷은 해부하여 암컷 저정낭(spermatheca)에 존재하는 정자의 유무로 교미 여부를 조사한다.

4.2.2 기주 조사

① 과실절개 검사

서인도과실파리 검출지로부터 200 m 이내의 기주식물(망고, 사포딜라, 구아바, 몸빈, 귤 등)의 과실을 수거하여 절개하고 미성숙 과실파리의 존재를 확인한다. 이후 절개된 과실은 금지급 생물안전시설에서 27℃와 70% 상대습도를 유지하며 2-3주 동안 보존하면서 과실파리 존재 유무를 재확인한다. 한편 과실파리 의심 기주가 보존되는 시설은 “수입금지품 수입 및 사후관리요령의 관리장소 요건”을 충족해야한다.

② 발견지 주변 기주 조사

발견지 주변 2.4 km 이내에 위치한 과수원 명부를 작성하고, 기주식물을 조사한다. 이 지역의 과일을 7~10일 간격으로 조사한다. 이때 과수원 주인을 대상으로 탐문조사도 실시한다.

4.3 트랩과 유인체의 종류 및 사용 방법

4.3.1 맥페일트랩

맥페일트랩은 아래쪽에 액상의 유인제를 채울 수 있는 공간이 있는 윗부분이 투명한 트랩으로 과실파리는 아래쪽으로 뚫린 구멍을 통해 유인되어 용액에 빠져 포획된다(그림 3-3). 일반적으로, 맥페일트랩에는 희석한 Nu-Lure 용액 또는 물에 용해시킨 Torula yeast/borax tablet 등의 액상 단백질먹이가 유인제로 사용된다. 맥페일트랩에 액상 단백질 유인제 용액은 저장고의 가장자리 바로 아래까지 채워져야 한다. 맥페일트랩에의 과실파리 포획을 조사하고 트랩을 취급하는 요령은 다음과 같다.

1) 트랩을 나무 아래에서 내용물이 쏟아지지 않도록 수거한다.
2) 내용물을 조심스럽게 돌려서 살아있거나 용기 내벽에 붙어 있는 과실파리를 용액에 빠지게 한다.
3) 마개를 열고 내용물을 양동이 위에 놓은 체에 걸러낸다. 용기에 붙어 있는 곤충들도 모두 수거한다. 체의 아랫부분을 물에 살짝 담가서 포획된 과실파리의 날개가 펼쳐지도록 한다.
4) 포획된 과실파리 및 기타 곤충들을 70% 에탄올이 담긴 바이알에 담는다.
5) 바이알에 라벨을 부착하고 트랩의 위치 및 종류, 날짜 및 기타 필요 정보를 기입한다.
6) 트랩을 재사용하기 전에 깨끗이 한다. 투명한 부분의 투명도는 과실파리의 포획에 아주 중요하다.
7) 유인제를 첨가할 때 트랩 밖으로 쏟지 않도록 주의한다.
8) 수거한 유인제와 세척액은 적당한 용기에 담아 폐기장으로 옮긴다. 사용한 맥페일트랩은 trisodium phosphate (TSP) 용액에 5-6시간 정도 담근 후 솔로 닦아 세척할 수 있으며, 잔류한 칼슘 침전물은 Lime-A-Way 를 사용해서 제거할 수 있다. 심하게 오염된 트랩은 muriatic acid 를 사용해서 세척할 수 있는데, 이 물질을 취급할 때 보호장구를 착용하는 등 각별한 주의가 요구된다.

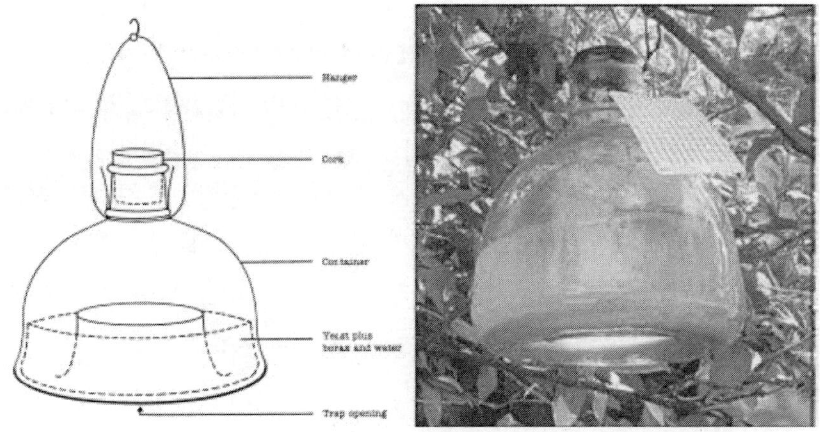

‖ 그림 3-3 ‖ 맥페일트랩(McPhaill trap)

4.3.2 단백질먹이 유인제

단백질먹이 유인제는 천연 먹이를 기반으로 한 것으로, 보통 borax 등의 보존제와 물을 섞은 액상으로 사용된다. 단백질먹이는 과실파리 암, 수컷에 모두 유인력을 나타내며 종특이성이 낮아 여러 종류의 비대상 곤충들도 유인하는 경향이 있다. 여러 종류의 단백질먹이가 있는데, 서인도과실파리에는 미국 USDA 에서 추천하는 Torula yeast (TY)/borax는 Torula yeast (5 gram pellet + borax) 하나를 100 ml의 포획용액(10% 프로필렌글리콜 수용액)에 섞어 사용하며, 트랩 하나에 300 ml의 용액을 사용한다. 이렇게 제조한 용액은 3일 정도 숙성된 후부터 본격적인 유인력을 발휘한다.

4.4 담당자의 역할 및 책임

4.4.1 모니터링 요원의 임무

모니터링 요원은 다음의 임무를 숙지하고 수행한다 : 1) 트랩과 주변 환경의 오염을 피한다; 2) 예찰 대상 곤충을 식별해서 감독자에게 보고한다; 3) 차량 사용 일지를 정확히 기록한다; 4) GPS 데이터를 사용한 트랩의 분포도와 위치를 파악한다; 5) 트랩설치 및 서비스 방법을 숙지한다; 6) 곤충 시료의 취급, 내용 작성 및 시료 전달 방법을 숙지한다; 7) 모니터링에 필요한 장비들을 관리한다; 8) 적법한 트랩 조사 기록을 유지한다; 9) 적절한 트랩 밀도와 배치를 유지한다; 10) 트랩의 재배치를 수행한다; 11) 매뉴얼에 따라 트랩을 서비스한다; 12) 쓰레기와 낡은 트랩 및 부품들을 적절히 폐기한다; 13) 새로 도입되거나 변경된 절차를 신속히 파악하고 실행한다; 14) 대상 곤충의 기주식물을 식별하고 대상 해충의 선호기주를 숙지한다; 15) 트랩 시즌이 종료되면 모든 트랩들을 수거한다; 16) 트랩설치와 조사를 효율적으로 할 수 있도록 동선을 파악한다; 17) 임무 수행 및 명령 체계를 숙지한다.

4.4.2 모니터링 요원 기술교육

식물방제과는 지역본부 모니터링팀, 인력지원팀 및 모니터링 요원을 구성 · 확인하고, 모니터링팀 · 인력지원팀 · 예찰조사원은 정기적인 교육 · 훈련 · 평가를 통하여 상시모니터링 및 서인도과실파리 발견(발생) 긴급 상황에 대비한다. 모니터링팀 · 인력지원팀 · 모니터링 요원은 상시모니터링 시작 전 실무교육을 이수하고 상시모니터링 기간 동안의 해충식별 능력평가를 받는다. 식물방제과 모니터링 담당자는 모니터링팀 · 인력지원팀 · 모니터링 요원에 대한 이론교육과 실습교육을 포함한 연간 교육계획을 수립하여 시행한다.

4.4.2.1 교육방법

모니터링 요원 실무교육	모니터링 요원 해충식별 능력평가
(담당) 식물방제과 모니터링 담당자	(담당) 식물방제과 모니터링 담당자
(대상) 모니터링 요원	(대상) 모니터링 요원
(내용) 금지병해충 육안 진단법, 트랩설치 장소 선정법, 트랩 취급법, 모니터링 결과 작성법, GPS 사용법, 포획된 표본 취급, 동정의뢰 방법, 민원인 응대법, 약품 및 차량 안전관리기본법 등	(내용) 모니터링 기간중 무작위로 선발된 4개 트랩에 금지해충 투입
(방식) 집합교육, 8시간	(방식) 실전교육
(일정) 트랩조사 시작 15일 전	(일정) 상시모니터링 시작 1개월 후 및 종료 1개월 전 실시 (2회)
(평가) 실무교육 후 실기평가 실시	(평가) 현장평가

4.4.2.2 외국의 모니터링 요원 기술교육 사례 (자료출처 : 미농무부 과실파리 예찰 가이드라인, 2015)

현장감독관은 각 모니터링 요원의 업무를 관리한다. 모니터링 요원들의 일정을 관리하고, 문제를 해결하기 위한 도움을 주며, 전반적인 지침을 내리고, 다음의 사항들도 수행한다.

4.4.2.2.1 평가

현장감독관은 정기적으로 각 모니터링 요원에 의해 운영되는 트랩의 수를 점검한다. 감독관은 평가서에 트랩 개수, 위치, 설치 장소, 설치 날짜, 유인제의 종류, 및 기타 사항 등을 기록하고, 유인제의 상태, 트랩의 재배치, 그리고 트랩 조사 일정 등을 파악한다. 모니터링 요원은 작업하는 지역에서 모니터링 결과와 문제점들을 현장감독관에게 보고한다.

4.4.2.2.2 트랩 주소록

(1) 트랩위치 주소록

모니터링 요원은 모든 트랩의 설치 날짜 및 조사 날짜와 각 트랩의 정확한 위치를 GPS 수치로 기록한 각 트랩 카드의 목록을 유지해야 한다.

(2) 지도

모니터링에 사용된 좌표들을 표시한 격자형의 대형 마스터 지도를 유지하며 내용을 매일 점검, 갱신한다. 지도에는 모든 트랩의 위치를 나타내고, 규제 지역을 표기한다.

4.4.2.2.3 트랩설치 훈련 및 홍보업무

(1) 트랩위치

새로 온 모니터링 요원은 트랩의 적절한 설치 위치 선정에 대한 개인별 지침을 부여받을 것이다.

① 트랩설치 장소의 선택

트랩을 설치할 적절한 기주식물을 선택하는 것은 효율적인 예찰에 아주 중요하다. 서인도제도과실파리의 선호기주에는 오렌지, 감귤, 만다린, 포멜로, 라임, 레몬, 금귤 등이 포함되며, 서인도제도과실파리의 트랩은 되도록 성숙한 과실이 달려 있는 선호기주에 설치하도록 한다. 트랩을 설치할 장소를 선택할 때, 과실이 달려 있는 서인도제도과실파리의 선호 기주에 트랩의 설치를 우선적으로 고려한다. 비슷한 상태의 기주식물이 2개 이상 가용한 장소가 있다면, 동일한 품종 또는 다른 품종의 여러 가지 기주식물이 있는 장소에 트랩설치를 우선적으로 고려한다. 많은 경우, 한 종류의 식물들만이 유일하게 활용 가능한 기주가 되는데 이 경우 이 식물들에 트랩을 설치해야 할 것이다. 그리고, 한 장소에만 트랩을 설치하는 것은 피한다. 서인도제도과실파리의 경우 과수원의 중앙부 또는 근처에 설치된 트랩이 가장자리에 설치된 트랩보다 과실파리를 포획할 가능성이 더 높다. 비선호 또는 2차 기주에 트랩을 설치하거나, 성숙된 과실을 가지는 기주가 있음에도 불구하고 과실이 없는 기주에 트랩을 설치할 경우 과실파리에 대한 유인 효과가 낮아질 수 있다. 또한, 주요 선호 기주이지만 성숙한 과실이 부족하거나 트랩을 설치하기에는 충분한 그늘이 없는 경우가 있는데, 이 경우, 주변의 감로가 있는 나무가 적절한 트랩설치 장소가 될 수 있다. 일반적으로, 감로가 충분히 있지 않는 한, 과실이 없는 기주에 트랩을 설치하는 것은 피하도록 한다. 감로는 달거나 투명한 분비물로 진딧물, 깍지벌레, 가루깍지벌레 및 가루이와 같은 곤충들에 의해 생성되며, 이들 감로는 단 맛을 내는 풍부한 탄수화물의 공급처로 성충 과실파리에게는 좋은 먹이원이다. 그을음병이라고 불리는 곰팡이가 감로 위에 서식하여 잎을 검게 만들기 때문에, 그을음병의 존재는 기주가 감로를 형성하는 곤충에 의해 감염되었음을 나타내는 좋은 지표이다. 흔히 구아바와 망고가 좋은 감로 제공원이 된다. 다른 선호 기주가 가용할 때에는 잎이 적은 나무나 가지에는 트랩설치를 피해야 한다. 특히 여름 기간 동안에는 중요한데, 이것은 이러한 나무나 가지는 충분한 그늘을 형성하지 못하기 때문이다. 따라서, 선호 기주가 충분한 그늘을 가지지 못할 경우에는 주변에 있는 선호성이 떨어지는 기주 또는 비선호 기주에 트랩을 설치할 것을 고려해야 한다. 바람직한 트랩설치 장소들은 "트랩위치기록"에 표시하여 향후 트랩설치 위치로 활용하도록 한다. 이는 초기 트랩설치 장소 결정 시 또는 트랩 조사 기간에 이루어질 수 있다. 도시 지역에서는 뒷마당보다 앞마당에 있는 기주식물에 트랩을 설치하는 것이 좋은데 이것은 모니터링 요원이 드나들기 용이하기 때문이다. 하지만 이것은 적합한 기주가 있는 경우에 국한된다.

② 기주에서의 트랩위치

일반적으로 과실이 없는 기주식물 속에 트랩을 설치하는 것은 권장되지 않는다.

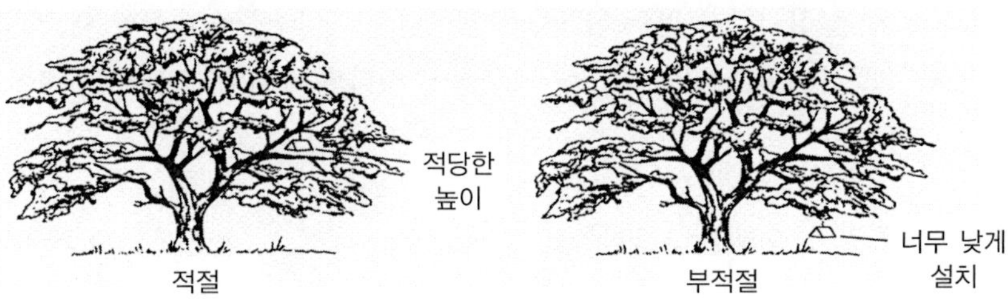

‖ 그림 3-4 ‖ 나무에서의 적절한 트랩설치 위치

트랩은 어린이, 가축, 또는 애완동물이 접촉할 수 없는 충분한 높이의 기주식물 내부에 설치되어야 한다. 이렇게 하면 바람에 의해 트랩이 떨어지는 것을 방지할 수 있다. 여름 또는 기온이 높은 시기 동안에는 트랩이 그늘진 곳에 있도록 해야 한다. 반면, 겨울 또는 서늘한 시기 동안에는 트랩이 남쪽을 향하도록 설치하는 것이 좋다. 하지만 태양 직사광선에 설치하는 것은 피한다. 나무의 줄기에서 나뭇가지의 바깥쪽 가장자리까지 거리의 1/2 ~ 2/3 정도가 되는 지점에 트랩을 설치하는 것이 좋다(그림 3-4). 트랩은 나무의 나뭇잎 바로 아래 또는 바깥쪽에 노출되도록 걸어 두어서는 안된다. 또한, 트랩을 밀집한 나뭇잎 속에 설치하는 것도 피해야 하는데, 이는 나뭇잎이 트랩 속으로 뻗어 들어가거나 트랩 속으로 파리가 들어가는 것을 방해하기때문이다. 트랩의 아래 부분에 나뭇잎이 있는 것은 좋지만 트랩 바로 밑에 나뭇잎이 있어야 하는 것은 아니다. 금속 고리를 한쪽 끝에 부착한 긴 막대를 어린이나 호기심이 많은 어른들의 선길이 쉽게 닿지 않도록 충분한 높이에 트랩을 설치하기 위해 사용할 수 있다.

(2) 홍보업무

적절한 홍보업무는 모니터링의 중요한 부분이다. 모니터링 요원들은 모니터링 프로그램의 목적과 이를 수행하기 위한 각 절차를 숙지하고 이를 일반인들이 이해할 수 있도록 설명할 수 있는 준비가 되어 있어야 한다. 그들은 일관성 있게 보여야 되고 빈번히 일반 국민과 접촉해야 한다. 모니터링 요원들은 항상 정중해야 한다. 일반인들과는 오래 계속되는 대화는 피하고 업무와 관련한 짧고 따뜻한 대화가 바람직하다. 프로그램 활동 관련 논쟁은 벌이지 않도록 주의한다. 모니터링 요원은 농식품부를 대표하고 일반 국민의 감시 속에 그 기관의 이미지를 형성한다. 일반 대중에게 좋은 인상을 만들기 위해 복장,

개인적 외관 그리고 행동을 적절히 해야 한다. 짧은 티셔츠를 입어서는 안된다. 편안하고 보호를 위해 긴 바지 또는 헐렁한 셔츠 또는 소매가 있는 블라우스를 입도록 규정한다. 신발은 신어야 한다. 두꺼운 밑창의 가죽신발은 못과 유리 조각으로부터 보호한다. 신분 확인 명찰은 매일 근무시간 동안 쉽게 신분확인을 위하여 가슴에 착용한다. 개인 소유지에 처음 들어갈 때에는 소유자 또는 관리인에게 항상 연락을 시도하며 업무를 간략하게 설명하고 트랩을 설치하기 위한 허락을 요청한다. 일반 대중과 대화할 때, 트랩은 "곤충 조사 트랩"으로 언급되어야 한다. 아무도 집에 없다면 소유자 또는 세입자에게 메모를 남겨야 한다.

4.4.2.2.4 프로그램 수행관리 전문가

모니터링 프로그램에는 프로그램 수행관리 전문가들이 참여할 수 있다. 이 전문가들은 모니터링 프로그램을 분석, 평가하며 트랩 조사 지역에 모든 모니터링 요원들과는 긴밀한 관계를 형성한다. 모니터링 요원들과 일하는 전문가들은 적절한 트랩위치, 미끼 교체, 기주 선택, 트랩 배치 및 기록 관리 등에 관한 사항들을 도와준다. 트랩 조사 지역의 문제점과 추천된 개선점은 현장전문가에게 보고되며, 프로그램 관리자에게도 알려준다. 모니터링 프로그램과 수행 과정에 대한 관점(시각)을 이해하고 개선점을 토론하기 위한 전문가들과의 미팅을 정기적으로 갖도록 한다.

4.4.2.2.5 서인도제도과실파리 모니터링 요원의 평가

대부분의 박멸프로그램의 과정 동안 표식을 한, 죽은 서인도제도과실파리가 들어 있는 트랩들을 설치해서 모니터링 요원들을 평가할 수 있다. 이는 높은 수준의 트랩 조사 능력을 유지하고 모니터링 요원의 과실파리 식별 능력을 평가하는데 큰 도움이 될 것이다. 보고 및 트랩 조사 절차는 표준화 하도록 한다. 표식된 죽은 서인도제도과실파리는 다른 곳에서 확보하여 프로젝트 본부에서 준비하도록 한다. 다음 절차들을 참고하여 현장 등의 상황에 따라 적절히 변형하여 평가에 사용한다. 이러한 평가 프로그램을 시행하기 위해서는 사전에 그 사실을 해당 지역 비상기구 직원에게 통보해 둔다.

(1) 트랩 선택

현장감독관은 시험을 치르는 모니터링 요원 당 5~15개 트랩을 무작위로 선택한다. 프로그램 사무소에는 평가일에 앞서 적어도 1주일 전에 모두 자료를 제공하도록 한다.

(2) 준비

현장감독관은 시험용 과실파리 표본의 정확한 운반시간을 공지하도록 한다. 과실파리 표

본은 칼라로 표시된 것을 선택하여 검사한다. 과실파리를 표식한 색상은 해당 월(月)마다 변경하도록 하며, 오른쪽 또는 왼쪽 날개의 일부를 자르도록 한다. 프로그램 사무소는 각 색깔로 표식하는 것과 날개를 잘라내는 일정들을 숙지하고 있어야 한다.

(3) 우편물 발송

각 표시된 표본은 평가용 식별번호를 부착하여 자체 바이엘에 보관하고, 이 숫자들은 품질관리 로그(log.)로 기록한다. 이후 표식된 파리는 등기로 현장 감독관에게 송부하며, 현장감독관은 프로그램 사무소에 각 표본 번호와 이 표본들이 설치된 트랩 목록을 송부한다. 표본은 유인제를 설치하기 하루 전에 트랩 속에 설치한다.

(4) 반납

표식이 된 과실파리 표본이 탐지되면 표준 트랩 조사 절차에 따라 처리한다. 수거된 표본은 원래의 바이엘에 넣고, 해충감지보고서 비고란에 식별번호를 기록하며, 표본은 등기 메일로 프로그램 사무소에 반납한다.

(5) 구두시험

모니터링 요원의 과실파리 등 해충 식별력을 평가, 유지하기 위해, 가끔 시험을 시행한다. 시험을 치른 후 일반 토론을 통해 관련된 모니터링 요원들이 서로 유익한 정보를 교류할 수 있도록 한다.

5 방제 매뉴얼

5.1 방제 매뉴얼 개요

서인도제도과실파리 방제를 위한 발견과 발생 기준은 대외적 발생 발표와 차이가 있다. 다음의 기준에 따라 발견의 경우는 초기방제를 실시하고, 발생의 경우는 박멸방제를 취하게 된다.

발견	모니터링 트랩에 1 마리 이상 포획된 경우
발생	• 알, 유충, 번데기 또는 교미된 암컷 1 마리 이상 또는 • 발견 후 1 주일 이내에 발견지중심(14.4 × 14.4 km)에서 성충 3 마리 이상이 트랩에 검출된 경우(수컷, 미교미 암컷)

단계	목적	방제 항목	방제적용기술	방제 영역	처리 횟수 및 기간
발견시 방제	조기발견 후 급방제	모니터링	맥페일트랩	14.4 km 격자	1회/일(첫 1주) 2회/주(첫 세대) 0.5회/주(2-3세대)
발생시 방제	조기방제 이후 박멸방제	모니터링	맥페일트랩	발견지별 14.4 km 격자	1회/일(첫 1주) 2회/주(첫 세대) 0.5회/주(2-3세대)
		방제지역선포	행정조치	14.4 km 격자	박멸기간
		기주 이동 제한	행정조치	14.4 km 격자	박멸기간
		토양소독	팔라딘 유제	발견지별 200 m 반경	1회/2주
		과실제거	수작업	발견지별 200 m 반경	1회 처리
		암컷유살제 (GF120)	지상방제	중심부 + 제1완충지 +제2완충지	농경지, 하천 기주
			시설지방제		시설하우스 내부
			항공방제		산림지역
		불임충방사	불임충수컷	백만마리/1.6 km 중심격자	대발생시 적용함 매주 방사
				5만마리/외곽	

5.2 발견 시 방제 매뉴얼

발견 초기 1 주일 이내에 이뤄지는 긴급 방제 매뉴얼이다.

5.2.1 분포한계 설정

발견지 중심으로 14.4 × 14.4 km 지역에서 긴급모니터링 트랩을 발견 후 24 시간 이내에 이뤄진다.

5.3 발생 시 방제 매뉴얼

5.3.1 박멸 매뉴얼 가동 기준

서인도제도과실파리 "발견"에 따라 긴급 실시하는 "분포한계설정" 조사과정을 통하여 "발생"으로 전환되는 경우 박멸프로그램을 가동한다.

5.3.2 박멸 프로그램 기간

박멸 프로그램은 해당시기에 서인도제도과실파리가 적어도 2 세대 발생되는 기간 동안 가동된다. 이후 재발견되면 다시 최소한 2 세대 박멸 프로그램이 재가동된다.

5.3.3 박멸 처리방법 선정기준

① 기본적으로 토양소독, 단백질먹이유살제 및 기주제거 처리가 가동되어야 한다.
② 방제 지역이 넓은 경우 항공방제가 추가된다.
③ 불임충방사는 선택적 처리이다.

5.3.4 이동 및 재배 제한

① 과실파리가 발견된 지점을 중심으로 14.4 × 14.4 km 격자에 있는 규제대상 품목의 재배 · 취급 · 가공업자들에게 비상조치 내용을 통보한다.
② 선포된 방역지역에서는 다음의 규제조치가 포함된다.
가) 과일 채소류의 상업구역에서 소독처리 상황 감시·감독·증명서 발급
나) 농산물 가공시설의 주기적 방문
다) 규제품목 폐기물에 대한 감시
라) 공항 · 터미널에서 규제대상품목의 이동감시
마) 검역규제지역 경계의 국도, 지방도로 등에서의 이동감시

5.3.5 과일수거

서인도제도과실파리 발견지점을 중심으로 200 m 이내에 있는 모든 과일을 신속히 수거하여 50 cm 이상의 깊이에 묻는다. 유충 발견 장소에서는 기주 과일 껍질도 제거되어야 한다. 이를 수거 기간 동안 플라스틱 상자 속에 보관 후 승인된 매립지에 제거 처리된다. 매몰시 생석회(0.4%)를 첨가한다.

5.3.6 토양소독

발생 지점을 중심으로 200 m 내에 있는 모든 기주는 과일나무 밑에 팔라딘 유제(경농)를 살포한다.

5.3.7 암컷유살제 처리

살충제가 첨가된 단백질먹이 유살제를 살포한다.

(1) 지상 독먹이살포

① 조제

GF120 (동방아그로)을 물로 1.5 배 희석하여 처리한다. 예를 들어 GF120 4 L에 물을 6 L 혼합하여 살포액을 조제하게 된다.

② 처리 지역 규모

발견 지점 기준으로 중심부, 제1완충지역 및 제2완충지역까지 살포 처리한다.

③ 처리 간격

초기 발견 이후 2 세대 기간 동안 주당 1 회 살포한다.

④ 처리 방법

미끼는 개인휴대용 스프레이기 또는 동등한 장치의 수단에 의해 주거지와 휴식공간이 제공되는 기주와 식물에 제한된 범위적용으로 사용될 수도 있다. 사용은 어린이 또는 애완동물에게 피해가 발생하지 않는 장소에 적용된다. 모든 범위적용이 요구된다면 송풍식 분무기 또는 유사한 장치가 사용될 수 있다.

⑤ 처리 약량

각 처리지점은 표면이 모두 적셔지도록 살포한다.

(2) 시설지 살포

지상 살포와 동일방법으로 약제를 조제하고, 해당지역에서 기주를 재배하는 모든 시설재배지 내부에 살포한다.

(3) 항공 살포

지상 살포와 동일방법으로 약제를 조제하고, 해당지역 포함된 산림 지역에 살포한다.

5.3.8 불임충방사 처리

① 불임충방사는 박멸처리 후 잉여 서인도제도과실파리 개체를 완전히 제거하기 위해 적용된다. 이 방법은 과실 껍질 제거, 독먹이살포 및 토양관주(토양이나 나무에 구멍을 파서 약액을 주입하는 약제살포의 한 방법)와 혼합하여 사용될 수 있다.

② 우선 정확한 종 동정이 필요하다. 즉 방사될 종과 침입 종과 동질성이 확보되어야 한다.

③ 모니터링 트랩을 이용하여 1.6 × 1.6 km 면적 단위로 5 개 트랩배치가 필요하다. 이 트랩들은 단백질먹이유인제를 유인제로 일주일 간격으로 조사된다.

④ 불임충방사 밀도

감염중심지를 1.6 × 1.6 km 면적으로 정하고 여기에 매주 백만마리 이상의 불임충을 방사하게 된다. 감염외곽지(완충지)는 중심지에서 4.8 km 반경 지역으로 1.6 × 1.6 km 면적 기준으로 50,000 마리 이상이 방사된다.

⑤ 불임충방사 수단

(1) 지상 방사

이동 차량을 통해 불임충을 방사한다. 특히 감염중심지 처리에 유효하다. 감염중심지 주변처리도 가능할 수 있다.

(2) 항공 방사

육상 차량 방사보다 균일하게 불임충을 방사할 수 있다.

5.4 박멸선언 매뉴얼

5.4.1 트랩 모니터링을 통한 박멸효과 확인

① 마지막 발견 후 3 세대 기간 동안 모니터링을 실시한다.

② 정밀조사 이외의 지역에도 상시모니터링 지역에서 3 세대 동안 모니터링을 실시한다.

5.4.2 과일수거검사를 통한 박멸효과 확인

① 중앙지점 및 제1완충지역(발견지점으로부터 2.4 km 반경이내) 등에 있는 과일을 7~10 일 간격으로 조사한다. 특히 중앙지점의 기주과일은 명부를 작성하고 즉석에서 칼로 절개하

여 검사한다.

② 시설이 갖추어진 경우에는 수거된 과일은 과실파리 최적온도인 26℃/70% 습도조건에서 1 주 ~ 1 세대기간 동안 사육 후 검사한다. 과일이 저장되는 시설은 우화하는 과실파리가 날아가지 않도록 안전관리에 만전을 기해야 한다.

5.4.3 박멸선언

과실파리 최종발견 후 3 세대 기간 동안 더 이상 발견이 되지 아니하였을 경우 박멸된 것으로 판정한다.

CHAPTER 04

사과과실파리

1 생물정보

1.1 분류학적 위치

영 명	Apple maggot fly
학 명	*Rhagoletis pomonella* (Walsh, 1867)
강	곤충강(Insecta)
목	파리목(Diptera)
과	과실파리과(Tephritidae)

Trypeta pomonella Walsh 1867 : 343. — USA. Illinois. Lectotype♀ MCZ. Lectotype designated by Bush 1966 : 457.

Trypeta albiscutellata Harris 1835 : 600. — Nomen nudum. T A MCZ; Attributed to Say; see Johnson 1925 : 97.

사과과실파리는 현재 참과실파리아과(Subfamily Trypetinae)의 Carpomyini 족에 속하며 좀 더 세분하면 Carpomyina아족에 속한다. 이 아족에는 7 개의 속이 소속되며 60 종 이상을 포함하는 *Rhagoletis* 속을 제외하면 전부 10 종 이내의 작은 속들이다. *Rhagoletis* 속에는 상당수의 해충들이 포함된다.

사과과실파리는 캐나다에서 미국과 멕시코까지 널리 분포하는 종이며, 한국과 기후가 비슷한 지역에서도 많이 서식하므로, 도입 시 정착할 확률이 매우 높아 특히 주의를 기울여야 할 종으로 사료된다.

1.2 생활사

사과과실파리는 번데기 상태로 토양에서 월동하며 대부분 연 1회 발생하지만, 휴면은 조건적이고(Feder et al., 1997) 극히 일부 개체군은 휴면없이 재발생할 수 있다(Chen et al., 2002). 성충은 과실 표피 밑에 하나씩 알을 낳고 3 ~ 7 일 경과하면 알이 부화한다. 과실 내에서 유충의 발육은 2 주일 ~ 수개월 소요될 수 있으며, 대부분의 경우 산란된 과실을 낙과한다. 유충은 낙과 과실 속에서 성숙하여 탈출하고 토양 2 ~ 5 cm 깊이에서 번데기로 된다. 월동 번데기(휴면) 일반적으로 다음해 성충으로 우화하지만 토양에서 수년동안 잠복하는 경우도 있다(CABI, 2018). 성충은 다른 과실파리류와 같이 곤충이 분비하는 감로, 새 배설물을 섭식하면서 우화 7 ~ 10일후 성적성숙이 이루어진다. 성충은 3 ~ 4주 생존(40 일)하면서 200여 개의 알을 낳는다.

미국 오레곤 주에서 성충우화시기는 년도와 기주식물에 따라 달랐는데, 사과개체군이 약간 일찍 우화하였으며 산사(hawthorn) 개체군 1~2 주에 앞서 발생최성기를 나타냈다(Aliniazee and Westcott, 1987). 또한 가장 일찍 우화한 날은 6월 28일(1983년)이었고, 가장 늦게 채집된 날을 10월 24일(1984년)이었다.

미국 유타 주에서 조사한 성충우화자료를 이용하여 발육영점온도 6.7℃를 적용하였을 때 적산온도에 따른 누적 우화율은 다음식과 같았다(α=1,180, κ=65) (Jones et al., 1989).

$$f(x) = \frac{(\alpha\kappa)^{\kappa} x^{(\kappa-1)} \exp(-\kappa\alpha x)}{\kappa - 1}$$

지금까지 사과과실파리 월동번데기의 다양한 우화모형이 제시되었다.

미국 뉴욕 주에서 성충우화(트랩) 경험적 자료를 이용하여 추정한 결과 발육영점온도를 6.4℃로 하고 3월 1일부터 적산온도를 계산하여 627.5 DD 될 때가 초발생일 이었다(Reissig et al., 1979).

캐나다 온타리오에서 트랩자료를 이용하여 성충우화시기를 추정한 결과 발육영점온도 8.7℃로 했을 때 50% 우화시기는 809.0 DD 이었고, 초발일은 6.4℃를 적용하여 638 DD 이었다(Laing and Heraty, 1984).

다양한 인공사료로 사육했을 때 산란전기간은 효모-자당(sucrose)+산사열매 9.7일(산란수 6.49 개/암컷), 자당+산사열매 14.8 일(산란수 0.33 개/암컷), 자당+인공열매 16.5일(산란수 0.02 개/암컷)이었으며 자당을 공급하지 않고 산사열매만으로는 성충이 생존하지 못하였다(Hendrichs et al., 1993). 어떤 경우도 먹이로 효모를 제공했을 때 정상적인 산란이 가능하였다.

사과과실파리는 기주식물의 분포에 따라 휴면생태 등 생활사를 빠르게 변환하면서 적응하는 것으로 알려져 있다(Mattsson et al., 2015). 또한 미국 워싱톤 주에서 사과과실파리 발생과 관련이 높은 환경변수는 겨울철 높은 평균저온, 저고도 지역, 높은 지표 피복도 등이었다(Wakie et al., 2019).

1.3 분포

원산지로 알려진 미국 동부지역에서는 1860년대까지도 사과의 심각한 해충으로 크게 알려지지 않았다(Dean and Chapman, 1973). 그러나 미국 서부와 캐나다 등 지역으로 확대되면서 사과의 심각한 해충으로 자리 잡았다.

○ **사과과실파리 분포지역(CABI, 2018RP)**

대륙	국가/지역	분포상황
북아메리카 (North America)	캐나다 (Canada)	제한적으로 분포
	- 브리티시컬럼비아 주 (British Columbia)	제한적으로 분포
	- 매니토바 주 (Manitoba)	존재
	- 뉴브런즈윅 주 (New Brunswick)	존재
	- 노바스코샤 주 (Nova Scotia)	존재
	- 온타리오 주(Ontario)	존재
	- 프린스에드워드아일랜드 주 (Prince Edward Island)	존재
	- 퀘벡 주 (Quebec)	존재
	- 서스캐처원 주 (Saskatchewan)	존재
	멕시코 (Mexico)	존재
	미국 (USA)	널리 존재
	- 아칸소 주 (Arkansas)	존재
	- 캘리포니아 주 (California)	널리 존재
	- 콜로라도 주 (Colorado)	널리 존재
	- 코네티컷 주 (Connecticut)	널리 존재
	- 델라웨어 주 (Delaware)	널리 존재
	- 플로리다 주 (Florida)	널리 존재
	- 조지아 주 (Georgia)	널리 존재
	- 아이다호 주 (Idaho)	존재
	- 일리노이 주 (Illinois)	널리 존재
	- 인디애나 주 (Indiana)	널리 존재
	- 아이오와 주 (Iowa)	존재
	- 캔자스 주 (Kansas)	존재
	- 메인 주 (Maine)	널리 존재

	-	메릴랜드 주 (Maryland)	널리 존재
	-	매사추세츠 주 (Massachusetts)	널리 존재
	-	미시간 주 (Michigan)	널리 존재
	-	미네소타 주 (Minnesota)	널리 존재
	-	미시시피 주 (Mississippi)	널리 존재
	-	미주리 주 (Missouri)	널리 존재
	-	몬타나 주 (Montana)	존재
	-	네브래스카 주 (Nebraska))	존재
	-	뉴햄프셔 주 (New Hampshire)	널리 존재
	-	뉴저지 주 (New Jersey)	널리 존재
	-	뉴욕 (New York)	널리 존재
	-	노스캐롤라이나 주 (North Carolina)	널리 존재
	-	노스다코타주 (North Dakota)	널리 존재
북아메리카 (North America)	-	오하이오 주 (Ohio)	널리 존재
	-	오레곤 주 (Oregon)	널리 존재
	-	펜실베니아 주 (Pennsylvania)	널리 존재
	-	로드아일랜드 주 (Rhode Island)	널리 존재
	-	사우스캐롤라이나 주 (South Carolina)	널리 존재
	-	사우스다코타 주 (South Dakota)	존재
	-	텍사스 주 (Texas)	널리 존재
	-	유타 주 (Utah)	제한적으로 분포
	-	버몬트 주 (Vermont)	널리 존재
	-	버지니아 주 (Virginia)	널리 존재
	-	워싱톤 (Washington)	존재
	-	웨스트버지니아 주 (West Virginia)	널리 존재
	-	위스콘신 주 (Wisconsin)	널리 존재
	-	와이오밍 주 (Wyoming)	존재

(A)

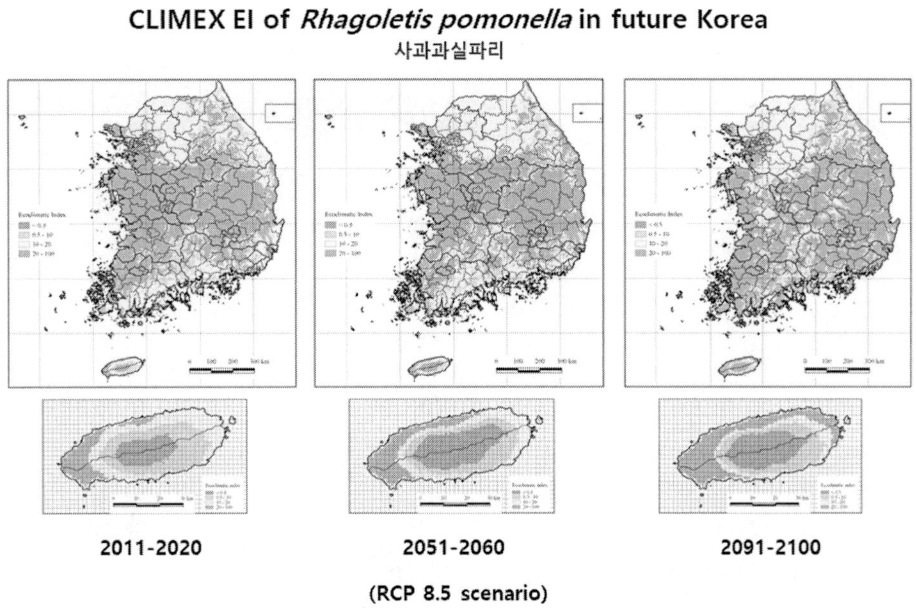

(B)

기후요소	매개변수	적용값	기후요소	매개변수	적용값
Moisture Index	SM0	0.2	Cold Stress	TTCS	-
	SM1	0.6		THCS	-
	SM2	1		DTCS	-
	SM3	1.5		DHCS	-
Temperautre Index	DV0	8.3	Heat Stress	TTHS	33
	DV1	15		THHS	0.0005
	DV2	25		DTHS	-
	DV3	31		DHHS	-
	PDD	1065	Diapause	DPD0	12.1
Dry Stress	SMDS	0.2		DPT0	20
	HDS	-0.001		DPT1	5
Wet Stress	SMWS	1.5		DPD	83
	HWS	0.02			

▌그림 4-1 ▌ 국내 정착적합도 추정. (A) RCP8.5 기후시나리오에 따른 사과과실파리 기후적합 정착위험도 지도. Ecoclimatic Index (EI) 기준 : 0~0.49 = unsuitable, 0.5~9.99 = marginal, 10~19.99 = suitable, 〉20 = optimal, 100 = perfect (B) CLIMEX 모형 매개변수 적용값(Geng et al., 2011)

1.4 기주

○ CABI (2018)

과	학명	영문명	일반명
Rosaceae	*Amelanchier* spp.	-	채진목
	Aronia spp.	-	아로니아
	Cotoneaster spp.	-	개야광나무
	Crataegus spp.	hawthorn	-
	Crataegus douglasii	river hawthorn	산사나무 일종
	Crataegus mollis	ornamental hawthorn	산사나무 일종
	Crataegus monogyna	ornamental hawthorn	산사나무 일종
	Malus spp.	crabapple	-
	Malus baccata	Siberian crabapple	야광나무
	Malus domestica	apple	사과
	Prunus americana	plum	북미계 자두
	Prunus angustifolia	Chickasaw plum	-
	Prunus armeniaca	apricot	살구
	Prunus avium	sweet cherry	양벚나무
	Prunus cerasus	sour cherry	신양벚나무
	Prunus mahaleb	mahaleb	마할렙 벚나무
	Prunus persica	peach	복숭아
	Prunus virginiana	chokeberry	초크체리
	Pyracantha coccinea	pyracantha	피라칸다
	Pyrus communis	pear	서양배
	Rosa carolina	-	-
	Rosa rugosa	Japanese rose	해당화

1.5 피해 및 방제 기술

1.5.1 이동과 확산 방법

사과과실파리의 이동과 확산은 주로 성충비행과 감염과실의 이동에 의하여 이루어진다. 과실의 수출입뿐만 아니라 일반 배의 화물(cargo) 또는 비행승객의 과실 밀반입, 우편물을 통한 과실의 밀반입도 중요하다. 미국 동부 원산지에서 전파되어 미국서부해안지역(오레곤)에서 1977년 처음 발견되었고(Aliniazee and Penrose, 1981; Foote et al., 1993), 다시 이 지역에서 2006년 캐나다 브리티시컬럼비아 지역으로 전파된 사례를 찾을 수 있다(CABI, 2018RP). 사과과실파리 이동(장거리) 매개체가 될 수 있는 종류는 다음과 같다.

매개체	유입방법	가능성(장거리)
옷, 신발, 기타 소지품	가방 또는 소지품 내의 과실	○
식품용기	과실화물용 컨테이너(목재포함)	○
차량	과실화물 운반 선반, 항공기, 트럭	○
우편/화물	과실포함 우편물	○
토양, 모래, 자갈 등	토양 내의 번데기	○

1.5.2 경로 매개체

다음은 사과과실파리 충체 자신의 이동 능력 외에 다른 운반체에 의해 이동되는 수단이다.

감염부위	발육단계	내부	외부	지역내
과실(꼬투리 포함)	알, 유충	○	×	육안진단 가능 : 피해증상, 해충개체
식물재배 배지	번데기	○	×	육안진단 가능 : 피해증상, 해충개체

■ 운반체 역할을 하지 않는 것으로 알려진 식물체 부분 : 껍질, 구근(비늘줄기), 꽃(꽃받침 부위 포함), 잎, 뿌리, 줄기(신초, 가지 포함), 덩이줄기(tuber), 채근(구경 corms), 지하경(rhizome), 실생묘(seedling), 조직배양 식물, 종자, 목질부 등

1.5.3 검역 중요성

사과과실파리는 우리나라 주변국에 분포하지는 않으나 야생기주식물이 다양하게 존재하므로 유입시 언제든지 정착이 가능하며, 사과 등 과수에 심각한 피해를 유발할 수 있으므로 우리나라에서 중요한 검역대상해충이다.

1.5.3.1 경제적 영향

원산지 북미 온대지역에서 사과 및 체리의 심각한 해충이다. 동부지역의 해충이었으나 서부지역으로 확산되었고 캐나다 접경지역의 과수에 큰 경제적 피해를 입히고 있다.

1.5.3.2 환경적 영향

사과과실파리는 원산지나 침입지의 자연환경에 심각한 피해를 유발하는 해충은 아니다.

1.5.4 모니터링과 방제

1.5.4.1 의심 기주 조사

사과과실파리 기주식물의 목록을 작성하고, 국내 해당지역에서 기주식물로 가능성 있는 종을 선정한다. 농경지 내에서는 주기적으로 약제방제를 실시하기 때문에 발견이 되지 않을 수 있다. 관리하지 않는 야생기주식물의 조사가 중요하며 특히 민간에서 정원수 또는 텃밭에서 재배되는 기주식물을 파악해야 한다. 장미과(Rosaceae) 배나무아과 산사나무속에 열매를 맺는 다양한 목본성 식물이 존재하므로 발견지점을 중심으로 목록화 한다. 사과과실파리는 연 1 회 발생하는 종으로 재발생하는 성충의 모니터링이 불가능하므로 유충의 모니터링이 더욱 중요하다.

1.5.4.2 조기경보시스템

상시모니터링 트랩을 운영하여 감시가 필요하다. 항만, 공항, 대형 마켓, 농산물 집하장, 외래인 밀집지역 등 위험도가 높은 지역에 트랩을 설치하여 조기 검출한다.

1.5.4.3 발생 모니터링

찔린 자국 및 괴사와 관련된 흔적이 보이는 과실(지역적으로 재배된 또는 수입 과실의 샘플)은 검사해야 한다. 감염된 과실은 낙과되고 유충은 낙과된 과실에서 성숙하여 최종 탈출하므로 기주식물 하부에서 과실을 수거하여 절개하여 유충의 감염 유무를 점검해야 한다. 유충 동정은 어려워 분자지표를 이용하거나 성충으로 발육시켜 정확한 동정을 진행하게 된다. 우화 후 체벽의 경화와 체색을 갖추도록 며칠간 성충에게 설탕과 물을 공급한다. 사과과실파리는 년 1세대 발생하므로 성충 모니터링이 제한적일 수 있다. 야생기주 등 과실을 대상으로 조사하는 것이 효율적일 수 있다.

암컷과 수컷 모두 시각트랩(유색첨착트랩 : 황색) 또는 기주식물 향기물질에 유인된다. 유인효율을 높이기 위하여 잎이나 과실이 형태를 모방한 구형트랩도 이용된다. 합성 사과향기 물질을 이용하기도 하며 단백질 가수분해물, 암모니아 아세테이트가 유인물질로 이용된다.

1.5.4.4 법적 방제

사과과실파리가 발생하는 지역에서 농작물을 수출하는 국가에 대해서는 엄격한 수확후 살충처리를 요구한다. 이 처리는 훈증, 열처리, 저온처리, 살충제 처리 또는 방사능 조사가 포함된다. 열처리는 대부분 과실의 유통 기간을 감소시키는 경향이 있다. 따라서, 법적 방제는 과실파리 발생이 없는 지역에서 생산된 과실 수입으로 제한하게 된다.

1.5.4.5 재배적 방제

일반적으로 과실파리에 대해 가장 효과적인 방제 기술 중 하나는 신문지, 종이박스 또는 길고 얇은 폴리에틸렌 주머니로 과실에 봉지를 씌어 산란을 방지하는 것이지만 많은 비용이 투입되어야 한다.

감염과실의 제거 방법(낙과 과실포함)은 소각 또는 매물(적어도 지표면에서 0.5 m 이하), 동물먹이 제공 및 짙은 색 비닐봉지에 보관하여 태양에 방치함(이에 내부온도는 상승하여 유충을 죽임)으로써 가능하다. 또 다른 물리적 방제 방법으로 과실나무 아래 토양을 갈아엎는다. 이는 번데기를 지상부로 노출시켜 건조 또는 다른 생물체에 의해 포식되게 한다.

사과과실파리의 경우 외부 야생기주식물에서 이주하여 오므로 재배적 방제가 완벽하지 않을 수 있다.

1.5.4.6 화학적 방제

화학농약으로 침투성 유기인계 디메토에이트(dimethoate)가 알, 유충, 성충에 모두 효과적이고(Boller and Prokopy, 1976), 합성피레스로이드계도 추천되었다(Belanger et al., 1985).

화학적 방제기술은 보다 환경에 안전한 독미끼(살충제+암모니아 물질) 살포로 발전하였고, 유약호르몬 토양처리도 제시되었다(Boller and Prokopy, 1976). 독미끼의 경우 조류 배설물이 흔한 지역에서는 효과적이지 못하다(Prokopy et al., 1993). 살충제 도포 적색 구형 트랩을 나무에 설치하는 방법도 사용되었으며, 이는 사과를 모방하여 성충을 유살시키는 방법이다(Duan and Prokopy, 1995). 기타 스피노사드 독미끼도 사용가능하다(Pelz et al., 2005).

카올린 점토는 과실에 피막을 형성하여 기피효과를 유발할 수 있으며(Villanueva and Walgenbach, 2007), 산란방해 페로몬은 3주간 효과적이었다(Averill and Prokopy, 1987).

1.5.4.7 불임곤충방사 기술

방사선 처리를 통한 불임수컷을 방사하는 방법이 다른 과실파리류에 대하여 효과적인 것으로 보고되었으나, 사과과실파리에 대하여 수행된 바 없다.

1.5.4.8 수컷유살제 처리기술

사과과실파리 수컷에 특이적인 유인제는 알려져 있지 않은 상태이다.

2 진단 매뉴얼

2.1 형태적 진단법

2.1.1 유충형질

White & Elson-Harris (1992) 376쪽 참조.

2.1.2 성충형질

머리는 황갈색에서 연한 황색이며 3쌍의 이마센털과 2쌍의 안센털을 지닌다(그림 2). 홑눈센털은 앞쪽 안센털 만큼 길다. 뒷 홑눈 센털은 백색이며 길다. 가슴은 전체적으로 흑색이며 어깨판에서 날개 밑까지 넓은 백색의 띠가 있으며, 소순판도 백색이다. 다리는 대체로 황갈색이나, 앞다리 넓적다리마디의 뒷부분, 중간 및 뒷다리 넓적다리마디 전체가 흑갈색이다. 날개는 투명하며 F-모양의 넓은 흑갈색 띠가 있으며 이 띠는 기부의 띠와 후단부에서 만난다. 복부등판도 흑색이나 2-5번 등판은 각각 말단부가 회백색의 분으로 덮인 가로띠를 형성한다. 암컷 산란통은 흑색이며 바로 앞쪽 복부마디보다 길다

사과과실파리와 *R. zephyria*, *R. mendax*, *R. cornivora*는 형태 및 계통적으로 매우 유사하여 *R. pomonella* 종군(species-group)을 형성한다. 이 종군은 날개에 굵은 F-무늬가 있는 점으로 *Rhagoletis* 속의 다른 종들과 구분할 수 있다. 사과과실파리는 근연종과는 앞다리 넓적다리마디의 뒷부분이 어두운 색을 띠는 점으로 구분할 수 있으나 일부 표본들에서는 이 특징이 나타나지 않을 수도 있다. 또한 분포지의 북부에서 채집된 사과과실파리의 표본들은 일반적으로 근연종들보다 몸체가 크며, 암컷의 산란관(aculeus)도 길다.

2.1.3 유인제

종 특이적인 유인제는 알려져 있지 않으나, 암모니아 트랩에 포획되기도 한다.

▌그림 4-2 ▌ 사과과실파리(*Rhagoletis pomonella*)의 암컷. Photographs by Ho-Yeon Han.

한국에서 사과과실파리의 예찰과정에서 혼돈될 수 있는 과실파리 종들은 오리엔탈과실파리(*Bactrocera dorsalis* (Hendel)), 오이과실파리(*Zeugodacus cucurbitae* (Coquillett)), 호박과실파리(*Zeugodacus depressa* (Shiraki)), 호박꽃과실파리(*Zeugodacus scutellata* (Hendel)), 녹나무과실파리(*Bactrocera hyalina* (Shiraki))이다. 이들 종들을 구별할 수 있는 검색표는 다음과 같다.

[검색표(성충)]

1. 가슴등판에 노란색의 세로줄이 없으며, 날개 에 뉘어진 F자 모양의 큰 무늬가 있다 ···································· 사과과실파리
—. 가슴등판에 노란색 세로줄이 있으며, 날개에는 F자 모양의 무늬가 없다 ························· 2
2. 가슴등판에 노란색의 세로줄이 2개이다 ·· 3
—. 가슴등판에 노란색의 세로줄이 3개이다 ·· 4
3. 소순판은 노란색이다 ··· 오리엔탈과실파리
—. 소순판의 뒤쪽 반 정도가 검은색이다 ·· 녹나무과실파리
4. 소순판의 뒤쪽 반 정도가 검은색이다 ·· 호박꽃과실파리
—. 소순판은 노란색이다 ··· 5
5. 가슴등판의 후반부가 노란 줄무늬를 제외하고 황갈색이 우세하다; Crossvein DM-Cu 주변에 넓은 흑갈색 띠가 있다 ·· 오이과실파리
—. 가슴등판의 후반부가 노란 줄무늬를 제외하고 흑갈색이다; Crossvein DM-Cu 주변에 넓은 흑갈색 띠가 없다 ··· 호박과실파리

사과과실파리

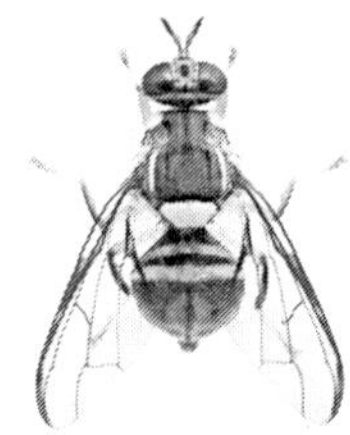
오리엔탈과실파리
(IAEA Imagebank 06410590)

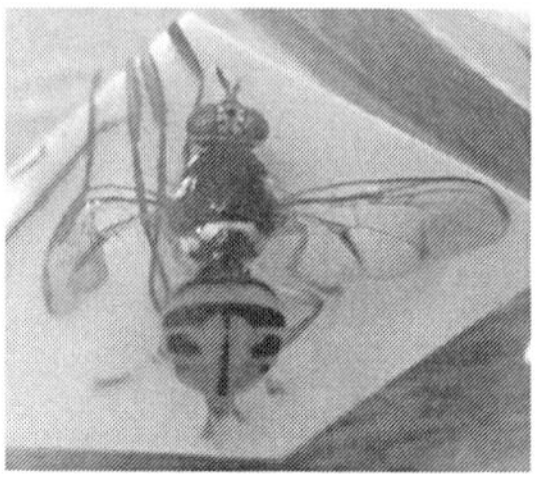
녹나무과실파리
(농림축산검역본부 제공)

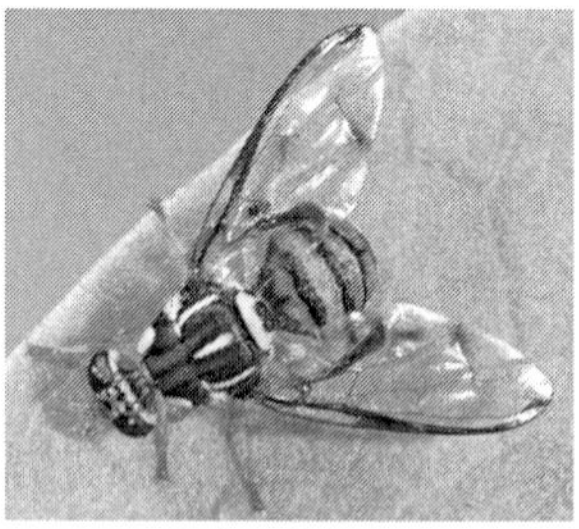
호박꽃과실파리

오이과실파리

호박과실파리

2.2 분자적 진단법

2.2.1 시료 준비법

모든 발육태(알, 유충, 번데기, 성충)를 재료로 활용가능하다. 성충은 다리 또는 가슴을 재료로 활용이 권장되며 이들 영역에 응애 등 다른 이물질이 부착할 수 있기에 재료로 사용 전 확인 및 제거한다. 번데기는 주로 기주의 외부환경에 존재하므로 내부기생성인 기생봉(천적)이 감염될 가능성이 있기에 사용 시 주의가 요구된다.

2.2.2 DNA 추출법

핵산 추출은 시판되는 핵산추출키트(예를 들면, Quiagen Dneasy Blood & Tissue Kit)를 사용한다. 추출방법은 구매한 핵산추출키트에 포함된 매뉴얼에 따라 DNA를 추출한다.

2.2.3 유전자 증폭(PCR) 조건

① PCR premix는 iNtRON 또는 BIONEER 제품을 사용하며, 제품 구매시 제공되는 튜브(tube)당 다음과 같이 재료를 혼합하여 분석을 실시한다.

DNA	1 μl
프라이머 : 정방향 (10 pmol)	1 μl
프라이머 : 역방향 (10 pmol)	1 μl
증류수	17 μl
전체 부피	20 μl

* 정방향 프라이머 : LCO1490 (5-GGTCAACAAATCATAAAGATATTGG-3)

역방향 프라이머 : HCO2198 (5-TAAACTTCAGGGTGACCAAAAAATAC-3)

② 분석에 사용되는 PCR 기계의 조건은 다음과 같다.

구 분	온도	시간	반복수
초기 변성	95℃	7 min	1 ×
변성 재생 합성	95℃ 45~55℃ 72℃	60 s 30 s 60 s	35 ×
최종단계	72℃	10 min	1 ×

③ 증폭된 PCR결과물은 마크로젠 등에 염기서열 분석의뢰 한다.

1) 염기서열 분석 의뢰한 회사에 BLAST까지 요청하여 동정결과를 수령하거나,

2) 염기서열 정보를 수령하여 직접 "해충DNA 바코드시스템(http://10.110.128.102/main/main.asp)" 또는 "BOLD SYSTEMS (http://boldsystems.org)"에 접속, BLAST하여 동정을 실시한다.

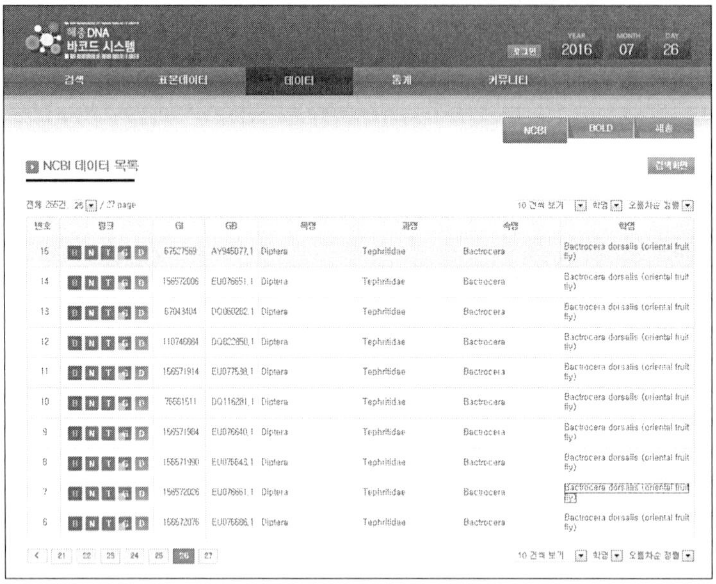

▮ 농림축산검역본부, 해충 DNA바코드 시스템 웹사이트 ▮

2.2.4 DNA 바코드 동정기준

2019년 4월 현재 BOLD 데이터베이스에 15개의 바코드가 BOLD 데이터베이스에 입력되어 있다. 바코드로 근연종인 *R. mendax*와 구분되지 않는다.

2.3 표본관리 및 정밀동정

델타트랩 등 끈끈이 판에서 채집된 의심 성충 표본은 조심스럽게 다루어져야 한다. 끈끈이 물질에 포획된 표본이 정확하게 동정됨을 보증하기 위해서 다음의 과정이 권고된다.

- 끈끈이판(트랩 삽입지)의 표본 주위를 잘라서 표본이 붙은 작은 끈끈이판 조각을 만든다. 이 작은 조각에 곤충핀(2호)을 꼽아 표본을 완성한다. 전문가에게 동정을 의뢰하기 위해 표본을 우송하려면 우송용 곤충상자에 위의 표본을 꼽아 단단히 고정시킨다. 이를 더 큰 상자에 넣고 상자 사이의 빈 공간에는 스티로폼 등의 충진제를 넣어 파손을 방지한다.
- 끈끈이판(트랩 삽입지)을 직접 잘라서 사용하지 않으려면, 작은 시약용 주걱(spatula)으로 끈끈이판에서 표본을 끈끈이와 함께 조심스럽게 떼어내어 카드종이에 붙인 후에 위와 같은 방식으로 보관용 표본을 제작한다.
- 의심 유충은 끓는 물속에 넣어 죽인 후, 바로 식혀서 70~75% 에탄올에 보존한다. 맥페일과 잭슨 트랩에서 채집된 의심 성충 표본 및 다른 곤충 영기는 모두 동정 확인을 위해 에탄올

바이엘에 넣어 보관한다.

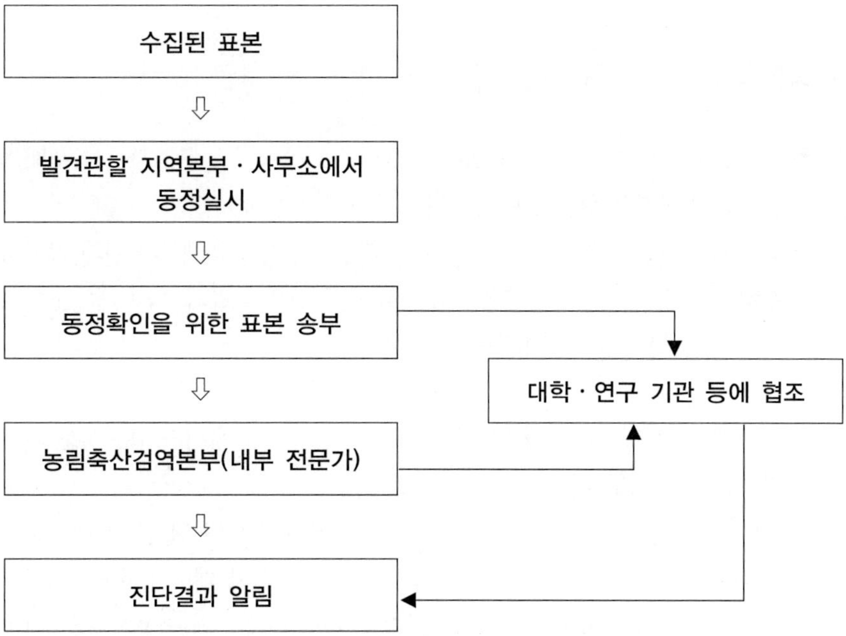

‖ 수집된 표본 동정(진단) 절차도 ‖

3 예찰 생물정보

3.1 성충우화 예측모형

사과과실파리는 번데기 발육단계에서 의무적 휴면으로 월동하는 종으로 년 1세대 발생하는 과실파리 해충이다. 번데기로 월동하여 다음해 성충으로 우화하고 알과 유충을 거쳐 번데기로 되었을 때 휴면에 의무적으로 들어간다. 단 일부개체는 의무적 휴면에 들어가지 않거나 토양에서 수년간 잔존하는 경우도 보고되어 있다. 침입 초기의 경우 소량의 초기 개체군이 형성되게 됨으로 일부분의 예외 사항은 고려대상이 아닐 수 있다.

따라서 사과과실파리가 예찰 트랩에 성충이 검출된 경우 발생세대수를 추정하여 박멸선언 등 의사결정을 진행할 수 없다. 따라서 월동 번데기의 성충으로 우화시기와 성충의 수명(생존기간)을 기준으로 대응조치를 결정한다.

사과과실파리 번데기의 성충으로 우화모형은 여러 종류가 있으며 그 중 국내 적용이 가능한 모델은 발육영점온도 8.7℃와 적산온도 809 DD (50% 우화기)의 캐나다 온타리오 모형(Laing and Heraty, 1984)으로 판단된다. 이 기본 매개변수를 Weibull 함수에 적용하여 0~100%까지 누적우화율을 추정할 수 있다.

$$f(x) = \frac{1}{1 + \exp(-(x - a)/b)}$$

매개변수 a는 대략 50%의 분포확률을 나타냄으로 '809' 값으로 대체하고, 곡선의 기울기를 나타내는 b는 '75'값을 사용한다. 이 값은 "초발일은 6.4℃를 적용하여 638 DD 이다(Laing and Heraty, 1984)"는 보고에 따라 Weibull 함수 출력값이 이 범위를 포함하도록 경험적으로 조절하여 얻었다.

성충우화시기 추정은 1월 1일부터 온도를 누적하여 809 DD되는 날이 월동집단의 50%가 우화를 완료하는 시기이다. 토양온도(2~4 cm 깊이)를 이용할 수 있는 경우 우선적으로 적용하고, 없는 경우는 대기온도에 0.8℃를 더하여 대략적인 토양온도로 취급할 수 있다. 대기온도자료(토양온도가 존재하는 경우 토양온도 이용 권고)는 발견 또는 발생된 지점에서 가장 기후학적으로 가까이 있는 기상대(기상청)의 기상자료를 이용한다. 기타 이동형 데이터 로거를 설치하여 현장의 온도를 직접 수집하고 그 값을 이용할 수도 있다. 일평균온도를 이용하여 적산온도를 계산하는데, 일 최고온도와 최저온도를 알고 있는 경우 평균온도[(최고+최저)/2]로 계산하여 사용할 수 있다.

Weibull 함수식을 이용하여 월동집단이 시기별 성충으로 우화하는 비율을 추정할 수 있다.

3.2 발생세대수 추정 및 박멸활동 의사결정

사과과실파리 성충이 예찰트랩에 검출되었을 때 당해연도 모니터링의 중지 시기는 연간생활사를 바탕으로 결정한다. 사과과실파리 성충의 활동은 10월 상순에 거의 중단됨으로 10월 중순부터는 성충 모니터링을 중단할 수 있다. 단, 기주식물을 찾아서 유충의 모니터링은 계속 수행한다.

이와 같이 조사를 중지하고 다음해 트랩조사의 재개는 Weibull 우화모형을 이용하여 적어도 5% 우화일 전에 시작해야한다. 트랩조사의 중지는 발견 당해연도와 같은 요령으로 실시한다.

사과과실파리 발견시 당해연도와 다음연도까지 모니터링을 실시하고, 그 후 모니터링의 중지여부는 전문가들의 협의에 따라 결정한다.

또한 사과과실파리 성충이 발견(발생)된 상황의 이해가 필요하며, 다음과 같은 경우를 가정할 수 있다.

① 성충활동시기가 아닌 시기에 발견되는 경우

- 월동 번데기에서 우화성충은 보통 5월 하순부터 시작되어 10월 하순까지 야외에서 관찰된다. 5월 중순이전 발견되는 성충은 기상(기류) 등 요인으로 장거리 이동에 따른 것일 가능성이 크다.
- 중국남부나 동남아지역에 분포하는 종이 아니므로 장거리 이동의 확률은 매우 낮다.

② 성충우화기 발견되는 경우

- 5월 하순에서 7월 상순 사이에 발견되는 경우는 전년도 유입된 개체의 월동집단일 가능성이 높다.
- 지역에 따라 온도조건이 상이하므로 우화모형을 활용하여 우화시기를 추정하여 판단한다.
- 유충에 감염된 과실을 통하여 유입된 경우 생존한 개체는 토양에서 번데기로 되기 때문에 더 이상 번식이 일어나지 않아서 당해연도 급속한 밀도증가는 유발되지 않는다. 따라서 다음해 예찰트랩에 검출확률이 낮을 수 있다.
- 결과적으로 성충이 발견되면 성충예찰과 더불어 기주식물의 과실을 더 집중적으로 조사해야 한다.

③ 기타 번데기에 오염된 토양, 배지 등 대형화물을 통하여 유입된 경우가 있을 수 있으나, 이럴 확률은 매우 낮다.

부록 1 사과과실파리 번데기 우화시기 추정 엑셀시트 사용방법

적산온도 계산 초기 화면 시트 A

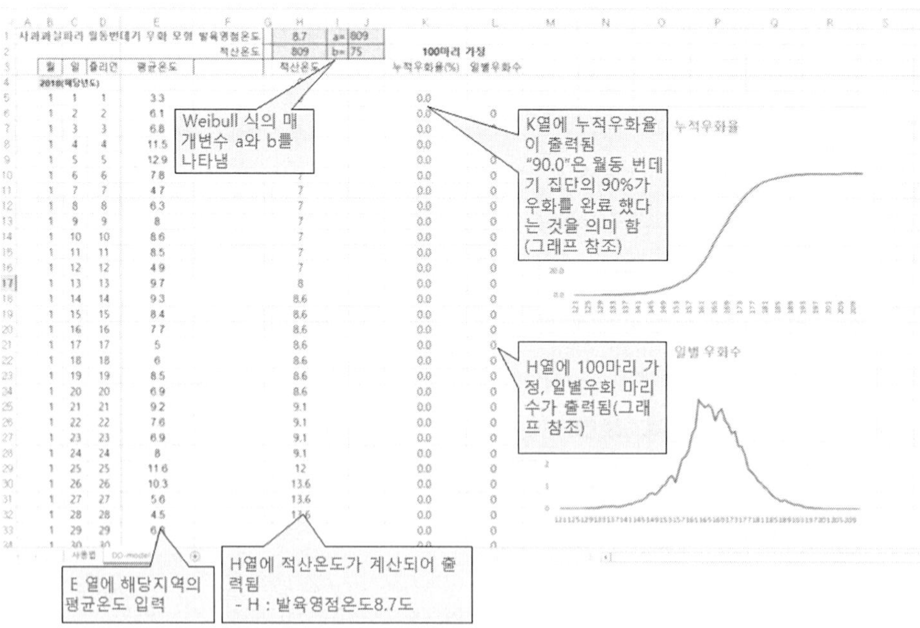

적산온도 계산 초기 화면 시트 B

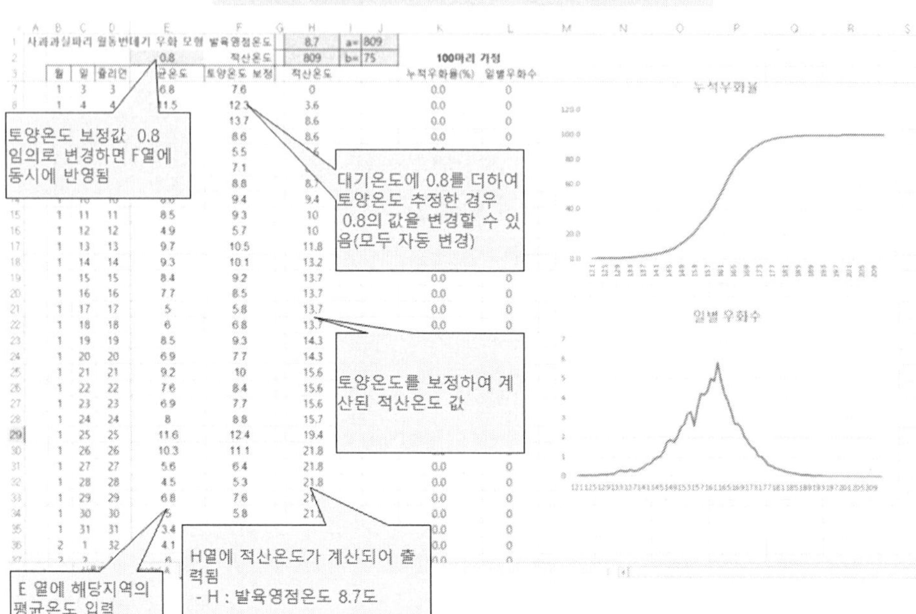

4 예찰 매뉴얼

과실파리류에서 사용하는 발견과 발생의 용어는 다음과 같이 정의된다.

○ **발견과 발생**

발견	• 발생 전 단계 • 무발생으로 간주되나 긴급조치 추진 • 정착되지 않았으나 당분간 생존 가능한 고립된 집단이 검출된 경우
발생	• 국제기구, 수출상대국 등에 의무통보 • 대내 · 외 공식 발표 • 국가 주도의 방제작업 추진 • 다수가 검출되거나 정착되어 지속적으로 존재하는 경우

○ **사과과실파리의 발생 기준**

- 알, 유충, 번데기 또는 교미한 암컷 1마리 이상 또는
- 1세대 이내에 발견지 중심(14.4 × 14.4 km) 안에서 성충 5마리 이상이 트랩에서 검출된 경우(수컷, 미교미 암컷)

종류	목적	방법	조사범위	조사횟수 및 기간
상시모니터링	조기탐지용	델타트랩	주요 기주 재배지역 및 항구, 항만 인접지역 (전국 1,000개 지점)	연중
		순회모니터링	재배기주 및 이동기주 조사	월 1-2회
긴급모니터링	분포한계조사	델타트랩	발견지중심14.4 km 격자	1회/일(첫 1주) 2회/주(첫 세대) 0.5회/주(2-3세대)
		기주조사	발견지중심 200 m 반경	1회 및 폐기 처리

4.1 상시모니터링

4.1.1 조사지역

① 전국 공항 · 항만 주변 반경 1.6 km

② 전국 사과과실파리 기주식물(사과, 산사나무, 자두, 복숭아, 살구, 배, 장미, 아로니아, 체리 등) 대형 재배단지

③ 전국 과일판매시장 주변 200 m

4.1.2 모니터링 방법

모티터링 방법은 식물검역관이 실시하는 과실파리에 대한 트랩조사와 포장순회모니터링(대상 : 이동 기주)이 있다.

4.1.3 유형별 모니터링 요령

4.1.3.1 트랩조사

① 조사기간 : 연중

② 트랩설치 장소 : 전국 1,000개 운영 (제주도 500개, 본토 500개)
공항 · 항만지역, 전국 기주식물 재배단지, 수출 · 입식물 재배지, 과일 판매시장 주변, 격리재배지, 외국군부대 주변 등 적절한 장소를 선정한다.
트랩의 설치 밀도는 위험도에 따라 네 등급으로 나누어 결정하여 설치한다 : 1) 고위해도 지역 (항만, 도시 및 부도심 지역) : 평방마일 당 10개의 트랩설치; 2) 중위해도 지역 (기타 부도심 지역) : 평방마일 당 5개의 트랩설치; 3) 저위해도 지역 (기주식물이 없는 농촌 지역) : 평방마일 당 2개의 트랩설치; 4) 최저위해도 지역 (정착 가능성 없는 지역) : 5 평방마일 당 1개의 트랩설치.

③ 트랩설치 방법
기주식물 (사과, 산사나무, 자두, 복숭아, 살구, 배, 장미, 아로니아, 체리 등) 또는 기주식물 주변의 나무를 우선 선택한다. 기주식물 주변에 나무가 없는 도심지역은 기주식물 주변의 그늘진 장소에 지지대를 사용하여 트랩을 설치한다.
설치장소는 출입이 편리하고 안정성이 있는 장소를 선택하여 지상에서 1.6~1.8 m 높이에 사방이 잘 트이고 약간 그늘이 있는 곳에 설치한다.
트랩의 설치간격은 유인력에 영향을 주지 않도록 다른 트랩과 최소 5 m 이상의 간격을 유지하도록 하고, 설치한 지점의 침입 위험도가 변경되는 등 필요하다고 판단될 경우 트랩설치 지점을 변경한다.

④ 유인제 설치 및 교체
폴리에틸렌 봉지에 함유된 탄산암모늄(ammonium carbonate) 유인제를 델타트랩에 설치한다. 각 트랩에는 폴리에틸렌 봉지형 방출기에 넣은 10 g의 탄산암모늄 유인제를 투입하고 4-6주 간격으로 교체한다. 탄산암모늄 유인제 제작은 "트랩과 유인제의 종류와 사용 방법"을 참조한다.

⑤ **조사횟수** : 동계(12-2월) 월 1회; 춘계(3-5월) 2주 1회; 하계(6-9월) 1주 1회; 추계(10-11월) 2주 1회

⑥ **트랩설치장소 등록** : 농림축산검역본부(이하 "검역본부"라 한다) 지역본부 · 사무소별로 트랩번호를 부여하여 설치한 다음 설치위치의 GPS 좌표를 식물검역통합정보시스템의 금지급 과실파리예찰방제시스템에 등록한다.

⑦ **유인제 보관** : 제조된 폴리에틸렌 봉지형 유인제는 증발되지 않도록 밀봉하여 냉동고에 보관한다. 탄산암모늄 원물질(흰색 분말)은 갈색 병에 넣어 밀봉하여 냉장고에 보관한다.

4.1.3.2 포장 순회 모니터링

① **조사기간** : 1~12월

② **조사횟수**
- 11~2월에는 월 1회
- 3~10월에는 월 2회 이상

③ **조사지역** : 공항 · 항만지역, 경유물품에 긴급사태가 발생한 지역, 격리재배지, 수출 · 입식물 재배지역 등

④ **주요 조사 대상 기주식물** : 사과, 산사나무 (hawthorn), 자두, 복숭아, 살구, 배, 장미, 아로니아(초크베리), 체리 등

⑤ **조사방법** : 기형과일, 유충, 알, 식흔, 부패, 배설물 등

4.1.4 모니터링 결과 등록 및 표본 제작

채집된 모든 과실파리는 분류, 동정하고 그 결과를 금지급 과실파리모니터링방제시스템에 등록한다.

FF 관리 DB

	A	B	C	D	E	F	G	H	I
1	날자	채집지점	트랩	곤충종(추정)	마리수	진단기술	종동정	조치	관리
2	16.3.17	제주(CJ-A-i-47)	ME	B. oroientalis	1	DNA/형태	B. orientalis	OFF 매뉴얼 제10조 1항에 따라 제주본부장통보(3/19)	OFF 매뉴얼 제4항에 따라 긴급방제지역선포(3/20)
3				B. sp.	1	DNA/형태	B. scutellata	무조치	무관리
4				Unknown	1	DNA	B. scutellata	무조치	무관리
5									

동정은 형태지표 및 분자지표를 이용한다. 분자지표의 경우는 신속동정시스템을 이용하고, 정밀동정은 농림축산검역본부의 전문가에게 보내 판정 받는다. 채집된 과실파리는 표본을 제작한 후 라벨을 부착(해충명, 기주, 채집지, 채집일자, 채집자)하여 보관한다.

4.1.5 상황보고

지역본부장 · 사무소장은 모니터링 결과 새로운 식물병해충(검역병해충, 국내미분포병해충 등)을 발견한 경우 또는 경유물품에 긴급사태가 발생한 경우와 모니터링 요원의 새로운 병해충 신고 및 조치사항을 별지 서식 제3호에 따라 농림축산검역본부(식물방제과)로 계통보고 하고 발견된 병해충 표본을 긴급 송부한다.

[별지 제3호 서식]

새로운 식물병해충 발견상황 보고

구 분	내 용
1. 발견일자	
2. 발견장소	• 주소 : • 농가명 : (TEL)
3. 병해충명	
4. 기주식물 (트랩설치 식물)	
5. 발견상황	• 발견병해충수, 발견정도, 피해증상 등
6. 조치사항	• 긴급조치(약제살포, 폐기 등) 등
7. 기 타	• 병해충 발견자 : 직 성명 • 분류동정자 : 직 성명 • 확인자 : 직 성명 • 기타 참고사항 수입식물의 수입시기, 수입국가, 수입량 농가에서 최초 발견시기 등

4.2 긴급모니터링

4.2.1 분포한계조사

4.2.1.1 트랩 종류와 배치

어떤 지역에서 1 개체 또는 그 이상의 사과과실파리가 채집될 경우, 침입한 사과과실파리의 분포 한계를 결정하기 위한 조사가 즉시 수행된다. 사과과실파리가 최초 발견된 지점을 중심으로 그 주변을 1.6 km 간격으로 정사각형(1.6 × 1.6 km) 격자배치구를 설정한 후 중심부에서 주변부로 격자 당 25-5-5-5-5개의 델타(젝슨)트랩(탄산암모늄 유인제 사용)을 설치하고, 중심지역에 맥페일 트랩(단백질먹이 유살제 사용) 25개를 추가로 설치한다.

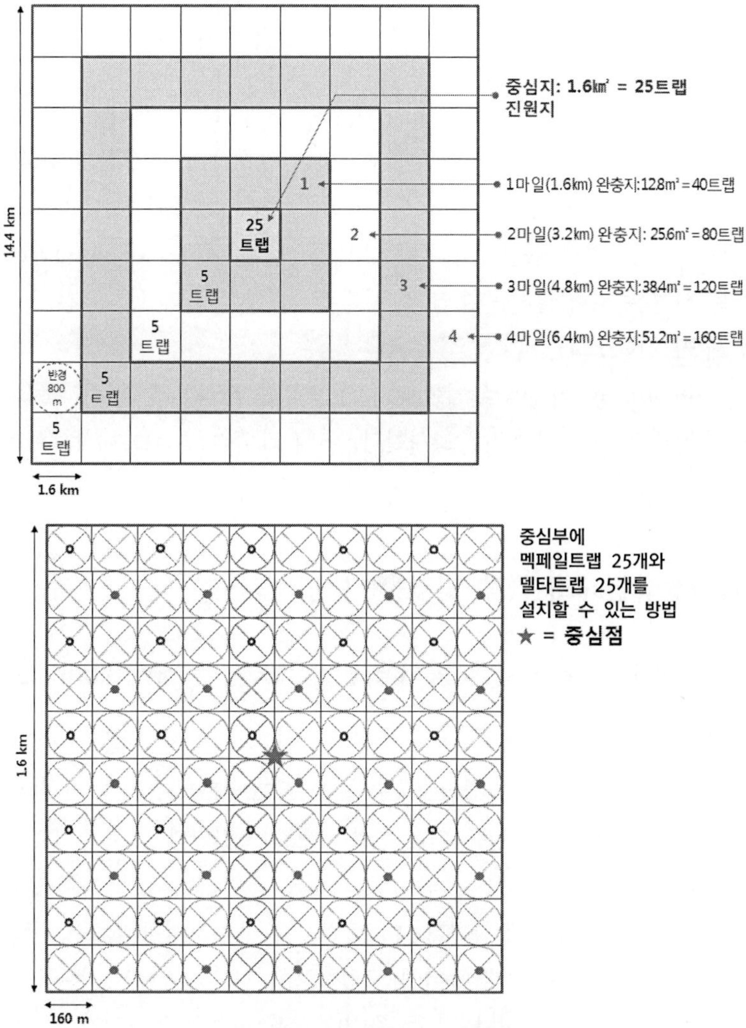

▌ 분포한계조사 예찰트랩설치 ▌

사과과실파리가 검출된 지점으로부터 14.4 km 밖의 지역은 상시모니터링 설치 지역에 해당하며, 기존의 실시간 모니터링을 지속한다.

4.2.1.2 트랩 조사기간 및 조사 빈도

① 조사 기간 : 마지막 발견 후 3세대 기간으로 세대 기간의 계산은 제3장의 예찰 프로그램을 이용한다.

② 조사 빈도 : 최초 발견 이후 1주 동안은 매일 조사하고, 그 후 1세대 기간 동안은 주당 2회 조사한다. 2~3세대 동안에는 2주 1회 조사한다. 트랩에 채집된 암컷은 해부하여 암컷 저정낭(spermatheca)에 존재하는 정자의 유무로 교미 여부를 조사한다.

4.2.2 기주 조사

① 과실절개 검사

사과과실파리 검출지로부터 200 m 이내의 기주식물(사과, 산사나무, 자두, 복숭아, 살구, 배, 장미, 아로니아, 체리 등)의 과실을 수거하여 절개하고 미성숙 과실파리의 존재를 확인한다. 이후 절개된 과실은 금지급 생물안전시설에서 27℃와 70% 상대습도를 유지하며 2-3주 동안 보존하면서 과실파리 존재 유무를 재확인한다. 한편 과실파리 의심 기주가 보존되는 시설은 "수입금지품 수입 및 사후관리요령의 관리장소 요건"을 충족해야한다.

② 발견지 주변 기주 조사

발견지 주변 2.4 km 이내에 위치한 과수원 명부를 작성하고, 기주식물을 조사한다. 이 지역의 과일을 7~10일 간격으로 조사한다. 이때 과수원 주인을 대상으로 탐문조사도 실시한다.

4.3 트랩과 유인제의 종류 및 사용 방법

4.3.1 델타트랩과 폴리에틸렌 봉지형 탄산암모늄 (ammonium carbonate) 방출기

사과과실파리의 모니터링에는 탄산암모늄을 넣은 폴리에틸렌 봉지형 고형유인제를 델타트랩에 설치하여 사용한다. 델타트랩은 다음의 순서대로 조립한다.

1) 트랩 상부에 트랩 걸개를 장착한다. 이때 걸개가 구부러지지 않도록 주의한다.
2) 유인제 고정용 철사를 유인제 홀더에 고정하고 유인제를 안에 넣는다.
3) 유인제가 들어 있는 홀더를 트랩의 한 쪽 면에 부착시키고 유인제가 트랩벽에 닿지 않도

록 주의하면서 트랩의 중앙에 유인제가 위치하도록 한다.

4) 끈끈이판의 뒷면에 트랩 번호 등을 기록한다.

5) 끈끈이 면이 위로 향하도록 하여 끈끈이판을 트랩에 넣는다. 트랩을 걸기 전에 트랩 바깥쪽에 트랩 번호를 기록한다.

델타트랩의 포획 조사는 다음과 같이 한다.

1) 트랩을 나무에서 수거한다.

2) 끈끈이판을 꺼내고 끈끈이판의 아랫면을 포함한 전체를 조사하여 과실파리 등 곤충의 포획 여부를 확인한다. 이 절차는 다른 트랩을 조사하기 전에 완료한다.

3) 끈끈이판에 부착된 나뭇잎이나 가지 등을 제거하며 이 때 제거하는 물질에 곤충이 부착되어 있는지 살핀다. 곤충이 포획되지 않았을 경우 끈끈이판이 계속 사용하기에 적당한지를 살핀다. 끈끈이판에 과실파리가 포획된 경우 끈끈이판을 수거하여 투명한 셀로판으로 덮고 날짜와 트랩 번호를 기록한다.

사과과실파리의 모니터링을 위해 설치하는 델타트랩에는 폴리에틸렌 봉지형 탄산암모늄 유인제를 사용한다. 준비된 탄산암모늄 유인제는 냉동 보관하며, 야외에서 트랩에 설치한 후 한여름에는 4 주 간격, 기타 계절에는 6 주 간격으로 새 것으로 교체한다.

4.3.2 맥페일트랩

맥페일트랩은 아래쪽에 액상의 유인제를 채울 수 있는 공간이 있는 윗부분이 투명한 트랩으로 과실파리는 아래쪽으로 뚫린 구멍을 통해 유인되어 용액에 빠져 포획된다(그림 4-3). 일반적으로, 맥페일트랩에는 희석한 Nu-Lure 용액 또는 물에 용해시킨 Torula yeast/borax tablet 등의 액상 단백질먹이가 유인제로 사용된다. 맥페일트랩에 액상 단백질 유인제 용액은 저장고의 가장자리 바로 아래까지 채워져야 한다. 맥페일트랩에의 과실파리 포획을 조사하고 트랩을 취급하는 요령은 다음과 같다.

1) 트랩을 나무 아래에서 내용물이 쏟아지지 않도록 수거한다.

2) 내용물을 조심스럽게 돌려서 살아있거나 용기 내벽에 붙어 있는 과실파리를 용액에 빠지게 한다.

3) 마개를 열고 내용물을 양동이 위에 놓은 체에 걸러낸다. 용기에 붙어 있는 곤충들도 모두 수거한다. 체의 아랫부분을 물에 살짝 담가서 포획된 과실파리의 날개가 펼쳐지도록 한다.

4) 포획된 과실파리 및 기타 곤충들을 70% 에탄올이 담긴 바이알에 담는다.

5) 바이알에 라벨을 부착하고 트랩의 위치 및 종류, 날짜 및 기타 필요 정보를 기입한다.

6) 트랩을 재사용하기 전에 깨끗이 한다. 투명한 부분의 투명도는 과실파리의 포획에 아주 중요하다.
7) 유인제를 첨가할 때 트랩 밖으로 쏟지 않도록 주의한다.
8) 수거한 유인제와 세척액은 적당한 용기에 담아 폐기장으로 옮긴다. 사용한 맥페일트랩은 trisodium phosphate (TSP) 용액에 5-6시간 정도 담근 후 솔로 닦아 세척할 수 있으며, 잔류한 칼슘 침전물은 Lime-A-Way 를 사용해서 제거할 수 있다. 심하게 오염된 트랩은 muriatic acid 를 사용해서 세척할 수 있는데, 이 물질을 취급할 때 보호장구를 착용하는 등 각별한 주의가 요구된다.

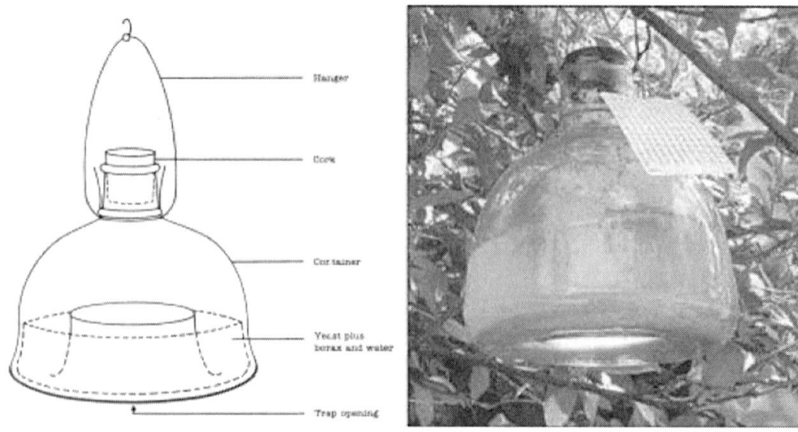

그림 4-3 맥페일트랩(McPhaill trap)

4.3.3 단백질먹이 유인제

단백질먹이 유인제는 천연 먹이를 기반으로 한 것으로, 보통 borax 등의 보존제와 물을 섞은 액상으로 사용된다. 단백질먹이는 과실파리 암, 수컷에 모두 유인력을 나타내며 종특이성이 낮아 여러 종류의 비대상 곤충들도 유인하는 경향이 있다. 여러 종류의 단백질먹이가 있는데, 사과과실파리에는 미국 USDA 에서 추천하는 Torula yeast (TY)/borax는 Torula yeast (5 gram pellet + borax) 하나를 100 ml의 포획용액(10% 프로필렌글리콜 수용액)에 섞어 사용하며, 트랩 하나에 300 ml의 용액을 사용한다. 이렇게 제조한 용액은 3일 정도 숙성된 후부터 본격적인 유인력을 발휘한다.

4.3.4 탄산암모늄 (ammonium carbonate) 유인제

탄산암모늄 원물질(흰색 분말)은 갈색 병에 보관한다. 폴리에틸렌 봉지형 탄산암모늄 유인제는 탄산암모늄 10g을 50μm 두께의 7cm × 7cm 크기의 폴리에틸렌 봉지에 넣은 다음 밀봉하여 유인제로 사용한다. 폴리에틸렌 봉지형 탄산암모늄 유인제는 4~6주 간격으로 교체하며, 낮 최고기온이 30도 이상 올라가는 한여름 기간 중에는 4주 간격으로 교체한다.

4.4 담당자의 역할 및 책임

4.4.1 모니터링 요원의 임무

모니터링 요원은 다음의 임무를 숙지하고 수행한다.

1) 트랩과 주변 환경의 오염을 피한다.
2) 예찰 대상 곤충을 식별해서 감독자에게 보고한다.
3) 차량 사용 일지를 정확히 기록한다.
4) GPS 데이터를 사용한 트랩의 분포도와 위치를 파악한다.
5) 트랩설치 및 서비스 방법을 숙지한다.
6) 곤충 시료의 취급, 내용 작성 및 시료 전달 방법을 숙지한다.
7) 모니터링에 필요한 장비들을 관리한다.
8) 적법한 트랩 조사 기록을 유지한다.
9) 적절한 트랩 밀도와 배치를 유지한다.
10) 트랩의 재배치를 수행한다.
11) 매뉴얼에 따라 트랩을 서비스한다.
12) 쓰레기와 낡은 트랩 및 부품들을 적절히 폐기한다.
13) 새로 도입되거나 변경된 절차를 신속히 파악하고 실행한다.
14) 대상 곤충의 기주식물을 식별하고 대상 해충의 선호기주를 숙지한다.
15) 트랩 시즌이 종료되면 모든 트랩들을 수거한다.
16) 트랩설치와 조사를 효율적으로 할 수 있도록 동선을 파악한다.
17) 임무 수행 및 명령 체계를 숙지한다.

4.4.2 모니터링 요원 기술교육

식물방제과는 지역본부 모니터링팀, 인력지원팀 및 모니터링 요원을 구성·확인하고, 모니터링팀·인력지원팀·예찰조사원은 정기적인 교육·훈련·평가를 통하여 상시모니터링 및 사과과실파리 발견(발생) 긴급 상황에 대비한다. 모니터링팀·인력지원팀·모니터링 요원은 상시모니터링 시작 전 실무교육을 이수하고 상시모니터링 기간 동안의 해충식별 능력평가를 받는다. 식물방제과 모니터링 담당자는 모니터링팀·인력지원팀·모니터링 요원에 대한 이론교육과 실습교육을 포함한 연간 교육계획을 수립하여 시행한다.

4.4.2.1 교육방법

모니터링 요원 실무교육	모니터링 요원 해충식별 능력평가
(담당) 식물방제과 모니터링 담당자 (대상) 모니터링 요원 (내용) 금지병해충 육안 진단법, 트랩설치 장소 선정법, 트랩 취급법, 모니터링 결과 작성법, GPS 사용법, 포획된 표본 취급, 동정의뢰 방법, 민원인 응대법, 약품 및 차량 안전관리기본법 등	(담당) 식물방제과 모니터링 담당자 (대상) 모니터링 요원 (내용) 모니터링 기간중 무작위로 선발된 4개 트랩에 금지해충 투입
(방식) 집합교육, 8시간 (일정) 트랩조사 시작 15일 전 (평가) 실무교육 후 실기평가 실시	(방식) 실전교육 (일정) 상시모니터링 시작 1개월 후 및 종료 1개월 전 실시 (2회) (평가) 현장평가

4.4.2.2 외국의 모니터링 요원 기술교육 사례 (자료출처 : 미농무부 과실파리 예찰 가이드라인, 2015)

현장감독관은 각 모니터링 요원의 업무를 관리한다. 모니터링 요원들의 일정을 관리하고, 문제를 해결하기 위한 도움을 주며, 전반적인 지침을 내리고, 다음의 사항들도 수행한다.

4.4.2.2.1 평가

현장감독관은 정기적으로 각 모니터링 요원에 의해 운영되는 트랩의 수를 점검한다. 감독관은 평가서에 트랩 개수, 위치, 설치 장소, 설치 날짜, 유인제의 종류, 및 기타 사항 등을 기록하고, 유인제의 상태, 트랩의 재배치, 그리고 트랩 조사 일정 등을 파악한다. 모니터링 요원은 작업하는 지역에서 모니터링 결과와 문제점들을 현장감독관에게 보고한다.

4.4.2.2.2 트랩 주소록

(1) 트랩위치 주소록

모니터링 요원은 모든 트랩의 설치 날짜 및 조사 날짜와 각 트랩의 정확한 위치를 GPS 수치로 기록한 각 트랩 카드의 목록을 유지해야 한다.

(2) 지도

모니터링에 사용된 좌표들을 표시한 격자형의 대형 마스터 지도를 유지하며 내용을 매일 점검, 갱신한다. 지도에는 모든 트랩의 위치를 나타내고, 규제 지역을 표기한다.

4.4.2.2.3 트랩설치 훈련 및 홍보업무

(1) 트랩위치

새로 온 모니터링 요원은 트랩의 적절한 설치 위치 선정에 대한 개인별 지침을 부여받을 것이다.

① 트랩설치 장소의 선택

트랩을 설치할 적절한 기주식물을 선택하는 것은 효율적인 예찰에 아주 중요하다. 사과과실파리의 선호기주에는 오렌지, 감귤, 만다린, 포멜로, 라임, 레몬, 금귤 등이 포함되며, 사과과실파리의 트랩은 되도록 성숙한 과실이 달려 있는 선호기주에 설치하도록 한다. 트랩을 설치할 장소를 선택할 때, 과실이 달려 있는 사과과실파리의 선호 기주에 트랩의 설치를 우선적으로 고려한다. 비슷한 상태의 기주식물이 2개 이상 가용한 장소가 있다면, 동일한 품종 또는 다른 품종의 여러 가지 기주식물이 있는 장소에 트랩설치를 우선적으로 고려한다. 많은 경우, 한 종류의 식물들만이 유일하게 활용 가능한 기주가 되는데 이 경우 이 식물들에 트랩을 설치해야 할 것이다. 그리고, 한 장소에만 트랩을 설치하는 것은 피한다. 사과과실파리의 경우 과수원의 중앙부 또는 근처에 설치된 트랩이 가장자리에 설치된 트랩보다 과실파리를 포획할 가능성이 더 높다. 비선호 또는 2차 기주에 트랩을 설치하거나, 성숙된 과실을 가지는 기주가 있음에도 불구하고 과실이 없는 기주에 트랩을 설치할 경우 과실파리에 대한 유인 효과가 낮아질 수 있다. 또한, 주요 선호 기주이지만 성숙한 과실이 부족하거나 트랩을 설치하기에는 충분한 그늘이 없는 경우가 있는데, 이 경우, 주변의 감로가 있는 나무가 적절한 트랩설치 장소가 될 수 있다. 일반적으로, 감로가 충분히 있지 않는 한, 과실이 없는 기주에 트랩을 설치하는 것은 피하도록 한다. 감로는 달거나 투명한 분비물로 진딧물, 깍지벌레, 가루깍지벌레 및 가루이와 같은 곤충들에 의해 생성되며, 이들 감로는 단 맛을 내는 풍부한 탄수화물의 공급처로 성충 과실파리에게는 좋은 먹이원이다. 그을음병이라고 불리는 곰팡이가 감로 위에 서식하여 잎을 검게 만들기 때문에, 그을음병의 존재는 기주가 감로를 형성하는 곤충에 의해 감염되었음을 나타내는 좋은 지표이다. 흔히 구아바와 망고가 좋은 감로 제공원이 된다. 다른 선호 기주가 가용할 때에는 잎이 적은 나무나 가지에는 트랩설치를 피해야 한다. 특히 여름 기간 동안에는 중요한데, 이것은 이러한 나무나 가지는 충분한 그늘을 형성하지 못하기 때문이다. 따라서, 선호 기주가 충분한 그늘을 가지지 못할 경우에는 주변에 있는 선호성이 떨어지는 기주 또는 비선호 기주에 트랩을 설치할 것을 고려해야 한다. 바람직한 트랩설치 장소들은 "트랩위치기록"에 표시하여 향후 트랩설치 위치로 활용하도록 한다. 이는 초기 트랩설치 장소 결정 시 또는 트랩 조사 기간에 이루어질 수 있다. 도시지역에서는 뒷마당보다 앞마당에 있는 기주식물에 트랩을 설치하는 것이 좋은데 이것은 모니터링 요원이 드나들기 용이하기 때문이다. 하지만 이것은 적합한 기주가 있는 경우에 국한된다.

② 기주에서의 트랩위치

일반적으로 과실이 없는 기주식물 속에 트랩을 설치하는 것은 권장되지 않는다.

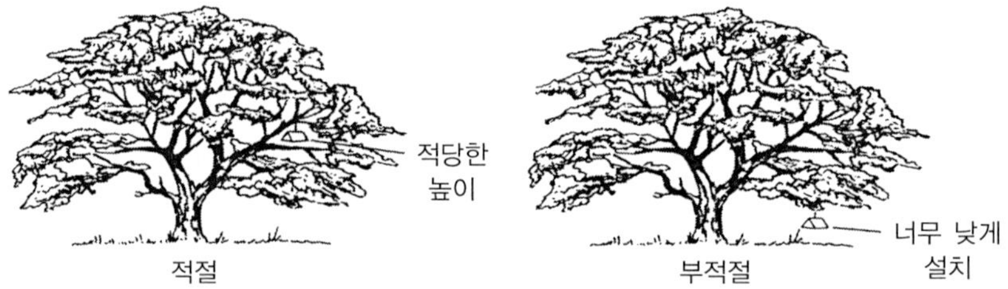

‖ 그림 4-4 ‖ 나무에서의 적절한 트랩설치 위치

트랩은 어린이, 가축, 또는 애완동물이 접촉할 수 없는 충분한 높이의 기주식물 내부에 설치되어야 한다. 이렇게 하면 바람에 의해 트랩이 떨어지는 것을 방지할 수 있다. 여름 또는 기온이 높은 시기 동안에는 트랩이 그늘진 곳에 있도록 해야 한다. 반면, 겨울 또는 서늘한 시기 동안에는 트랩이 남쪽을 향하도록 설치하는 것이 좋다. 하지만 태양 직사광선에 설치하는 것은 피한다. 나무의 줄기에서 나뭇가지의 바깥쪽 가장자리까지 거리의 1/2 ~ 2/3 정도가 되는 지점에 트랩을 설치하는 것이 좋다(그림 4-4). 트랩은 나무의 나뭇잎 바로 아래 또는 바깥쪽에 노출되도록 걸어 두어서는 안된다. 또한, 트랩을 밀집한 나뭇잎 속에 설치하는 것도 피해야 하는데, 이는 나뭇잎이 트랩 속으로 뻗어 들어가거나 트랩 속으로 파리가 들어가는 것을 방해하기때문이다. 트랩의 아래 부분에 나뭇잎이 있는 것은 좋지만 트랩 바로 밑에 나뭇잎이 있어야 하는 것은 아니다. 금속 고리를 한쪽 끝에 부착한 긴 막대를 어린이나 호기심이 많은 어른들의 선길이 쉽게 닿지 않도록 충분한 높이에 트랩을 설치하기 위해 사용할 수 있다.

(2) 홍보업무

적절한 홍보업무는 모니터링의 중요한 부분이다. 모니터링 요원들은 모니터링 프로그램의 목적과 이를 수행하기 위한 각 절차를 숙지하고 이를 일반인들이 이해할 수 있도록 설명할 수 있는 준비가 되어 있어야 한다. 그들은 일관성 있게 보여야 되고 빈번히 일반 국민과 접촉해야 한다. 모니터링 요원들은 항상 정중해야 한다. 일반인들과는 오래 계속되는 대화는 피하고 업무와 관련한 짧고 따뜻한 대화가 바람직하다. 프로그램 활동 관련 논쟁은 벌이지 않도록 주의한다. 모니터링 요원은 농식품부를 대표하고 일반 국민의 감시 속에 그 기관의 이미지를 형성한다. 일반 대중에게 좋은 인상을 만들기 위해 복장,

개인적 외관 그리고 행동을 적절히 해야 한다. 짧은 티셔츠를 입어서는 안된다. 편안하고 보호를 위해 긴 바지 또는 헐렁한 셔츠 또는 소매가 있는 블라우스를 입도록 규정한다. 신발은 신어야 한다. 두꺼운 밑창의 가죽신발은 못과 유리 조각으로부터 보호한다. 신분 확인 명찰은 매일 근무시간 동안 쉽게 신분확인을 위하여 가슴에 착용한다. 개인 소유지에 처음 들어갈 때에는 소유자 또는 관리인에게 항상 연락을 시도하며 업무를 간략하게 설명하고 트랩을 설치하기 위한 허락을 요청한다. 일반 대중과 대화할 때, 트랩은 "곤충 조사 트랩"으로 언급되어야 한다. 아무도 집에 없다면 소유자 또는 세입자에게 메모를 남겨야 한다.

4.4.2.2.4 프로그램 수행관리 전문가

모니터링 프로그램에는 프로그램 수행관리 전문가들이 참여할 수 있다. 이 전문가들은 모니터링 프로그램을 분석, 평가하며 트랩 조사 지역에 모든 모니터링 요원들과는 긴밀한 관계를 형성한다. 모니터링 요원들과 일하는 전문가들은 적절한 트랩위치, 미끼 교체, 기주 선택, 트랩 배치 및 기록 관리 등에 관한 사항들을 도와준다. 트랩 조사 지역의 문제점과 추천된 개선점은 현장전문가에게 보고되며, 프로그램 관리자에게도 알려준다. 모니터링 프로그램과 수행 과정에 대한 관점(시각)을 이해하고 개선점을 토론하기 위한 전문가들과의 미팅을 정기적으로 갖도록 한다.

4.4.2.2.5 사과과실파리 모니터링 요원의 평가

대부분의 박멸프로그램의 과정 동안 표식을 한, 죽은 사과과실파리가 들어 있는 트랩들을 설치해서 모니터링 요원들을 평가할 수 있다. 이는 높은 수준의 트랩 조사 능력을 유지하고 모니터링 요원의 과실파리 식별 능력을 평가하는데 큰 도움이 될 것이다. 보고 및 트랩 조사 절차는 표준화 하도록 한다. 표식된 죽은 사과과실파리는 다른 곳에서 확보하여 프로젝트 본부에서 준비하도록 한다. 다음 절차들을 참고하여 현장 등의 상황에 따라 적절히 변형하여 평가에 사용한다. 이러한 평가 프로그램을 시행하기 위해서는 사전에 그 사실을 해당 지역 비상기구 직원에게 통보해 둔다.

(1) 트랩 선택

현장감독관은 시험을 치르는 모니터링 요원 당 5~15개 트랩을 무작위로 선택한다. 프로그램 사무소에는 평가일에 앞서 적어도 1주일 전에 모두 자료를 제공하도록 한다.

(2) 준비

현장감독관은 시험용 과실파리 표본의 정확한 운반시간을 공지하도록 한다. 과실파리 표

본은 칼라로 표시된 것을 선택하여 검사한다. 과실파리를 표식한 색상은 해당 월(月)마다 변경하도록 하며, 오른쪽 또는 왼쪽 날개의 일부를 자르도록 한다. 프로그램 사무소는 각 색깔로 표식하는 것과 날개를 잘라내는 일정들을 숙지하고 있어야 한다.

(3) 우편물 발송

각 표시된 표본은 평가용 식별번호를 부착하여 자체 바이엘에 보관하고, 이 숫자들은 품질관리 로그(log.)로 기록한다. 이후 표식된 파리는 등기로 현장 감독관에게 송부하며, 현장감독관은 프로그램 사무소에 각 표본 번호와 이 표본들이 설치된 트랩 목록을 송부한다. 표본은 유인제를 설치하기 하루 전에 트랩 속에 설치한다.

(4) 반납

표식이 된 과실파리 표본이 탐지되면 표준 트랩 조사 절차에 따라 처리한다. 수거된 표본은 원래의 바이엘에 넣고, 해충감지보고서 비고란에 식별번호를 기록하며, 표본은 등기메일로 프로그램 사무소에 반납한다.

(5) 구두시험

모니터링 요원의 과실파리 등 해충 식별력을 평가, 유지하기 위해, 가끔 시험을 시행한다. 시험을 치룬 후 일반 토론을 통해 관련된 모니터링 요원들이 서로 유익한 정보를 교류할 수 있도록 한다.

5 방제 매뉴얼

5.1 방제 매뉴얼 개요

사과과실파리 방제를 위한 발견과 발생 기준은 대외적 발생 발표와 차이가 있다. 다음의 기준에 따라 발견의 경우는 초기방제를 실시하고, 발생의 경우는 박멸방제를 취하게 된다.

발견	모니터링 트랩에 1 마리 이상 포획된 경우
발생	• 알, 유충, 번데기 또는 교미된 암컷 1 마리 이상 또는 • 발견 후 1 주일 이내에 발견지중심(14.4 × 14.4 km)에서 성충 3 마리 이상이 트랩에 검출된 경우(수컷, 미교미 암컷)

단계	목적	방제 항목	방제적용기술	방제 영역	처리 횟수 및 기간
발견시 방제	조기발견 후 급방제	모니터링	맥페일트랩	14.4 km 격자	1회/일(첫 1주) 2회/주(첫 세대) 0.5회/주(2-3세대)
발생시 방제	초기방제 이후 박멸방제	모니터링	맥페일트랩	발견지별 14.4 km 격자	1회/일(첫 1주) 2회/주(첫 세대) 0.5회/주(2-3세대)
		방제지역선포	행정조치	14.4 km 격자	박멸기간
		기주 이동 제한	행정조치	14.4 km 격자	박멸기간
		토양소독	팔라딘 유제	발견지별 200 m 반경	1회/2주
		과실제거	수작업	발견지별 200 m 반경	1회 처리
		암컷유살제 (GF120)	지상방제	중심부 + 제1완충지 + 제2완충지	농경지, 하천 기주
			시설지방제		시설하우스 내부
			항공방제		산림지역
		불임충방사	불임충수컷	백만마리/1.6 km 중심격자	대발생시 적용함 매주 방사
				5만마리/외곽	

5.2 발견 시 방제 매뉴얼

발견 초기 1 주일 이내에 이뤄지는 긴급 방제 매뉴얼이다.

5.2.1 분포한계 설정

발견지 중심으로 14.4 × 14.4 km 지역에서 긴급모니터링 트랩을 발견 후 24 시간 이내에 이뤄진다.

5.3 발생 시 방제 매뉴얼

5.3.1 박멸 매뉴얼 가동 기준

사과과실파리 "발견"에 따라 긴급 실시하는 "분포한계설정" 조사과정을 통하여 "발생"으로 전환되는 경우 박멸프로그램을 가동한다.

5.3.2 박멸 프로그램 기간

박멸 프로그램은 해당시기에 사과과실파리가 적어도 2 세대 발생되는 기간 동안 가동된다. 이후 재발견되면 다시 최소한 2 세대 박멸 프로그램이 재가동된다.

5.3.3 박멸 처리방법 선정기준

① 기본적으로 토양소독, 단백질먹이 유살제 및 기주제거 처리가 가동되어야 한다.
② 방제 지역이 넓은 경우 항공방제가 추가된다.
③ 불임충방사는 선택적 처리이다.

5.3.4 이동 및 재배 제한

① 과실파리가 발견된 지점을 중심으로 14.4 × 14.4 km 격자에 있는 규제대상 품목의 재배 · 취급 · 가공업자들에게 비상조치 내용을 통보한다.
② 선포된 방역지역에서는 다음의 규제조치가 포함된다.
  가) 과일 채소류의 상업구역에서 소독처리 상황 감시·감독·증명서 발급
  나) 농산물 가공시설의 주기적 방문
  다) 규제품목 폐기물에 대한 감시
  라) 공항 · 터미널에서 규제대상품목의 이동감시
  마) 검역규제지역 경계의 국도, 지방도로 등에서의 이동감시

5.3.5 과일수거

사과과실파리 발견지점을 중심으로 200 m 이내에 있는 모든 과일을 신속히 수거하여 50 cm 이상의 깊이에 묻는다. 유충 발견 장소에서는 기주 과일 껍질도 제거되어야 한다. 이를 수거 기간 동안 플라스틱 상자 속에 보관 후 승인된 매립지에 제거 처리된다. 매몰시 생석회(0.4%)를 첨가한다.

5.3.6 토양소독

발생 지점을 중심으로 200 m 내에 있는 모든 기주는 과일나무 밑에 팔라딘 유제(경농)를 살포한다.

5.3.7 암컷유살제 처리

살충제가 첨가된 단백질먹이 유살제를 살포한다.

(1) 지상 독먹이살포

① 조제

GF120 (동방아그로)을 물로 1.5 배 희석하여 처리한다. 예를 들어 GF120 4 L에 물을 6 L 혼합하여 살포액을 조제하게 된다.

② 처리 지역 규모

발견 지점 기준으로 중심부, 제1완충지역 및 제2완충지역까지 살포 처리한다.

③ 처리 간격

초기 발견 이후 2 세대 기간 동안 주당 1 회 살포한다.

④ 처리 방법

미끼는 개인휴대용 스프레이기 또는 동등한 장치의 수단에 의해 주거지와 휴식공간이 제공되는 기주와 식물에 제한된 범위적용으로 사용될 수도 있다. 사용은 어린이 또는 애완동물에게 피해가 발생하지 않는 장소에 적용된다. 모든 범위적용이 요구된다면 송풍식 분무기 또는 유사한 장치가 사용될 수 있다.

⑤ 처리 약량

각 처리지점은 표면이 모두 적셔지도록 살포한다.

(2) 시설지 살포

지상 살포와 동일방법으로 약제를 조제하고, 해당지역에서 기주를 재배하는 모든 시설재배지 내부에 살포한다.

(3) 항공 살포

지상 살포와 동일방법으로 약제를 조제하고, 해당지역 포함된 산림 지역에 살포한다.

5.3.8 불임충방사 처리

① 불임충방사는 박멸처리 후 잉여 사과과실파리 개체를 완전히 제거하기 적용된다. 이 방법은 과실 껍질 제거, 독먹이살포 및 토양관주(토양이나 나무에 구멍을 파서 약액을 주입하은 약제살포의 한 방법)와 혼합하여 사용될 수 있다.

② 우선 정확한 종 동정이 필요하다. 즉 방사될 종과 침입 종과 동질성이 확보되어야 한다.

③ 모니터링 트랩을 이용하여 1.6 × 1.6 km 면적 단위로 5 개 트랩배치가 필요하다. 이 트랩들은 단백질먹이유인제를 유인제로 일주일 간격으로 조사된다.

④ 불임충방사 밀도

감염중심지를 1.6 × 1.6 km 면적으로 정하고 여기에 매주 백만마리 이상의 불임충을 방사하게 된다. 감염외곽지(완충지)는 중심지에서 4.8 km 반경 지역으로 1.6 × 1.6 km 면적 기준으로 50,000 마리 이상이 방사된다.

⑤ 불임충방사 수단

(1) 지상 방사

이동 차량을 통해 불임충을 방사한다. 특히 감염중심지 처리에 유효하다. 감염중심지 주변처리도 가능할 수 있다.

(2) 항공 방사

육상 차량 방사보다 균일하게 불임충을 방사할 수 있다.

5.4 박멸선언 매뉴얼

5.4.1 트랩 모니터링을 통한 박멸효과 확인

① 마지막 발견 후 3 세대 기간 동안 모니터링을 실시한다.

② 정밀조사 이외의 지역에도 상시모니터링 지역에서 3 세대 동안 모니터링을 실시한다.

5.4.2 과일수거검사를 통한 박멸효과 확인

① 중앙지점 및 제1완충지역(발견지점으로부터 2.4 km 반경이내) 등에 있는 과일을 7~10 일 간격으로 조사한다. 특히 중앙지점의 기주과일은 명부를 작성하고 즉석에서 칼로 절개하

여 검사한다.

② 시설이 갖추어진 경우에는 수거된 과일은 과실파리 최적온도인 26℃/70% 습도조건에서 1 주 ~ 1 세대기간 동안 사육 후 검사한다. 과일이 저장되는 시설은 우화하는 과실파리가 날아가지 않도록 안전관리에 만전을 기해야 한다.

5.4.3 박멸선언

과실파리 최종발견 후 3 세대 기간 동안 더 이상 발견이 되지 아니하였을 경우 박멸된 것으로 판정한다.

CHAPTER 05

기타 금지 및 관리급 과실파리에 대한 방제 매뉴얼

국내 침입 및 정착이 우려되는 금지 및 관리급 과실파리는 서론에서 목록한 바와 같이 전체적으로 69종이다. 이 가운데 비교적 생물학적 그리고 방제 기술이 잘 연구되고 발표된 14종은 개별 방제 매뉴얼을 통해 작성되었다. 그러나 국내 침입 및 정착이 우려되지만 비교적 연구 자료가 부족한 나머지 55종에 대해서는 이들을 유인할 수 있는 물질별로 모아 통합 방제 매뉴얼을 작성한다. 다음 표는 이들 종들을 금지 등급별로 나열하고 있다.

표 5-1 기타 55종 검역대상 금지 및 관리급 과실파리 목록. 등급 수준은 I~III은 금지급 그리고 IV는 관리급에 해당된다.

등급	종 명	등급분류 근거
금지 I	*Bactrocera jarvisi* (Tryon, 1927) 자비스과실파리(신칭)	호주에 광범위하게 분포하며 다양한 작물을 가해하는 다식성 해충이다. 국내 작물로는 복숭아, 자두, 배, 귤류 등을 가해할 수 있다.
금지 I	*Bactrocera aquilonis* (May, 1965) 노던준주과실파리(신칭)	호주에 분포하며, Vargas (2015)는 *B. tryoni*의 동물이명으로 추정하였다. 주요 검역해충인 *B. tryoni*에 준하여 취급할 필요가 있다.
금지 I	*Anastrepha suspensa* (Loew, 1862) 카리브해과실파리	카리브해의 섬들에 분포하며, 미국 플로리다까지 도입된 바 있다. 다양한 작물을 가해하는 다식성 해충이며, 국내 작물로는 복숭아를 가해할 수 있다.
금지 I	*Anastrepha fraterculus* (Wiedemann, 1830) 남미과실파리(신칭)	미국 남부와 중남미에서 다양한 식물을 가해하며, 국내 작물로는 귤, 체리, 복숭아를 가해할 수 있다.
금지 I	*Bactrocera frauenfeldi* (Schiner, 1868) 망고과실파리(신칭)	파푸아뉴기니 등지에 널리 분포하며 호주로 도입된 바 있다. 20개가 넘는 식물의 과를 가해하는 다식성 해충이며, 국내 작물로는 귤류를 가해할 수 있다.
금지 I	*Anastrepha ludens* (Loew, 1873) 멕시코과실파리(신칭)	남미에서 미국의 텍사스 주까지 분포한다. 다양한 식물을 가해하는 다식성 해충이며, 국내 작물로는 귤, 복숭아 등을 가해할 수 있다.

금지 I	*Carpomyia pardalina* Bigot, 1891 러시아참외과실파리(신칭)	이집트와 코카서스지방에서 인도 서부까지 분포하며 오이와 참외, 수박의 해충이다. 분포 기후대로 볼 때, 침입시 국내에 정착할 위험성이 높다.
금지 I	*Ceratitis rosa* Karsch, 1887 나탈과실파리(신칭)	아프리카에 분포하며, 같은 속의 지중해 과실파리 만큼은 적응성이 뛰어나지는 않다. 국내 작물로는 귤류, 복숭아 등을 가해할 수 있다.
금지 I	*Zeugodacus cucumis* (French, 1907) 호주오이과실파리(신칭)	호주 동부에 분포하며, 오이나 호박류의 주요 해충이다. 토마토 등 다른 식물들을 가해한 기록도 있다.
금지 II	*Bactrocera kraussi* (Hardy, 1951) 크라우스과실파리(신칭)	호주 동북부에 분포하는 주요 다식성 해충이다. 국내 작물로는 귤류를 가해할 수 있다.
금지 II	*Bactrocera curvipennis* (Froggatt, 1909) 뉴칼레도니아과실파리(신칭)	뉴칼레도니아에 제한적으로 서식하나, 20개 식물과를 가해는 중요한 다식성 해충이다. 국내 작물로는 귤류를 가해할 수 있다.
금지 II	*Bactrocera facialis* (Coquillett, 1909) 통가과실파리(신칭)	통가에 제한적으로 서식하나, 피망고추, 귤류를 비롯한 11개 식물과를 가해하는 다식성 해충이다.
금지 II	*Bactrocera kirki* (Froggatt, 1911) 키르크과실파리(신칭)	사모아, 통가, 타히티 등 남태평양의 섬들에 분포하는 심각한 다식성 해충으로 국내 작물로는 귤류 등을 가해할 수 있다.
금지 II	*Bactrocera psidii* (Froggatt, 1899) 남태평양과실파리(신칭)	뉴칼레도니아에 분포하며, 많은 작물을 가해하는 심각한 다식성 해충이다, 국내 작물로는 귤류를 가해할 수 있다.
금지 II	*Bactrocera melanotus* (Coquillett, 1909) 쿡제도과실파리(신칭)	남태평양의 쿡제도에만 분포하며, 파파야와 귤류를 가해하는 심각한 해충이다. 다식성 해충이므로 검역적으로 주의할 필요가 있다.
금지 II	*Bactrocera passiflorae* (Froggatt, 1911) 피지과실파리(신칭)	캐슈넛, 파파야, 귤류, 가지, 아보카도를 비롯한 많은 숙주식물을 가해하는 주요 해충이다. 피지와 인근 도서에만 분포하나, 다식성 해충이므로 검역적으로 주의할 필요가 있다.
금지 II	*Bactrocera trilineola* Drew, 1989 바누아투과실파리(신칭)	바누아투에 서식하며 망고 등 다양한 작물을 가해하는 주요해충이다. 국내 노지작물의 해충으로 알려져 있지는 않으나, 다식성이므로 검역적으로 주의할 필요가 있다.
금지 II	*Bactrocera xanthodes* (Broun, 1904) 섬과실파리(신칭)	남태평양의 피지나 사모아 등의 섬에 분포한다. 빵나무의 주요해충으로 알려져 있으나, 20개 식물과를 가해한 기록이 있다. 다식성 해충이므로 검역적으로 주의할 필요가 있다.

금지 II	*Bactrocera trilineola* Drew, 1989 바누아투과실파리(신칭)	바누아투에 서식하며 망고 등 다양한 작물을 가해하는 주요해충이다. 국내 노지작물의 해충으로 알려져 있지는 않으나, 다식성이므로 검역적으로 주의할 필요가 있다.
금지 II	*Bactrocera xanthodes* (Broun, 1904) 섬과실파리(신칭)	남태평양의 피지나 사모아 등의 섬에 분포한다. 빵나무의 주요해충으로 알려져 있으나, 20개 식물과를 가해한 기록이 있다. 다식성 해충이므로 검역적으로 주의할 필요가 있다.
금지 II	*Bactrocera bancroftii* (Tryon, 1927) 뽕나무과실파리(신칭)	호주와 파푸아뉴기니에 분포하며, 뽕나무류를 가해하는 협식성해충이다. 국내 작물로는 뽕나무나 구찌뽕나무의 열매를 가해할 위험성이 있다.
금지 II	*Bactrocera caryeae* (Kapoor, 1971) 인도귤과실파리(신칭)	6개 식물의 과에 속하는 과실을 가해하는 협식성 해충이다. 한국 재배식물종류 중에서는 귤류를 가해하므로 주의할 필요가 있다.
금지 II	*Bactrocera occipitalis* (Bezzi, 1919) 필리핀귤과실파리(신칭)	귤류, 구아바, 망고 등을 가해하는 협식성 해충이다. 한국 재배식물로는 귤류를 가해하므로 주의할 필요가 있다.
금지 II	*Bactrocera trivialis* (Drew, 1971) 뉴기니과실파리(신칭)	뉴기니에 주로 서식하며 10개 식물과를 가해한 기록이 있는 협식성 해충이다. 한국 재배식물로는 고추, 복숭아를 가해할 수 있다.
금지 II	*Anastrepha serpentina* (Wiedemann, 1830) 사포테과실파리(신칭)	미국 남부에서 중남미까지 분포하며, 국내 작물로는 귤류를 공격할 가능성이 있다. 일반적으로 심각한 해충으로는 취급되지는 않으나, 다식성 해충이므로 검역적으로 주의할 필요가 있다.
금지 II	*Rhagoletis cingulata* (Loew, 1862) 체리과실파리(신칭)	북미에서 양벚나무 열매를 가해하는 주요 해충이며, 분포구역의 기후가 한국과 유사하므로 침입시 정착할 확률이 크다. 실제로 스위스와 이태리에 정착하였다.
금지 II	*Rhagoletis cerasi* (Linnaeus, 1758) 유럽양벚과실파리(신칭)	유럽에서 양벚나무 열매를 가해하는 주요 해충이며, 분포구역의 기후가 한국과 유사하므로 침입시 정착확률이 크다.
금지 II	*Rhagoletis completa* Cresson, 1929 남방호두과실파리(신칭)	멕시코와 미국 남부 원산으로 유럽 남부에 정착한 기록이 있다. 한국 남부에도 정착이 가능한 해충으로 사료된다. 실제로 스위스와 이태리에 정착하였다.
금지 II	*Dacus ciliatus* Loew, 1862 에티오피아과실파리(신칭)	박과식물(열매)을 가해한다. 아프리카 원산이나, 중동이나 인도, 파키스탄 등지에 도입이 되었으므로 침투성이 높은 해충이다.
금지 III	*Zeugodacus diversus* (Coquillett, 1904) 남방호박꽃과실파리(신칭)	박과식물(꽃)을 가해하며 분포범위가 넓어 파키스탄에서 중국 남서부까지 서식한다. 도입시 제주도의 박과식물을 공격할 가능성이 있다

금지 III	*Bactrocera pyrifoliae* Drew & Hancock, 1994 태국복숭아과실파리(신칭)	베트남과 태국의 북부에 서식하며 주로 핵과류를 가해하는 해충이다. 한국에서는 복숭아, 배 등을 가해할 위험이 있다.
금지 III	*Bactrocera bryoniae* (Tryon, 1927) 호주고추과실파리(신칭)	바나나, 고추 등을 가해하는 협식성 해충이며, 파푸아뉴기니 및 호주, 비스마르크 군도에만 분포한다. 고추를 공격하는 해충이므로 주의할 필요가 있다.
금지 III	*Bactrocera halfordiae* (Tryon, 1927) 할포디아과실파리(신칭)	호주 서부에 분포하며 귤류 등을 가해하는 협식성 해충이다.
금지 III	*Zeugodacus decipiens* (Drew, 1972) 파푸아호박과실파리(신칭)	파푸아뉴기니의 뉴브리튼섬으로 분포가 제한된 편이나, 도입시 제주도에서 재배하는 박과식물을 가해할 가능성이 있다.
금지 III	*Zeugodacus scutellaris* (Bezzi, 1913) 동남아호박꽃과실파리(신칭)	박류의 꽃을 가해하며 분포범위가 넓어 중국 남서부까지 서식한다, 도입시 제주도의 박과식물을 공격할 가능성이 있다.
금지 III	*Dacus solomonensis* Malloch, 1939 솔로몬호박과실파리(신칭)	솔로몬 군도 및 부건빌섬에 분포하며, 호박이나 오이를 가해하는 해충이다.
금지 III	*Zeugodacus strigifinis* (Walker, 1861) 호주호박꽃과실파리(신칭)	인도네시아, 파푸아뉴기니, 호주 등지에서 박류의 꽃을 가해하며, 도입시 제주도의 박과식물을 공격할 가능성이 있다.
금지 III	*Zeugodacus triangularis* (Drew, 1968) 뉴기니호박꽃과실파리(신칭)	뉴기니의 비스마르크제도에 분포하며 박류의 꽃을 가해한다. 도입시 제주도의 박과식물을 공격할 가능성이 있다.
금지 III	*Bactrocera oleae* (Rossi, 1790) 올리브과실파리(신칭)	올리브류의 주요 해충이며, 제주도에서도 올리브의 재배가 시작되었으므로 금지과실파리로 격상할 필요가 있다.
금지 III	*Bactrocera musae* (Tryon, 1927) 바나나과실파리(신칭)	바나나의 주요 해충이나, 9개 식물과의 다양한 종들을 가해한 기록이 있어 주의가 요망된다.
금지 III	*Plioreocepta poeciloptera* (Schrank, 1776) 아스파라거스과실파리(신칭)	유럽에서 아스파라거스의 주요 해충이다. 한국에서 아스파라거스 재배가 증가추세이며, 온대지역 분포 해충이므로 금지과실파리로 격상할 필요가 있다.
금지 III	*Rhagoletis indifferens* Curran, 1932 서부양벚과실파리	북미에서 양벚나무 열매의 주요 해충이다. 스위스에 침입 및 정착했던 기록이 있으며, 한국과 비슷한 분포기후대를 가지므로 주의할 필요가 있다.
금지 III	*Rhagoletis fausta* (Osten Sacken, 1877) 블랙체리과실파리(신칭)	북미에서 양벚나무 열매의 주요 해충이다. 한국과 비슷한 분포기후대를 가지므로 주의할 필요가 있다.
금지 III	*Rhagoletis suavis* (Loew, 1862) 호두과실파리(신칭)	북미에 분포하며 해충성은 남방호두과실파리에 못 미치나, 한국과 비슷한 분포기후대를 가지므로 주의할 필요가 있다.

금지 III	*Anastrepha striata* Shiner, 1868 신세계구아바과실파리(신칭)	중남미에서는 구아바의 해충으로 알려져 있으며, 그 외에도 다양한 식물을 가해한 기록이 있다. 한국의 노지에 재배되는 식물종을 가해한 기록은 없으나 다식성 해충이므로 주의할 필요가 있다.
금지 III	*Bactrocera tuberculata* (Bezzi, 1916) 중국망고과실파리(신칭)	중국남부와 버마에 분포하며 8개 식물과를 가해한 기록이 있는 협식성 해충이다. 주로 망고와 파파야의 중요성이 비교적 적은 해충으로 알려져 있다.
금지 III	*Zonosemata electa* (Say, 1830) 고추과실파리	북미에 분포하며 고추 및 가지를 간혹 공격하는 해충으로 알려져 있다. 한국과 비슷한 분포기후대를 가지므로 주의할 필요가 있다.
금지 III	*Ceratitis quinaria* (Bezzi, 1918) 닷점박이과실파리(신칭)	아프리카에 분포하며 주요 해충으로 인식된 적은 없으나, 한국 도입시 살구, 복숭아, 귤류를 가해할 수 있다.
관리 IV	*Anastrepha grandis* (Macquart, 1846) 남미호박과실파리(신칭)	남미에서 박과식물을 공격하며 분포도 비교적 제한된 편이나, 도입시 제주도의 박과식물을 공격할 가능성이 없지 않음.
관리 IV	*Bactrocera albistrigata* (deMeijere, 1911) 동남아망고과실파리(신칭)	동남아에 분포하며, 한국에서 노지재배되는 작물 종을 가해한 기록은 없다. 그러나 6개의 식물과를 가해한 기록으로 볼 때, 협식성과 다식성의 중간 위치를 차지하므로 주의할 필요가 있다.
관리 IV	*Zeugodacus atrisetosus* (Perkins, 1939) 남방호박과실파리(신칭)	파푸아뉴기니에서 박과식물을 가해하는 해충이며, 도입시 제주도의 박과식물을 공격할 가능성이 없지 않다.
관리 IV	*Zeugodacus caudatus* (Fabricius, 1805) 열대호박꽃과실파리(신칭)	인도에서 대만까지 널리 분포하며, 박류를 가해한다. 도입시 제주도의 박과식물을 가해할 가능성이 없지 않다.
관리 IV	*Zeugodacus hochii* (Zia, 1936) 수세미과실파리(신칭)	동남아에 분포하며, 수세미를 비롯한 3종의 박과식물을 가해하는 것으로 알려져 있다.
관리 IV	*Zeugodacus mundus* (Bezzi, 1919) 애호박과실파리(신칭)	대만과 필리핀에 분포하며, 애호박류를 가해한다.
관리 IV	*Euleia heraclei* (Linaneus, 1758) 셀러리과실파리(신칭)	분포범위로 볼 때, 도입시 한국에 정착될 확률이 큼. 일반 작물로는 셀러리를 가해할 수 있으며, 산형과(Apiaceae)에 속하는 당귀 등의 약초를 가해할 가능성이 크므로 주의할 필요가 있다.
관리 IV	*Euphranta canadensis* (Loew, 1873) 커런트과실파리(신칭)	국내에서 커런트류의 재배가 시작되었으며, 같은 속의 까치밥나무가 자생한다. 따라서 북미에 서식하는 이 해충의 도입시 정착할 가능성이 있으므로, 관리등급을 유지할 필요가 있다.
관리 IV	*Rhagoletis mendax* (Curran, 1932) 블루베리과실파리(신칭)	북미에서 블루베리의 주요 해충이다. 국내의 블루베리 재배농가의 증가에 따라 주목할 필요가 있다. 분포 기후대가 한국과 비슷하므로 도입시 정착가능성이 높다.

1 메틸유제놀(Methyl eugenol : ME) 유인 과실파리의 방제 매뉴얼

1.1 ME 유인 과실파리 종류

등급	순위	종명	한국명	유인제	등급분류 근거
I	12	*Bactrocera jarvisi* (Tryon, 1927)	자비스과실파리(신칭)	ZN	호주에 광범위하게 분포하며 다양한 작물을 가해하는 심각한 해충이다. 한국 작물로는 복숭아, 자두, 배, 귤류 등을 가해할 수 있다.
II	23	*Bactrocera kraussi* (Hardy, 1951)	크라우스과실파리(신칭)	MI	호주 동북부에 분포하는 주요 다식성 해충이다. 국내 작물로는 귤류를 가해할 수 있다.
II	24	*Bactrocera curvipennis* (Froggatt, 1909)	뉴칼레도니아과실파리(신칭)	MI	뉴칼레도니아에 제한적으로 서식하나, 20개 식물과를 가해는 중요한 다식성 해충이다.국내 작물로는 귤류를 가해할 수 있다.
II	26	*Bactrocera kirki* (Froggatt, 1911)	키르크과실파리(신칭)	ZN	사모아, 통가, 타히티 등 남태평양의 섬들에 분포하는 심각한 다식성 해충으로 국내 작물로는 귤류 등을 가해할 수 있다.
II	31	*Bactrocera xanthodes* (Broun, 1904)	섬과실파리(신칭)	MI	남태평양의 피지나 사모아 등의 섬에 분포한다. 빵나무의 주요해충으로 알려져 있으나, 20개 식물과를 가해한 기록이 있다. 다식성 해충이므로 검역적으로 주의할 필요가 있다.
II	34	*Bactrocera occipitalis* (Bezzi, 1919)	필리핀귤과실파리(신칭)	ME	귤류, 구아바, 망고 등을 가해하는 협식성 해충이다. 한국 재배식물로는 귤류를 가해하므로 주목할 필요가 있다
III	42	*Zeugodacus diversus* (Coquillett, 1904)	남방호박꽃과실파리(신칭)	MI	박류를 공격하며 분포범위가 넓어 인도부터 중국 남서부까지 서식한다. 도입시 제주도의 박과식물을 공격할 가능성이 있다.
III	45	*Bactrocera halfordiae* (Tryon, 1927)	할포디아과실파리(신칭)	IE	호주 동부에 분포하며 귤류 등을 가해하는 협식성 해충이다.
III	51	*Bactrocera musae* (Tryon, 1927)	바나나과실파리(신칭)	ME	바나나의 주요 해충이나, 9개 식물과의 다양한 종들을 가해한 기록이 있어 주의가 요망된다.

1.2 생태 및 발생예찰

1.2.1 생태적 특성

유인제 ME-그룹은 기본적으로 Dorsalure(1,2-dimethoxy-4-(2-propenyl)benzene)을 유인제로 사용하는 과실파리 종류로서 화학적으로 유사한 구조의 다양한 유인제가 종에 적용 적용되고 있다. 이 그룹에는 ME(methyl eugenol), MI(methyl isoeugenol), DE(dihydroeugenol), IE (isoeugenol), ZN(zingerone), EGO(enriched ginger oil) 등의 유인제가 포함되어 있다.

(1) 자비스과실파리(*Bactrocera jarvisi*)

호주 전지역에 분포하는 과실파리로 망고의 중요한 해충으로 알려져 있으며(CABI, 2017bj) 분포지역은 야생기주식물인 코키 사과(cocky apple)과 밀접히 연관되어있다(Dominiak and Worsley, 2017). 기존에 수컷 유인제로 Cue-lure가 알려져 있지 있으며(Margosian et al., 2007), 근래 야외 실험결과 진저론(zingerone)에도 잘 유인되는 것으로 알려져 있다(Fay, 2012). 따라서 유인제로 진저론을 사용할 수 있을 것이다.
온도발육 등 생태자료가 알려져 있지 않은 과실파리로 호주에서 같이 분포하고 같은 유인제를 사용할 수 있는 퀸즐랜드과실파리에 준하여 예찰모형을 적용한다.

○ **기주식물**(White and Elson-Harris, 1992; Drew and Romig, 1997; Margosian et al., 2007; PBCRC, 2019bj)

기주식물 구분	기주식물 목록	비고
1차 기주식물		
2차 기주식물	• 인과류 : 배, 사과 • 채소류 : 토마토	
기주기록	• 감귤류 : 오렌지, 자몽 • 인과류 : 마르멜로 • 준인과류 : 감 • 장과류 : 석류 • 핵과류 : 복숭아(*), 살구 • 열대작물 : *Annona*류, *Syzygium*류, 구아바(*), 망고(*), 바나나(*), 열대아몬드, 파파야(*), 호코테	*심한 피해 **실내사육성공 ***검정요

* USDA에서 아몬드(sweet almond)를 기주로 표기한 것은 White and Elson-Harris (1992)의 열대아몬드 기록에서 유래한 것으로 보임

○ **분포지역**(Drew and Romig, 1997; Leblanc et al., 2012; CABI, 2017bj; Plant Health Australia, 2018)

분포지역 구분	국가	비고
확산지역		
제한적 분포	• 오세아니아 : 호주(동부와 북부. Northern Territory, New South Wales, Queensland, Western Austalia (Broome))	
분포기록	• 아시아 : 인도네시아(West Papua) • 오세아니아 : 파푸아뉴기니	존재유무만 언급된 경우

(2) 크라우스과실파리(*Bactrocera kraussi*)

호주 동북부에 분포하는 주요 다식성 해충으로 망고, 구아바, 바나나, 만다린, 오렌지 등 중요한 과수의 과일에서 발생한다(PBCRC, 2019bk). Cuelure에도 유인되나(Margosian et al., 2007) isoeugenol에 더 잘 유인되는 것으로 알려져 있다(Royer, 2015).

생태자료가 없는 상태로 형태적으로 매우 유사한(PBCRC, 2019) 퀸즐랜드과실에 준하여 세대예찰을 실시한다.

○ **기주식물**(White and Elson-Harris, 1992; Plant Health Australia, 2018; PBCRC, 2019bk)

기주식물 구분	기주식물 목록	비고
1차 기주식물		*심한 피해 **실내사육성공 ***검정요
2차 기주식물		
기주기록	• 감귤류(*) : 만다린, 오렌지, 자몽 • 핵과류 : 복숭아 • 열대작물 : 구아바(*), 망고(*), 바나나(*), 열대재배 체리(*Eugenia brasiliensis*), 카람볼라	

○ **분포지역**(White and Elson-Harris, 1992; Plant Health Australia, 2018)

분포지역 구분	국가	비고
확산지역		
제한적 분포		
분포기록	• 오세아니아 : 호주(동북부. Queensland, Torres Strait Islands)	존재유무만 언급된 경우

(3) 뉴칼레도니아과실파리(*Bactrocera curvipennis*)

이 종은 뉴칼레도니아에 제한적으로 서식하나, 귤류를 비롯한 다양한 식물을를 가해하는 다식성 해충으로 기존 유인제로 적용하고 있는 Cue-Lure (Margosian et al., 2007; Leblanc and Amice, 2000) 보다 ME에 15배 이상 유인력이 더 높은 것으로 보고되었다(Royer et al., 2019). 뉴칼레도니아에서 우점하였으나 퀸즐랜드과실파리 침입후 경쟁적으로 배제되고 있다(Amice and Sales, 1997).

생태자료가 알려져 있지 않으며 경쟁종인 퀸즐랜드과실파리나 작은퀸즐랜드과실파리와 유전적으로 가까운 종으로 보고되었다(Krosch et al., 2012). 따라서 퀸즐랜드과실파리 세대모형에 준하여 예찰모형을 적용할 수 있다.

○ **기주식물**(White and Elson-Harris, 1992; Margosian et al., 2007; Leblanc et al., 2012; PBCRC, 2019bcu)

기주식물 구분	기주식물 목록	비고
1차 기주식물		*심한 피해 **실내사육성공 ***검정요
2차 기주식물		
기주기록	• 감귤류(*) : 금귤, 라임, 레몬, 만다린, 시트론, 오렌지, 자몽, 탄제린, 포멜로 • 견과류 : • 인과류 : 비파 • 준인과류 : • 장과류 : 딸기, 무화과속 일종(*Ficus pancheriana*), 오디 • 채소류(*) : 토마토, 피망(bell pepper) • 핵과류 : 대추, 복숭아(*), 자두 • 열대작물 : *Annona*류(*), *Syzygium*류(*), 구아바(*), 망고(*), 바나나(***), 사포테(*), 열대아몬드, 열대재배 자두(*Ximenia americana*), 열대재배 체리(*Eugenia uniflora*), 카람볼라(*), 캐슈넛, 커피(*), 파파야(*), 패션프룻	

○ **분포지역**(Allwood et al., 1999; Leblanc et al., 2012; SPC, 2013bcu; Plant Health Australia, 2018)

분포지역 구분	국가	비고
확산지역		
제한적 분포		
분포기록	• 오세아니아 : 뉴칼레도니아, 바누아투(Aneityun island)	존재유무만 언급된 경우

(4) 키르크과실파리(*Bactrocera kirki*)

이 종은 사모아, 폴리네시아, 피지, 통가 등에 분포하는 종으로 아보가도, 체리, 구아바, 망고, 말레이 사과 등에 피해를 준다(ACIAR, 2017). ACIAR(2017)에 B. kirki는 산란 2일내 부화하고, 산란후 18~20일 성충으로 우화하는 것으로 기록되어 있다. 기타 *B. xanthodes*, *B. distincta*, *B. obscura*, *B. aenigmatica*, *B. samoae* 등의 발육도 같은 기준을 적용하였다. 이 자료로부터 상온 25℃에서 세대기간 31.5일을 추정하고, 임의의 발육영점온도 10℃를 적용하여 적산온도 472.5DD를 추정하였다.

○ **기주식물**(White and Elson-Harris, 1992; Margosian et al., 2007; Leblanc et al., 2012; CABI, 2019bki; PBCRC, 2019bki)

기주식물 구분	기주식물 목록	비고
1차 기주식물	• 열대작물 : 구아바(*)	*심한 피해 **실내사육성공 ***검정요
2차 기주식물		
기주기록	• 감귤류(*) : 라임, 만다린, 오렌지, 포멜로 • 견과류 : 밤 • 인과류 : 비파 • 채소류 : 가지, 고추(*), 토마토, 피망(bell pepper)(*) • 핵과류 : 복숭아 • 열대작물 : *Annona*류(*), *Syzygium*류(*), 망고(*), 아보카도(*), 열대아몬드, 열대재배 체리(*Eugenia brasiliensis, Eugenia uniflora*), 카람볼라(*), 캐슈넛, 파인애플, 파파야(*), 패션프룻(*), 호코테	

○ **분포지역**(Drew and Romig, 1997; Allwood et al., 1999; Leblanc et al., 2012; SPC, 2013bki; Plant Health Australia, 2018; CABI, 2019bki)

분포지역 구분	국가	비고
확산지역		
제한적 분포		
분포기록	• 오세아니아 : 니우에, 사모아, 아메리칸사모아, 월리스푸투네, 통가, 프랑스령 폴리네시아 (Austral Islands, Tahiti), 피지(Rotuma)	존재유무만 언급된 경우

(5) 섬과실파리(*Bactrocera xanthodes*)

이 종은 피지, 사모아, 통가 등에 분포하며 파파야, 빵과일(breadfruit)을 가해한다. 사모아에서는 파파야 "sunset" 품종 4~31%와 토착품종 19-37%의 피해를 주며, 빵과일에 대한 피해는 아메리칸 사모아에서 최대 62%, 나우루에서는 12%로 보고되었다(SPC, 2013bx). 섬과실파리의 발육은 26°C에서 알기간은 1.8일이었고 알에서 번데기까지 기간은 10일 이었으며, 산란전기간은 12일 이었다(Clare, 1997). 따라서 알-알기간은 *B. xanthodes*은 35일이 되었다. 따라서 임의의 발영점온도 10°C에서 세대기간 적산온도는 560.0DD로 추정되었다.

○ **기주식물**(White and Elson-Harris, 1992; Margosian et al., 2007; Leblanc et al., 2012; Leblanc et al., 2013b; PBCRC, 2019bx)

기주식물 구분	기주식물 목록	비고
1차 기주식물		*심한 피해 **실내사육성공 ***검정요
2차 기주식물		
기주기록	• 감귤류 : 금귤, 만다린, 오렌지, 포멜로 • 견과류 : 밤 • 인과류 : 수박 • 채소류 : 토마토, 피망(bell pepper) • 열대작물 : *Annona*류, 구아바, 망고(***), 스타애플, 아보카도, 열대아몬드, 코코아, 파인애플, 파파야(*), 패션프룻	

○ **분포지역**(White and Elson-Harris, 1992; Leblanc et al., 2012; Allwood et al., 1999; Drew and Romig, 1997; Plant Health Australia, 2018)

분포지역 구분	국가	비고
확산지역		
제한적 분포	• 오세아니아 : 쿡 제도(남부), 프랑스령 폴리네시아(Austral 군), 피지(Rotuma)	
분포기록	• 오세아니아 : 나우루, 니우에, 바누아투, 사모아, 아메리칸사모아, 월리스푸투나, 통가	존재유무만 언급된 경우

(6) 필리핀귤과실파리(*Bactrocera occipitalis*)

필리핀, 보르네오 지역에 분포하고 망고, 구아바, 라임 등을 가해하는 과실파리이며, *B. carambolae*나 *B. endiandrae*와 형태적으로 매우 유사하다(PBCRC, 2019bo). 처음 1996년

Palau에서 채집되어 오리엔탈과실파리로 동정되었으나 다른 종으로 구분하며 같은 종군으로 취급하고 있다(SPC, 2013bo). 생태자료가 알려져 있지 않으며 세대예찰은 오리엔탈과실파리에 준한다.

○ **기주식물**(White and Elson-Harris, 1992; Allwood et al., 1999; SPC, 2013bo; PBCRC, 2019bo)

기주식물 구분	기주식물 목록	비고
1차 기주식물	• 열대작물 : 망고(*)	*심한 피해 **실내사육성공 ***검정요
2차 기주식물		
기주기록	• 감귤류 : 라임(*) • 열대작물 : 구아바(*)	

○ **분포지역**(Drew and Romig, 1997; SPC, 2013bo; Plant Health Australia, 2018)

분포지역 구분	국가	비고
확산지역		
제한적 분포		
분포기록	• 아시아 : 말레이시아(Sabah), 브루나이, 인도네시아(Kalimantan), 필리핀 • 오세아니아 : 팔라우	존재유무만 언급된 경우

(7) 남방호박꽃과실파리(*Bactrocera diversa*)

이 종은 동물이명 *Dacus diversus*, *D. citronellae*, *D. quadrifidus*로 기록된 바 있으며 Anacardiaceae, Apocynaceae, Cucurbitaceae, Musaceae, Myristicaceae, Myrtaceae, Rutaceae, Solanaceae. Brassicaceae 등 다양한 식물의 과실, 싹, 꽃 등을 가해한다(Carroll et al., 2004). 남방호박꽃과실파리는 인도, 방글라데시, 쓰리랑카, 네팔, 중국, 파키스탄 등 동남아 지역에 분포하고 박과류의 꽃을 주로 발생하며, ME에 수컷이 약하게 유인된다(Nair et al., 2017).

남방호박꽃과실파리에 대한 생태자료가 알려져 있지 않으며 열대호박꽃과실파리나 타우과실파리와 유전적으로 가까운 위치에 있으므로(Krosch et al., 2012) 타우과실파리에 준하여 예찰모형을 적용한다.

○ **기주식물**(White and Elson-Harris, 1992; Allwood et al., 1999; Margosian et al., 2007)

기주식물 구분	기주식물 목록	비고
1차 기주식물		*심한 피해 **실내사육성공 ***검정요
2차 기주식물		
기주기록	• 감귤류 : 오렌지(***) • 박류 : Luffa, 박(gourd)(***), 호박 • 열대작물 : *Syzygium*류(***), 구아바(***), 망고(***), 바나나	

○ **분포지역**(White and Elson-Harris, 1992, Nair et al., 2017)

분포지역 구분	국가	비고
확산지역		
제한적 분포	• 아시아 : 인도(북부)	
분포기록	• 아시아 : 네팔, 방글라데시, 베트남(북부), 부탄, 스리랑카, 중국, 태국, 파키스탄	존재유무만 언급된 경우

(8) 할포디아과실파리(*Bactrocera halfordiae*)

호주북부 뉴 사우스 웨일즈에 분포하며, 감귤과 비파 등을 가해하는 것으로 May(1963)가 보고하였으나 퀸즐랜드과실파리의 오동정일 가능성이 있다고 평가하였다(DPIPWE, 2011 : Tasmania). 하지만 호주 자체에서 감귤류가 중요한 기주로 기록하고 있다(Hancock, et al., 2000). 기존 수컷유인제가 알려져 있지 않았으나 isoeugenol(IE)이 dihydroeugenol(DE)에 비하여 25배 유인력이 좋았고, 다른 유인제에는 반응하지 않았다(Royer, 2015).
이 종에 대한 상세한 생태자료는 알려져 있지 않은 상태이다. 동일한 환경에서 공존하는 퀸즐랜드과실파리 예찰모형에 준하여 적용한다.

○ **기주식물**(White and Elson-Harris, 1992; Margosian et al., 2007)

기주식물 구분	기주식물 목록	비고
1차 기주식물		*심한 피해 **실내사육성공 ***검정요
2차 기주식물		
기주기록	• 감귤류(***) : 금귤, 만다린, 오렌지, 자몽 • 인과류 : 비파(***) • 장과류 : 무화과(***) • 열대작물 : 열대재배 체리(*Eugenia uniflora*)(***)	

○ **분포지역**(White and Elson-Harris, 1992)

분포지역 구분	국가	비고
확산지역		
제한적 분포		
분포기록	• 오세아니아 : 호주(동부)	존재유무만 언급된 경우

(9) 바나나과실파리(*Bactrocera musae*)

이 종은 호주원산으로 파푸아뉴기니, 솔로몬 군도 등에 분포하며 바나나의 중요한 해충이고, 파파야, 구아바, 자두에서도 간헐적으로 관찰되는 종이다(CABI, 2019bm). 기타 고추, 구아바, 토마토에도 발생기록이 있다(Smith, 1977).

성충은 다자란 녹색의 바나나에 알을 낳으며 알기간은 3~11일로 바나나가 11일내에 연화되지 않으면 부화하지 못한다. 유충기간은 7~11일, 번데기 기간은 7~10일이다(Smith, 1977). 온도발육자료가 부족하므로 평균 알기간 7.0일, 유충기간 9.0일, 번데기 기간 8.5일, 산란전기간 임의로 12.0일을 적용하여 알-알기간 36.5일을 추정하였다. 야외 평균온도를 26°C와 발육영점온도를 10°C로 적용하였을 때 세대완료에 필요한 적산온도는 584.0DD로 추정되었다.

○ **기주식물**(White and Elson-Harris, 1992; Margosian et al., 2007; Leblanc et al., 2012; SPC, 2013bm; CABI, 2019bm; PBCRC, 2019bm)

기주식물 구분	기주식물 목록	비고
1차 기주식물	• 열대작물 : 바나나(*)	*심한 피해 **실내사육성공 ***검정요
2차 기주식물	• 열대작물 : 구아바, 파파야	
기주기록	• 열대작물 : 열대재배 자두(*Ximenia americana*)	

○ **분포지역**(Drew and Romig, 1997; Leblanc et al., 2012; SPC, 2013bm; Plant Health Australia, 2018; CABI, 2019bm)

분포지역 구분	국가	비고
확산지역		
제한적 분포		
분포기록	• 오세아니아 : 파푸아뉴기니(mainland, New Britain(동부), 호주(동북부. Queensland, Torres Strait Islands)	존재유무만 언급된 경우

1.2.2 발생예찰

과실파리 긴급조치 상황에서 세대기간 예찰모형을 이용하여 모니터링의 지속여부를 결정한다. 평균대기온도에서 발육영점온도(LT) 이상의 온도를 누적하여 해당 적산온도(DD)에 도달되었을 때 1세대가 완료된다.

표 5-2 ME-유인제 그룹 과실파리 발생예찰용 온도발육 매개변수

기존 등급	신규 등급	한국명	생활사	월동태	예찰모형	LT	DD	비고
금지	I	자비스과실파리	연중발생	-	세대기간	11.1	446.6	QFF
금지	II	크라우스과실파리	연중발생	-	세대기간	11.1	446.6	QFF
	II	뉴칼레도니아과실파리	연중발생	-	세대기간	11.1	446.6	QFF
	II	키르크과실파리	연중발생	-	세대기간	10.0	472.5	
	II	섬과실파리	연중발생	-	세대기간	10.0	560.0	
	II	필리핀귤과실파리	연중발생	-	세대기간	9.5	717.0	OFF
	II	남방호박꽃과실파리	연중발생	-	세대기간	6.0	525.4	
금지	III	할포디아과실파리	연중발생	-	세대기간	11.1	446.6	QFF
	III	바나나과실파리	연중발생	-	세대기간	10	584.00	

1.3 모니터링 및 방제기술

1.3.1 모니터링 기술

과실파리류에서 사용하는 발견과 발생의 용어는 다음과 같이 정의된다.

○ 발견과 발생

구분	정의
발견	• 발생 전 단계 • 무발생으로 간주되나 긴급조치 추진 • 정착되지 않았으나 당분간 생존 가능한 고립된 집단이 검출된 경우
발생	• 국제기구, 수출상대국 등에 의무통보 • 대내·외 공식 발표 • 국가 주도의 방제작업 추진 • 다수가 검출되거나 정착되어 지속적으로 존재하는 경우

○ **과실파리의 발생 기준**

- 알, 유충, 번데기 또는 교미한 암컷 1마리 이상 또는
- 1세대 이내에 발견지 중심(14.4 × 14.4km) 안에서 성충 5마리 이상이 트랩에서 검출된 경우(수컷, 미교미 암컷)

종류	목적	방법	조사범위	조사횟수 및 기간
상시모니터링	조기탐지용	델타트랩	주요 기주 재배지역 및 항구, 항만지역 (전국 1,000 개 지점)	연중
		순회모니터링	재배기주 및 이동기주 조사	월 1-2 회
긴급모니터링	분포한계조사	델타트랩	발견지 중심 14.4 km 격자	1 회/일(첫 1주) 2 회/주(첫 세대) 0.5 회/주(2-3세대)
		기주조사	발견지 중심 200 m 반경	1 회 및 폐기 처리

1.3.1.1 유인제 제조 및 트랩설치

(1) 왁스제형 ME 방출기 제조와 델타트랩

델타트랩은 (주)그린아그로텍에서 시판하는 트랩을 이용한다. 여기에 ME를 방출하는 왁스형 방출기를 제작하고 약 7 mL를 미끼 자리에 넣어준다.

성분	무게(g)	공급처
파라핀왁스	300	EMD Millipore Corporation, MA, USA
유화제(Almax 3600)	60	Illshinwells, Seoul, Korea
α -Tocopherol	20	Sigma, St Louis, MO, USA
Jojoba 오일	20	Sigma, St Louis, MO, USA
응칠이	2	㈜고려바이오, 한국
Methl eugenol (ME)	100	Sigma-Aldrich Korea
증류수	498	
전체	1,000	

왁스형방출기의 제작은 우선 파라핀왁스(EMD Millipore Corporation, MA, USA)를 가열자석교반기에서 약 70℃에서 용해시킨 후 300 rpm 속도로 용해된 왁스를 고르게 만든다.

이때 유화제(Emulsifier, Almax 3600, Illshinwells, Seoul, Korea)를 첨가하면서 회전 속도를 500 rpm으로 증가시킨다. 유화제가 고르게 혼합되면 항산화물질인 α-tocopherol (Sigma-Aldrich Korea), Jojoba oil (Sigma-Aldrich Korea)을 첨가한다. 여기서 ME을 첨가한다. 마지막으로 친환경작물보호제(응칠이, 고려바이오)를 첨가한다. 모든 성분이 용해된 후 탈이온증류수를 넣고 1,000 rpm에서 10 분간 교반한다. 이를 상온에서 서서히 식힌 후 사용 전 까지 냉장(4℃) 보관한다.

델타트랩 설치와 조사는 다음과 같이 한다.

1) 트랩을 나무에서 수거한다.
2) 끈끈이판을 꺼내고 끈끈이판의 아랫면을 포함한 전체를 조사하여 과실파리 등 곤충의 포획 여부를 확인한다.
3) 끈끈이판에 부착된 나뭇잎이나 가지 등을 제거하며 이 때 제거하는 물질에 곤충이 부착되어 있는지 살핀다. 곤충이 포획되지 않았을 경우 끈끈이판이 계속 사용하기에 적당한지를 살핀다. 끈끈이판에 과실파리가 포획된 경우 끈끈이판을 수거하여 판으로 덮고 날짜와 트랩 번호를 기록한다.

유인제 교환은 다음의 표에서 보듯 계절에 따라 서로 다른 기간 주기로 교체한다.

시기	유인제 교체 간격
12-3월	16주
4-11월	16주
총 연간 교체수	3회 교체

(2) 단백질먹이 유인제와 맥페일 트랩

단백질먹이 유인제는 다음의 조성으로 제조한다. 제조된 원액은 냉장 보관한다. 사용시에는 물로 100 배 희석하여 사용하게 된다.

성분	함량
Yeast	25 g
Sugar	70 g
과일쥬스	80 mL
스피노사드(80% ai)	1 g
Terpinyl acetate	2 mL
Sodium azide	1 g
증류수	40 mL

그림 5-1 단백질 먹이 유인제 조성과 맥페일트랩

맥페일트랩(Pherobank, Wijk bij Duurstede, Netherland)에 액상 단백질 유인제 용액은 저장고의 가장자리 바로 아래까지 채워져야 한다. 맥페일트랩에의 과실파리 포획을 조사하고 트랩을 취급하는 요령은 다음과 같다.

1) 트랩을 나무 아래에서 내용물이 쏟아지지 않도록 수거한다.
2) 이때 트랩 아랫면을 조심스럽게 돌려 살아있거나 용기 내벽에 붙어 있는 과실파리를 용액에 빠지게 한다.
3) 마개를 열고 내용물을 양동이 위에 놓은 체에 걸러낸다. 용기에 붙어 있는 곤충들도 모두 수거한다. 체의 아랫부분을 물에 살짝 담가서 포획된 과실파리의 날개가 펼쳐지도록 한다.
4) 포획된 과실파리 및 기타 곤충들을 70% 에탄올이 담긴 바이알에 담는다.
5) 바이알에 라벨을 부착하고 트랩의 위치 및 종류, 날짜 및 기타 필요 정보를 기입한다.
6) 트랩을 재사용하기 전에 깨끗이 한다. 투명한 부분의 투명도는 과실파리의 포획에 아주 중요하다.

1.3.1.2 상시 모니터링

(1) 조사지역

① 전국 공항·항만 주변 반경 1.6km
② 전국 과실파리 기주식물 대형 재배단지
③ 전국 과일판매시장 주변 200 m

(2) 모니터링 방법

모니터링 방법은 식물검역관이 실시하는 과실파리에 대한 트랩조사와 포장순회모니터링(대상 : 이동 기주)이 있다.

(3) 유형별 모니터링 요령

가. 트랩조사

① 조사기간 : 연중

② 트랩설치 장소 : 전국 1,000 개 운영 (제주도 500 개, 본토 500 개) 공항 · 항만지역, 전국 기주식물 재배단지, 수출 · 입식물 재배지, 과일 판매 시장 주변, 격리재배지, 외국 군부대 주변 등 적절한 장소를 선정한다.

③ 트랩의 설치 밀도는 위험도에 따라 네 등급으로 나누어 결정하여 설치한다.

1) 고위해도 지역(항만, 도시 및 부도심 지역) : 평방마일 당 10 개 설치

2) 중위해도 지역(기타 부도심 지역) : 평방마일 당 5 개 설치

3) 저위해도 지역(기주식물이 없는 농촌 지역) : 평방마일 당 2 개 설치

4) 최저위해도 지역(정착 가능성 없는 지역) : 5 평방마일 당 1 개 설치

④ 트랩설치 방법

기주과일 나무를 우선 선택한다. 기주나무가 없는 도심지역은 그늘진 장소를 선택한다.

⑤ 트랩설치 장소

출입이 편리하고 안정성이 있는 장소를 선택하여 지상에서 1.6~1.8 m 높이에 사방이 잘 트이고 약간 그늘이 있는 곳에 설치한다.

⑥ 트랩설치 간격

유인력에 영향을 주지 않도록 다른 트랩과 최소 5m 이상의 간격을 유지하도록 하고, 설치한 지점의 침입 위험도가 변경되는 등 필요하다고 판단될 경우 트랩설치 지점을 변경한다.

⑦ 유인제 설치 및 교체

메틸유제놀(methyl eugenol : ME) 유인제를 왁스제형에 처리하여 델타트랩에 설치한다. 각 트랩에는 왁스제형 유인물을 투입하고 6 달 간격으로 교체한다.

⑧ 조사횟수

- 동계(12-2월) 월 1회
- 춘계(3-5월) 2주 1회
- 하계(6-9월) 1주 1회
- 추계(10-11월) 2주 1회

⑨ 트랩설치장소 등록

농림축산검역본부(이하 "검역본부"라 한다) 지역본부 · 사무소별로 트랩번를 부여하여 설치한 다음 설치위치의 GPS 좌표를 식물검역통합정보시스템의 금지급 과실파리 예찰방제시스템에 등록한다.

⑩ 유인제 보관

제조된 왁스제형 유인제는 밀봉하여 냉동고에 보관한다.

나. 포장 순회 모니터링

① 조사기간 : 1~12월

② 조사횟수

11~2월에는 월 1회, 3~10월에는 월 2회 이상

③ 조사지역

공항 · 항만지역, 경유물품에 긴급사태가 발생한 지역, 격리재배지, 수출 · 입 식물재배지역 등

④ 기주 조사방법

기형과일, 유충, 알, 식흔, 부패, 배설물 등

(4) 모니터링 결과 등록 및 표본 제작

채집된 모든 과실파리는 분류, 동정하고 그 결과를 금지급 과실파리모니터링방제시스템에 등록한다.

FF 관리 DB

	A	B	C	D	E	F	G	H	I
1	날자	채집지점	트랩	곤충종(추정)	마리수	진단기술	종동정	조치	관리
2	16.3.17	제주(CJ-A-i-47)	ME	B. oroientalis	1	DNA/형태	B. orientalis	OFF 매뉴얼 제10조 1항에 따라 제주본부장통보(3/19)	OFF 매뉴얼 제4항에 따라 긴급방제지역선포(3/20)
3				B. sp.	1	DNA/형태	B. scutellata	무조치	무관리
4				Unknown	1	DNA	B. scutellata	무조치	무관리
5									

동정은 형태지표 및 분자지표를 이용한다. 분자지표의 경우는 신속동정시스템을 이용하고, 정밀동정은 농림축산검역본부의 전문가에게 보내 판정 받는다. 채집된 과실파리는 표본을 제작한 후 라벨을 부착(해충명, 기주, 채집지, 채집일자, 채집자)하여 보관한다.

(5) 상황보고

지역본부장 · 사무소장은 모니터링 결과 새로운 식물병해충(검역병해충, 국내미분포병해충 등)을 발견한 경우 또는 경유물품에 긴급사태가 발생한 경우와 모니터링 요원의 새로운 병해충 신고 및 조치사항을 별지 서식 제3호에 따라 농림축산검역본부(식물방제과)로 계통보고 하고 발견된 병해충 표본을 긴급 송부한다.

[별지 제3호 서식]

새로운 식물병해충 발견상황 보고

구 분	내 용
1. 발견일자	
2. 발견장소	• 주소 : • 농가명 : (TEL)
3. 병해충명	
4. 기주식물 (트랩설치 식물)	
5. 발견상황	• 발견병해충수, 발견정도, 피해증상 등
6. 조치사항	• 긴급조치(약제살포, 폐기 등) 등
7. 기 타	• 병해충 발견자 : 직 성명 • 분류동정자 : 직 성명 • 확인자 : 직 성명 • 기타 참고사항 수입식물의 수입시기, 수입국가, 수입량 농가에서 최초 발견시기 등

1.3.1.3 긴급모니터링

(1) 분포한계조사

가. 트랩 종류와 배치

어떤 지역에서 1 개체 또는 그 이상의 과실파리가 채집될 경우, 침입한 과실파리의 분포한계를 결정하기 위한 조사가 즉시 수행된다. 과실파리가 최초 발견된 지점을 중심으로 그 주변을 1.6 km 간격으로 정사각형(1.6 × 1.6 km) 격자배치구를 설정한 후 중심부에서 주변부로 격자 당 25-5-5-5-5 개의 델타트랩(ME 유인제 사용)을 설치하고, 중심지역에 맥페일트랩(단백질먹이 유살제 사용) 25 개를 추가로 설치한다.

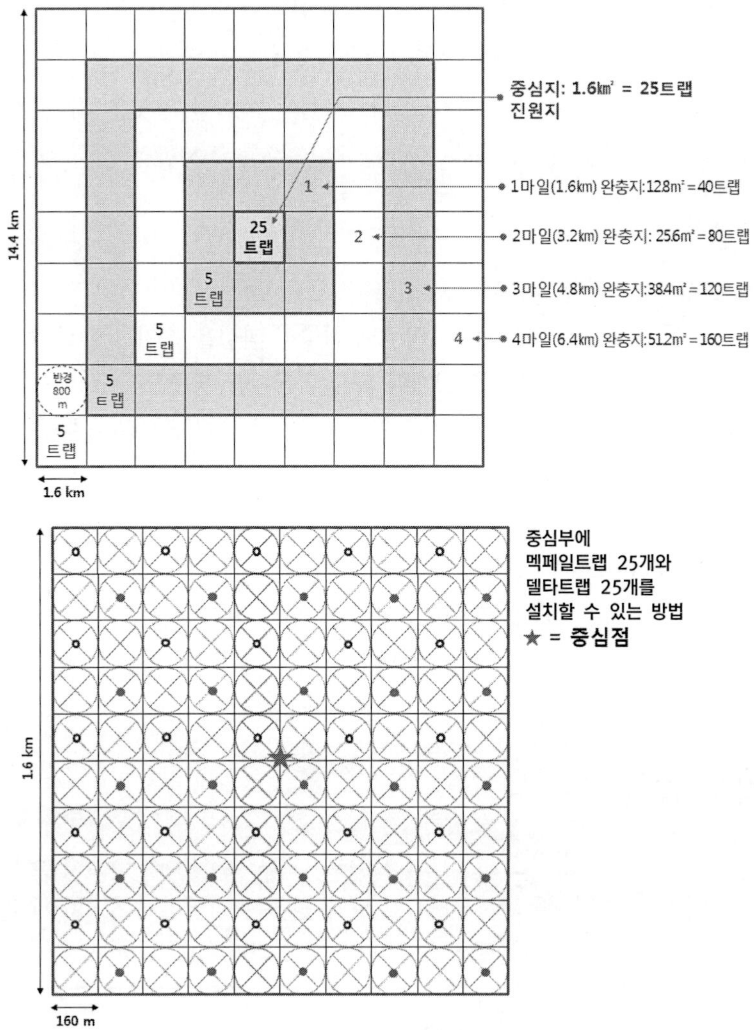

‖ 분포한계조사 예찰트랩설치 ‖

‖ 그림 5-2 ‖ 중심부에 맥페일 트랩 25 개와 델타트랩 25 개를 설치할 수 있는 방법. 청색(원) 및 적색(점)은 각각 이들 트랩의 설치 장소를 가리킨다.

과실파리가 검출된 지점으로부터 14.4 km 밖의 지역은 상시모니터링 설치 지역에 해당하며, 기존의 실시간 모니터링을 지속한다.

나. 트랩 조사기간 및 조사 빈도

① 조사 기간

마지막 발견 후 3 세대 기간으로 세대기간의 계산은 해당 과실파리의 예찰 프로그램을 이용한다.

② 조사 빈도

최초발견 이후 1 주 동안은 매일 조사하고, 그 후 1 세대 기간 동안은주당 2 회 조사한다. 2~3 세대 동안에는 2 주 1 회 조사한다. 트랩에 채집된 암컷은 해부하여 암컷저정낭(spermatheca)에 존재하는 정자의 유무로 교미여부를 조사한다.

(2) 기주 조사

① 과실절개 검사

과실파리 검출지로부터 200 m 이내의 기주식물의 과실을 수거하여 절개하고 미성숙 과실파리의 존재를 확인한다. 이후 절개된 과실은 금지급 생물안전시설에서 27℃와 70% 상대습도를 유지하며 2-3 주 동안 보존하면서 과실파리 존재 유무를 재확인한다. 한편 과실파리 의심 기주가 보존되는 시설은 "수입금지품 수입 및 사후관리요령의 관리장소 요건"을 충족해야한다.

② 발견지 주변 기주 조사

발견지 주변 2.4 km 이내에 위치한 과수원 명부를 작성하고, 기주식물을 조사한다. 이 지역의 과일을 7~10 일 간격으로 조사한다. 이때 과수원 주인을 대상으로 탐문조사도 실시한다.

1.3.2 방제기술

과실파리 방제를 위한 발견과 발생 기준은 대외적 발생 발표와 차이가 있다. 다음의 기준에 따라 발견의 경우는 초기방제를 실시하고, 발생의 경우는 박멸방제를 취하게 된다.

발견	모니터링 트랩에 1 마리 이상 포획된 경우
발생	• 알, 유충, 번데기 또는 교미된 암컷 1 마리 이상 또는 • 발견 후 1 주일 이내에 발견지중심(14.4 × 14.4 km)에서 성충 3 마리 이상이 트랩에 검출된 경우(수컷, 미교미 암컷)

단계	목적	방제 항목	방제적용기술	방제 영역	처리 횟수 및 기간
발견시 방제	조기발견 후 급방제	모니터링	델타트랩	14.4 km 격자	1회/일(첫 1주) 2회/주(첫 세대) 0.5회/주(2-3세대)
		수컷유살제	ME 왁스 도포제	1.6 km 격자 600 개 처리	1회 처리
발생시 방제	초기방제 이후 박멸방제	모니터링	델타트랩	발견지별 14.4 km 격자	1회/일(첫 1주) 2회/주(첫 세대) 0.5회/주(2-3세대)
		방제지역선포	행정조치	14.4 km 격자	박멸기간
		기주 이동 제한	행정조치	14.4 km 격자	박멸기간
		토양소독	팔라딘 유제	발견지별 200 m 반경	1회/2주
		과실제거	수작업	발견지별 200 m 반경	1회 처리
		수컷유살제	ME 왁스 도포제	중심부 600 개	1회/2주
				1완충격자 500 2완충격자 400 3완충격자 300 4완충격자 200	
		암컷유살제 (GF120)	지상방제	중심부 + 제1완충지 + 제2완충지	농경지, 하천 기주
			시설지방제		시설하우스 내부
			항공방제		산림지역
		불임충방사	불임충수컷	백만마리/1.6 km 중심격자	대발생시 적용함 매주 방사
				5만마리/외곽	

1.3.2.1 발견 시 방제 매뉴얼

발견 초기 1 주일 이내에 이뤄지는 긴급 방제 매뉴얼이다.

(1) 분포한계 설정

발견지 중심으로 14.4 × 14.4 km 지역에서 긴급모니터링 트랩을 발견 후 24 시간 이내에 이뤄진다.

(2) 수컷유살제 처리

수컷유살제(메칠유제놀(ME) + 살충제)를 왁스형 방출기로 제작하여 구아바과실파리 발견 주변 1.6 × 1.6 km에 600 개를 델타트랩으로 처리한다.

1.3.2.2 발생 시 방제 매뉴얼

(1) 박멸 매뉴얼 가동 기준

과실파리 “발견”에 따라 긴급 실시하는 “분포한계설정” 조사과정을 통하여 “발생”으로 전환되는 경우 박멸프로그램을 가동한다.

(2) 박멸 프로그램 기간

박멸 프로그램은 해당시기에 과실파리가 적어도 2 세대 발생되는 기간 동안 가동된다. 이후 재발견되면 다시 최소한 2 세대 박멸 프로그램이 재가동된다.

(3) 박멸 처리방법 선정기준

① 기본적으로 수컷유살제, 토양소독, 단백질먹이 유살제 및 기주제거 처리가 가동된다.
② 방제 지역이 넓은 경우 항공방제가 추가된다.
③ 불임충방사는 선택적 처리이다.

(4) 이동 및 재배 제한

① 과실파리가 발견된 지점을 중심으로 14.4 × 14.4 km 격자에 있는 규제대상 품목의 재배 · 취급 · 가공업자들에게 비상조치 내용을 통보한다.
② 선포된 방역지역에서는 다음의 규제조치가 포함된다.
  가) 과일 채소류의 상업구역에서 소독처리 상황 감시·감독·증명서 발급
  나) 농산물 가공시설의 주기적 방문
  다) 규제품목 폐기물에 대한 감시
  라) 공항 · 터미널에서 규제대상품목의 이동감시
  마) 검역규제지역 경계의 국도, 지방도로 등에서의 이동감시

(5) 과일수거

과실파리 발견지점을 중심으로 200 m 이내에 있는 모든 과일을 신속히 수거하여 50 cm 이상의 깊이에 묻는다. 유충 발견 장소에서는 기주 과일 껍질도 제거되어야 한다. 이를 수거 기간 동안 플라스틱 상자 속에 보관 후 승인된 매립지에 제거 처리된다. 매몰시 생석회(0.4%)를 첨가한다.

(6) 토양소독

발생 지점을 중심으로 200 m 내에 있는 모든 기주는 과일나무 밑에 팔라딘 유제(경농)를 살포한다.

(7) 수컷유살제 처리

도포형 수컷유살제를 처리한다.

① 도포방법

발견 장소 주변으로 아이들의 접근이 어려운 높이의 전봇대, 나무, 울타리 등에 약 5 mL 부피로 도포한다. 처리 표면에 견고하게 붙어있도록 비교적 표면이 매끄러운 곳은 피하여 도포한다. 유효물질의 분해를 막기 위해 가급적 직사광선을 피하는 곳에 도포한다.

② 처리 규모

중심부(1.6 × 1.6 km)에 600 곳을 균일하게 설정하여 처리한다. 1 완충격자(8 개 격자)에 각 500 개, 2 완충격자(16 개 격자)에 각 400 개, 3 완충격자(24 개 격자)에 각 300 개, 4 완충격자(32 개 격자)에 각 200 개을 처리하여 전체 24,600 개 지점에 도포 처리된다.

③ 처리 횟수

2 주마다 도포한다.

④ 처리 기간

최초 발견 시점으로부터 2 세대 기간 동안 진행한다.

(8) 암컷유살제 처리

살충제가 첨가된 단백질먹이 유살제를 살포한다.

(8-1) 지상 독먹이살포

① 조제

GF120 (동방아그로)을 물로 1.5 배 희석하여 처리한다. 예를 들어 GF120 4 L에 물을 6 L 혼합하여 살포액을 조제하게 된다.

② 처리 지역 규모

발견 지점 기준으로 중심부, 제1완충지역 및 제2완충지역까지 살포 처리한다.

③ 처리 간격

초기 발견 이후 2 세대 기간 동안 주당 1 회 살포한다.

④ 처리 방법

미끼는 개인휴대용 스프레이기 또는 동등한 장치의 수단에 의해 주거지와 휴식공간이 제공되는 기주와 식물에 제한된 범위적용으로 사용될 수도 있다. 사용은 어린이 또는 애완동물에게 피해가 발생하지 않는 장소에 적용된다. 모든 범위적용이 요구된다면 송풍식 분무기 또는 유사한 장치가 사용될 수 있다.

⑤ 처리 약량

각 처리지점은 표면이 모두 적셔지도록 살포한다.

(8-2) 시설지 살포

지상 살포와 동일방법으로 약제를 조제하고, 해당지역에서 기주를 재배하는 모든 시설재배지 내부에 살포한다.

(8-3) 항공 살포

지상 살포와 동일방법으로 약제를 조제하고, 해당지역 포함된 산림 지역에 살포한다.

(9) 불임충방사 처리

① 불임충방사는 박멸처리 후 잉여 구아바과실파리 개체를 완전히 제거하기 위해 적용된다. 이 방법은 과실 껍질 제거, 독먹이살포 및 토양관주(토양이나 나무에 구멍을 파서 약액을 주입하는 약제살포의 한 방법)와 혼합하여 사용될 수 있다.

② 우선 정확한 종 동정이 필요하다. 즉 방사될 종과 침입 종과 동질성이 확보되어야 한다.

③ ME 방출 델타트랩을 이용하여 1.6 × 1.6 km 면적 단위로 5 개 트랩배치가 필요하다. 이 트랩들은 ME 또는 단백질먹이유인제를 유인제로 일주일 간격으로 조사된다.

④ 불임충방사 밀도

감염중심지를 1.6 × 1.6 km 면적으로 정하고 여기에 매주 백만마리 이상의 불임충을 방사하게 된다. 감염외곽지(완충지)는 중심지에서 4.8 km 반경 지역으로 1.6 × 1.6 km 면적 기준으로 50,000 마리 이상이 방사된다.

⑤ 불임충방사 수단

(9-1) 지상 방사

이동 차량을 통해 불임충을 방사한다. 특히 감염중심지 처리에 유효하다. 감염중심지 주변처리도 가능할 수 있다.

(9-2) 항공 방사

육상 차량 방사보다 균일하게 불임충을 방사할 수 있다.

1.3.2.3 박멸선언 매뉴얼

(1) 트랩 모니터링을 통한 박멸효과 확인

① 마지막 발견 후 3 세대 기간 동안 모니터링을 실시한다.

② 정밀조사 이외의 지역에도 상시모니터링 지역에서 3 세대 동안 모니터링을 실시한다.

(2) 과일수거검사를 통한 박멸효과 확인

① 중앙지점 및 제1완충지역(발견지점으로부터 2.4 km 반경이내) 등에 있는 과일을 7~10일 간격으로 조사한다. 특히 중앙지점의 기주과일은 명부를 작성하고 즉석에서 칼로 절개하여 검사한다.

② 시설이 갖추어진 경우에는 수거된 과일은 과실파리 최적온도인 26℃/70% 습도조건에서 1 주 ~ 1 세대기간 동안 사육 후 검사한다. 과일이 저장되는 시설은 우화하는 과실파리가 날아가지 않도록 안전관리에 만전을 기해야한다.

(3) 박멸선언

과실파리 최종발견 후 3 세대 기간 동안 더 이상 발견이 되지 아니하였을 경우 박멸된 것으로 판정한다.

2 큐루어(Cuelure : CL)에 유인되는 과실파리의 방제 매뉴얼

2.1 CL 유인 과실파리 종류

등급	순위	종명	한국명	유인제	등급분류 근거
I	16	*Bactrocer afrauenfeldi* (Schiner, 1868)	망고과실파리 (신칭)	CL	파푸아뉴기니 등지에 널리 분포하며 호주로 도입된 바 있다. 20개가 넘는 식물의 과를 가해하는 다식성 해충이며, 국내 작물로는 귤류를 가해할 수 있다.
II	25	*Bactrocera facialis* (Coquillett, 1909)	통가과실파리 (신칭)	CL	통가에 제한적으로 서식하나, 피망고추, 귤류를 비롯한 11개 식물과를 가해하는 다식성 해충이다.
II	28	*Bactrocera melanotus* (Coquillett, 1909)	쿡제도과실파리 (신칭)	CL	남태평양의 쿡제도에만 분포하며, 파파야와 귤류를 가해하는 심각한 해충이다. 다식성 해충이므로 검역적으로 주의할 필요가 있다.
II	29	*Bactrocera passiflorae* (Froggatt, 1911)	피지과실파리 (신칭)	CL	귤류, 아보카도를 비롯한 많은 숙주식물을 가해하는 주요 해충이다. 피지와 인근 도서에만 분포하나, 다식성 해충이므로 검역적으로 주의할 필요가 있다.
II	35	*Bactrocera trivialis* (Drew, 1971)	뉴기니과실파리 (신칭)	CL	뉴기니아에 주로 서식하며 10개 식물과를 가해한 기록이 있다. 한국 재배식물로는 고추, 복숭아를 가해할 수 있다.
III	44	*Bactrocera bryoniae* (Tryon, 1927)	호주고추과실파리 (신칭)	CL	현재는 파푸아뉴기니, 호주에만 분포하나 고추를 공격하는 해충이므로 주목할 필요가 있다.
III	47	*Zeugodacus scutellaris* (Bezzi, 1913)	동남아호박꽃과실파리(신칭)	CL	박류의 꽃을 공격하며 분포범위가 넓어 중국 남서부까지 서식한다, 도입시 제주도의 박과 식물을 공격할 가능성이 있다.

III	48	*Dacus solomonensis* (Malloch)	솔로몬호박과실파리(신칭)	CL	솔로몬 군도 등 남태평양 도서 지역에 분포하며, 호박이나 오이를 가해하는 해충이다.
III	49	*Zeugodacus strigifinis* (Walker, 1861)	호주호박꽃과실파리(신칭)	RK	인도네시아, 파푸아뉴기니, 호주 등지에서 박류의 꽃을 공격하며, 도입시 제주도의 박과식물을 공격할 가능성이 있다.
III	50	*Zeugodacus triangularis* (Drew, 1968)	뉴기니호박꽃과실파리(신칭)	CL	뉴기니에 분포하며 박류의 꽃을 공격한다. 도입시 제주도의 박과식물을 가해할 가능성이 있다.
IV	무	*Zeugodacus caudatus* (Fabricius, 1805)	열대호박꽃과실파리(신칭)	CL	인도에서 대만까지 널리 분포하며, 박류를 가해한다. 도입시 제주도의 박과식물을 가해할 가능성이 없지 않다.
IV	무	*Zeugodacus hochii* (Zia, 1936)	수세미과실파리(신칭)	CL	동남아에 분포하며, 수세미를 비롯한 3종의 박과식물을 가해하는 것으로 알려져 있다.

2.2 생태 및 발생예찰

2.2.1 생태적 특성

(1) 망고과실파리(*Bactrocera frauenfeldi*)

파푸아누기니, 솔로몬 군도 등에 폭 넓게 분포하은 종으로 1974년 퀸즐랜드 북부에 침입하여 분포가 확대되었다(SPC, 2013bfr). 다식성 종으로 구아바, 아몬드, 체리, 사과, 탄저린, 망고, 오렌지, 밤, 바나나 등 경제적으로 중요한 과실을 가해한다.

검역처리 기준을 마련하고자 파파야를 이용하여 *Bactrocera frauenfeldi*의 사육기술을 개발하였으며, 25.9°C에서 유충 발육기간 10.5일, 번데기 기간 11일이라고 보고하였다(Leblanc and Hollingsworth, 1997; SPC, 2013bfr). 알기간 2일, 산란전기간 7일을 임의로 적용하였을 때 알-알 세대기간은 30.5일로 발육영점온도 10°C로 할 때 세대기간에 필요한 적산온도는 485.0DD로 추정되었다.

○ **기주식물**(White and Elson-Harris, 1992; Drew and Romig, 1997; Leblanc et al., 2012; Leblanc et al., 2004; Margosian et al., 2007; CABI, 2017bfr; PBCRC, 2019bfr)

기주식물 구분	기주식물 목록	비고
1차 기주식물	• 열대작물 : 구아바(*)	*심한 피해 **실내사육성공 ***검정요
2차 기주식물		
기주기록	• 감귤류(*) : 금귤, 라임, 레몬, 만다린, 오렌지, 자몽, 탄제린, 포멜로 • 견과류 : 밤, 아몬드 • 박류 : 박 • 준인과류 : 감 • 장과류 : 무화과, 오디 • 열대작물 : *Annona*류, *Syzyigum*류(*), 대추야자, 망고(*), 바나나, 빵나무, 사포테, 스타애플, 아보카도, 열대아몬드, 열대재배 자두(*Ximenia armeniaca*), 열대재배 체리(*Eugenia reinwardtiana, Eugenia uniflora*), 카람볼라(*), 캐슈넛, 파파야(*), 패션프룻, 호코테	

○ **분포지역**(Drew and Romig, 1997; Allwood et al., 1999; Leblanc et al., 2012; SPC, 2013bfr; CABI, 2017bfr; Plant Health Australia, 2018)

분포지역 구분	국가	비고
확산지역	• 오세아니아 : 파푸아뉴기니(Bougainville, Lihir Island, New Britain, New Isreland)	
제한적 분포	• 오세아니아 : 호주(Queensland(north), Torres Strait Islands)	
분포기록	• 아시아 : 인도네시아(West Papua, Moluccas) • 오세아니아 : 나우루, 마셜 제도, 미크로네시아 연방, 북마리아나 제도, 솔로몬 제도, 키리바시, 팔라우	존재유무만 언급된 경우

(2) 통가과실파리(*Bactrocera facialis*)

통가에 제한적으로 서식하나 확신시 피해 잠재력이 높은 종으로 평가되고 있다(SPC, 2013bf). 통가에서 피해정도는 칠리고추 89~97%, 고추 97~100%, 구아바 90%로 큰 피해를 주고 있으며, 다식성으로 야생기주식물에서도 잘 번식한다(SPC, 2013bf).

CABI (2017bf)에 따르면 온도에 따라 *Bactrocera facialis* 유충 발육기간은 10~35일, 번데기 10~30일, 산란전기간 7~14일로 제시하고 있다. 기타 *B. frauenfeldi* (CABI, 2017bfr), *B. psidii* (CABI, 2017bp) 등도 동일한 생활사 매개변수를 기술하고 있다. 온도 발육기간은 25°C 알 1일 전후, 유충 22.5일, 번데기 20일, 산란전기간 10.5일; 32°C에서는 각각 1, 10, 10, 7일로

보고되었다(Christenson and Foote, 1960; Leweniqila, et al., 1997). 따라서 알-알 세대기간은 25°C에서 54일, 32°C에서 33일로 임의의 발육영점온도 10°C을 적용하였을 때 각각 810DD과 726DD로 추정되었다. 결과적으로 평균값이 768DD를 세대기간 예찰에 활용할 수 있다.

○ **기주식물**(Baker et al., 1944; White and Elson-Harris, 1992; Margosian et al., 2007; Leblanc et al., 2012; Leblanc et al., 2013b; CABI, 2017bf; PBCRC, 2019bf)

기주식물 구분	기주식물 목록	비고
1차 기주식물	• 열대작물 : 구아바(*) • 채소류 : 피망(*)	*심한 피해 **실내사육성공 ***검정요
2차 기주식물		
기주기록	• 감귤류(*) : 레몬, 만다린, 오렌지, 자몽, 포멜로 • 견과류 : 밤 • 박류 : 수박 • 채소류 : 가지, 고추(*), 토마토 • 핵과류 : 복숭아, 자두 • 열대작물 : *Annona*류, *Syzygium*류(*), 망고(*), 바나나, 빵나무, 사포테, 아보카도(*), 열대아몬드(*), 열대재배 체리(*Eugenia uniflora*), 캐슈넛, 파인애플(***), 파파야(*), 패션프룻	

* USDA의 watermelon (수박), sweet almond 기록은 원출처에서는 찾을 수 없고 각각 열대아몬드와 waterlemon (패션프룻) 에서 유래한 기록으로 보임

○ **분포지역**(Drew and Romig, 1997; Allwood et al., 1999; Leblanc et al., 2012; CABI, 2017bf; Plant Health Australia, 2018)

분포지역 구분	국가	비고
확산지역		
제한적 분포		
분포기록	• 오세아니아 : 통가	존재유무만 언급된 경우

(3) 쿡제도과실파리(*Bactrocera melanotus*)

이 종은 쿡제도 고유종으로써 주로 파파야에 12%의 피해(*B. xanthodes* 혼재)를 주며, 검역적으로 구아바, 망고, 사과 등에 중요한 해충으로 취급되고 있다(SPC, 2013bme).
B. melanotus 발육은 26°C에서 알기간은 1.7일이었고 알에서 번데기까지 기간은 10일 이

었으며, 산란전기간은 21일 이었다(Clare, 1997). 따라서 알-알기간은 44일이 되었다. 따라서 임의의 발영점온도 10°C에서 세대기간 적산온도는 704.0DD로 추정되었다.

○ **기주식물**(White and Elson-Harris, 1992; Margosian et al., 2007; Leblanc et al., 2012; PBCRC, 2019bme)

기주식물 구분	기주식물 목록	비고
1차 기주식물		*심한 피해 **실내사육성공 ***검정요
2차 기주식물		
기주기록	• 감귤류 : 라임, 레몬, 만다린, 시트론, 오렌지(***), 자몽, 탄제린, 포멜로 • 견과류 : 밤 • 인과류 : 비파 • 장과류 : 딸기 • 채소류 : 가지, 토마토 • 열대작물 : *Annona*류, *Syzygium*류, 구아바, 망고, 사포테, 아보카도, 열대아몬드, 열대재배 체리(*Eugenia uniflora*), 카람볼라, 커피, 파파야	

○ **분포지역**(White and Elson-Harris, 1992; Drew and Romig, 1997; Allwood et al., 1999; Leblanc et al., 2012; SPC, 2013bme)

분포지역 구분	국가	비고
확산지역		
제한적 분포		
분포기록	• 오세아니아 : 쿡 제도	존재유무만 언급된 경우

(4) 피지과실파리(*Bactrocera passiflorae*)

이 과실파리는 피지, 니우에, 월리스, 푸 투나에 분포하며, 다식성으로 피지제도의 피해수준은 금귤에 60%, 구아바 40~90%, 카비카(*Syzygium malaccense*)에 62%, 망고에 20~25%로 알려져 있다(SPC, 2013bpa).

피지에서 papaya 생과실로 사육한 결과 알기간 1.5일, 부화 4일 후 80% 유충이 2령에 도달하였고, 6일 후에는 96% 가 3령에 도달하였다(SPC, 2013bpa). 또한 부화 8일 후에는 번데기가 되기 위하여 탈출을 시작하였고, 20일 후부터 성충이 우화하기 시작하였다(상온 26℃ 적용). 산란전기간 10.5일을 적용하여 알-알기간 32일을 추정하였으며, 임의의 발육영점온도 10℃에서 세대완료에 필요한 적산온도는 512.0DD로 추정되었다.

○ **기주식물**(White and Elson-Harris, 1992; Margosian et al., 2007; Leblanc et al., 2012; Leblanc et al., 2013b; CABI, 2019bpa; PBCRC, 2019bpa)

기주식물 구분	기주식물 목록	비고
1차 기주식물	• 감귤류 : 라임(*), 만다린(*) • 열대작물 : 구아바(*), 망고(*), 빵나무, 아보카도, 캐슈넛(*), 코코아(*), 파파야, 패션프룻(*) • 채소류 : 가지(*)(***)	*심한 피해 **실내사육성공 ***검정요
2차 기주식물		
기주기록	• 감귤류 : 금귤, 레몬, 오렌지, 자몽, 포멜로 • 견과류 : 밤 • 장과류 : 석류 • 채소류 : 고추 • 열대작물 : *Annona*류, *Syzygium*류, 사포테, 스타애플, 열대아몬드, 열대재배 자두(*Chrysobalanus icaco*), 카람볼라, 커피(***)	

* 가지의 경우 *B. passiflorae*의 pale 종의 기록에서 유래 (Leblanc et al., 2012)

○ **분포지역**(Drew and Romig, 1997; Allwood et al., 1999; Leblanc et al., 2012; SPC, 2013bpa; Plant Health Australia, 2018; CABI, 2019bpa)

분포지역 구분	국가	비고
확산지역	• 오세아니아 : 피지	
제한적 분포		
분포기록	• 오세아니아 : 니우에, 월리스푸투나, 통가(Niuas), 투발루	존재유무만 언급된 경우

(5) 뉴기니과실파리(*Bactrocera trivialis*)

이 과실파리는 파푸아뉴기니 본토와 인도네시아 일부지역(Irian Jaya, Sulawesi), 호주 1개 섬(Torres Strait Islands)에 제한적으로 분포하는 종으로 파푸아뉴기니에서는 구아바 13~45%, 오렌지 9%의 피해가 나타나며, 망고, 복숭아, 그레이프프루트, 타바스코고추(Tabasco chilli) 등도 기주식물로 알려져 있다(SPC, 2013btr). 유인제로 Cue-lure를 사용할 수 있다(PBCRC, 2019btr)

칼람볼라과실파리나 파파야과실파리와 형태와 생태적으로 밀접히 관련된 종으로 생태자료가 알려져 있지 않은 종이다(Walker, 2005). 따라서 칼람볼라과실파리 예찰모형을 적용하여 예찰할 수 있다.

○ **기주식물**(White and Elson-Harris, 1992; Margosian et al., 2007; Leblanc et al., 2012; Leblanc et al., 2013b; SPC, 2013btr)

기주식물 구분	기주식물 목록	비고
1차 기주식물		*심한 피해 **실내사육성공 ***검정요
2차 기주식물		
기주기록	• 감귤류 : 오렌지, 자몽(*) • 채소류 : 고추(*) • 핵과류 : 복숭아(*) • 열대작물 : *Syzygium*류, 구아바(*), 망고(*), 열대아몬드, 카람볼라	

○ **분포지역**(White and Elson-Harris, 1992; Leblanc et al., 2012; Drew and Romig, 1997; Plant Health Australia, 2018)

분포지역 구분	국가	비고
확산지역		
제한적 분포		
분포기록	• 오세아니아 : 인도네시아(Irian Jaya, Sulawesi, West Papua), 파푸아뉴기니(mainland, New Britain(동부)), 호주(Torres Strait Islands)	존재유무만 언급된 경우

(6) 호주고추과실파리(*Bactrocera bryoniae*)

파푸아뉴기니와 호주 퀸즐랜드 남동부에 제한적으로 분포하고 비해충으로 취급하고 (Raghu and Clarke, 2001; SPC, 2013bb) 있으나, 파푸아뉴기니에서는 고추(Birdseye and Tabasco chilli)에서 종종 경제적 피해를 유발하고 있다(SPC, 2013). 또한 바나나에서 발견되기는 했으나 생활사를 완성하지는 못하였다(Drew, 1989).

이 종은 봄철(10월) 발생량이 가장 높고, 여름철(1월/2월) 감소하는 양상을 보이며(Drew et al., 1984; Raghu and Clarke, 2001), Raghu et al.(2000)은 작은퀸즐랜드과실파리와 비슷한 발생양상을 보인다고 하였다. 이 종의 생태자료는 거의 알려져 있지 않는 상태로 발생주기가 비슷한 작은퀸즐랜드과실파리에 준하여 예찰한다.

○ **기주식물**(White and Elson-Harris, 1992; Leblanc et al., 2012; Leblanc et al., 2013b; SPC, 2013bb; PBCRC, 2019bb)

기주식물 구분	기주식물 목록	비고
1차 기주식물		*심한 피해 **실내사육성공 ***검정요
2차 기주식물		
기주기록	• 박류 : 기타 박류(*Cucumis melo*) • 채소류 : 고추(*) • 열대작물 : 바나나, 패션프룻	

* USDA의 watermelon (수박) 기록은 원출처의 waterlemon (패션프룻) 기록에서 유래한 것으로 보임

○ **분포지역**(White and Elson-Harris, 1992; Leblanc et al., 2012; SPC, 2013bb; Plant Health Australia, 2018)

분포지역 구분	국가	비고
확산지역		
제한적 분포		
분포기록	• 아시아 : 인도네시아(Papua) • 오세아니아 : 파푸아뉴기니(mainland, Bismarck Archipelago), 호주(Northern Territory, Western Australia(북부), Eastern Australia)	존재유무만 언급된 경우

(7) 동남아호박꽃과실파리(*Bactrocera scutellaris*)

이 종은 주로 박류의 꽃을 가해하며, 꽃대, 어린 줄기 종종 어린 과실에도 산란하는 등 박과류에 피해가 우려되는 종이다(Fprabhakar et al., 2007). 분포범위가 넓어 중국 남서부까지 서식하며, 인도 히마찰프라데시(Himachal Pradesh) 우점종으로 향후 피해가 우려되는 과실파리이다(Singh et al., 2013).

동남아호박꽃과실파리 발육기간은 실험실 상온조건(26°C 적용)에서 알 0.87일, 유충 6.5일, 번데기 8.5일 이었고, 성충수명은 수컷 24.0일, 암컷 25.5일이었다(Fprabhakar et al., 2007). 성충의 수명이 짧은 것을 감안하여 산란전기간을 5일 전후로 가정할 때 알-알세대 기간은 20.9일로 임의의 발육영점온도 10°C에서 333.9DD가 소요된다.

○ 기주식물(White and Elson-Harris, 1992; Allwood et al., 1999)

기주식물 구분	기주식물 목록	비고
1차 기주식물		*심한 피해 **실내사육성공 ***검정요
2차 기주식물		
기주기록	• 박류 : 박(gourd), 호박	

○ 분포지역(Kapoor, 2005)

분포지역 구분	국가	비고
확산지역		
제한적 분포		
분포기록	• 아시아 : 네팔, 미얀마, 방글라데시, 인도, 태국, 파키스탄	존재유무만 언급된 경우

(8) 솔로몬호박과실파리(*Dacus solomonensis*)

이 종은 말벌 형태와 유사한 대형종으로 파푸아누기니 부갱빌섬과 솔로몬 군도에 분포하는 과실파리이며, 이 지역에서 오이과실파리와 종합하여 뱀오이 90%, 호박에 60~87%의 피해를 유발한다(SPC, 2013ds). 뱀오이를 이용하여 사육한 결과 25°C에서 알기간 1.9일, 유충기간 12일, 번데기 기간 9일 이었고, 교미는 우화 16일후 시작하였다(SPC, 2013ds). 따라서 알-알 세대기간은 38.9일로 추정된다.

세대완료를 위한 적산온도는 임의의 발육영점온도 10°C를 적용하였을 때 583.5DD로 추정되었다.

○ 기주식물(Leblanc et al., 2013b; SPC, 2013ds)

기주식물 구분	기주식물 목록	비고
1차 기주식물		*심한 피해 **실내사육성공 ***검정요
2차 기주식물		
기주기록	• 박류 : *Luffa*, 박(gourd), 애호박(squash), 오이, 호박	

○ **분포지역**(Allwood et al., 1999; SPC, 2013ds; Plant Health Australia, 2018)

분포지역 구분	국가	비고
확산지역		
제한적 분포		
분포기록	• 오세아니아 : 솔로몬제도, 파푸아뉴기니(Bougainville)	존재유무만 언급된 경우

(9) 호주호박꽃과실파리(*Bactrocera strigifinis*)

이 종은 호주 동부, 파푸아뉴기니, 솔로몬 군도 지역에 분포하며 박과류의 꽃에서 발육하는 것으로 보고되었고(Leblanc et al., 2001; SPC, 2013bs), 과실을 가해하나 피해는 적은 것으로 알려져 있다(Leblanc et al., 2001). 생태자료가 알려져 있지 않는 종으로 가해부위 등 생태적으로 유사한 동남아호박과실파리에 준하여 예찰할 수 있다.

○ **기주식물**(Leblanc et al., 2012; SPC, 2013bs)

기주식물 구분	기주식물 목록	비고
1차 기주식물		*심한 피해 **실내사육성공 ***검정요
2차 기주식물		
기주기록	• 박류 : 호박	

○ **분포지역**(Leblanc et al., 2012; SPC, 2013bs)

분포지역 구분	국가	비고
확산지역		
제한적 분포		
분포기록	• 아시아 : 인도네시아 (West Papua) • 오세아니아 : 파푸아뉴기니(mainland), 호주(Queensland)	존재유무만 언급된 경우

(10) 뉴기니호박꽃과실파리(*Bactrocera triangularis*)

파푸아뉴기니(비스마르크 군도, 부갱빌섬) 등지에 분포하며 박과류의 꽃을 가해하는 것으로 보고되었다(Leblanc et al., 2013b). 이 종에 대한 생태자료는 거의 알려져 있지 않다. 세대예찰은 생태적으로 유사한 동남아호박꽃과실파리에 준한다.

○ **기주식물**(Leblanc et al., 2012; Leblanc et al., 2013b)

기주식물 구분	기주식물 목록	비고
1차 기주식물		*심한 피해 **실내사육성공 ***검정요
2차 기주식물		
기주기록	• 박류 : 호박	

○ **분포지역**(Leblanc et al., 2012; Leblanc et al., 2013b)

분포지역 구분	국가	비고
확산지역		
제한적 분포		
분포기록	• 오세아니아 : 파푸아뉴기니(Bougainville, Bismarck Archipelago)	존재유무만 언급된 경우

(11) 열대호박꽃과실파리(*Bactrocera caudata*)

열대호박과실파리는 인도에서 중국, 그리고 남부에서 인도네시아까지 폭 넓게 분포하는 종으로 박과류의 수꽃(과실도 가능)에서 번식하는 종으로 알려져 있다(Allwood et al., 1999). 인도에서 발생량은 다른 종과 비교하여 높지 않으나 해안지역에서 많이 유살된다(Satarkar et al., N.D.). 지역 개체군과 유전적 다양성이 존재하여 말레이시아 반도 개체군과 발리와 롬복 개체군은 뚜렷하게 다른 유전자 서열을 보인다(Lim et al., 2012).
본 종에 대한 생태자료를 전무하며 타우과실파리, 오이과실파리 등과 연관되어 발생하는 것으로(Satarkar et al., N.D.) 타우과실파리에 준하여 예찰한다.

○ **기주식물**(White and Elson-Harris, 1992; Allwood et al., 1999; Margosian et al., 2007)

기주식물 구분	기주식물 목록	비고
1차 기주식물		*심한 피해 **실내사육성공 ***검정요
2차 기주식물		
기주기록	• 감귤류 : 오렌지(***), 포멜로(***) • 박류 : *Luffa*(***), 박(***), 오이(***), 호박 • 채소류 : 고추(***), 토마토(***) • 핵과류 : 복숭아(***) • 열대작물 : *Syzygium*류(***), 구아바(***), 사포테(***)	

○ **분포지역**(White and Elson-Harris, 1992)

분포지역 구분	국가	비고
확산지역		
제한적 분포		
분포기록	• 아시아 : 대만, 말레이싱, 미얀마, 베트남, 브루나이, 인도, 인도네시아(Java, Sumatra), 태국	존재유무만 언급된 경우

(12) 수세미과실파리(*Bactrocera hochii*)

수세미를 비롯한 박과류 식물을 가해하는 것으로 알려져 있으며(Allwood et al., 1999), 중국, 베트남, 태국, 말레이시아, 인도네시아 등에 분포하고(Leblanc et al., 2013a) 인도에서도 발견되었다(Nar et al., 2018).

이 종에 대한 생태정보가 없는 상태로 유전적으로 가장 근연종에 속한 오리과실파리(Leblanc et al., 2015)의 세대예찰 모형을 이용하여 예찰 할 수 있다.

○ **기주식물**(Allwood et al., 1999)

기주식물 구분	기주식물 목록	비고
1차 기주식물		*심한 피해 **실내사육성공 ***검정요
2차 기주식물		
기주기록	• 박류 : *Luffa*	

○ **분포지역**(Nair et al., 2017)

분포지역 구분	국가	비고
확산지역		
제한적 분포		
분포기록	• 아시아 : 방글라데시, 중국, 인도, 인도네시아, 말레이시아(Malaysia 반도), 태국, 베트남	존재유무만 언급된 경우

2.2.2 발생예찰

CL-유인제 그룹은 모두 연중발생하는 종으로 세대예찰모형을 적용한다. 즉 과실파리 긴급조치 상황에서 세대기간 예찰모형을 이용하여 모니터링의 지속여부를 결정한다. 평균대기온도에서 발육영점온도(LT) 이상의 온도를 누적하여 해당 적산온도(DD)에 도달되었을 때 1세대가 완료된다.

표 5-4 CL-유인제 그룹 과실파리 발생예찰용 온도발육 매개변수

기존 등급	신규 등급	한국명	생활사	월동태	예찰모형	LT	DD	비고
금지	I	망고과실파리	연중발생	-	세대기간	10.0	485.0	
	II	통가과실파리	연중발생	-	세대기간	10.0	768.0	
	II	쿡제도과실파리	연중발생	-	세대기간	10.0	704.0	
	II	피지과실파리	연중발생	-	세대기간	10.0	512.0	
금지	II	뉴기니과실파리	연중발생	-	세대기간	11.8	384.6	1
	III	호주고추과실파리	연중발생	-	세대기간	9.2	467.8	
	III	동남아호박꽃과실파리	연중발생	-	세대기간	10.0	333.9	
	III	솔로몬호박과실파리	연중발생	-	세대기간	10.0	583.5	
	III	호주호박꽃과실파리	연중발생	-	세대기간	10.0	333.9	2
	III	뉴기니호박꽃과실파리	연중발생	-	세대기간	10.0	333.9	3
	IV	열대호박꽃과실파리	연중발생	-	세대기간	6.0	525.4	4
	IV	수세미과실파리	연중발생	-	세대기간	9.8	562.5	5

1 칼람볼라과실파리 적용, 2 동남아호박꽃과실파리 적용, 3 동남아호박꽃과실파리 적용, 4 타우과실파리 적용, 5 오이과실파리 적용

2.3 모니터링 및 방제기술

2.3.1 모니터링 기술

과실파리류에서 사용하는 발견과 발생의 용어는 다음과 같이 정의된다.

○ 발견과 발생

발견	• 발생 전 단계 • 무발생으로 간주되나 긴급조치 추진 • 정착되지 않았으나 당분간 생존 가능한 고립된 집단이 검출된 경우
발생	• 국제기구, 수출상대국 등에 의무통보 • 대내·외 공식 발표 • 국가 주도의 방제작업 추진 • 다수가 검출되거나 정착되어 지속적으로 존재하는 경우

○ 과실파리의 발생 기준

- 알, 유충, 번데기 또는 교미한 암컷 1 마리 이상 또는
- 1 세대 이내에 발견지 중심(14.4 × 14.4 km) 안에서 성충 5 마리 이상이 트랩에서 검출된 경우(수컷, 미교미 암컷)

종류	목적	방법	조사범위	조사횟수 및기간
상시모니터링	조기탐지용	델타트랩	주요 기주 재배지역 및 항구, 항만 인접지역(전국 1,000개 지점)	연중
		순회모니터링	재배기주 및 이동기주 조사	월 1-2 회
긴급모니터링	분포한계조사	델타트랩	발견지 중심 14.4 km 격자	1 회/일(첫 1주) 2 회/주(첫 세대) 0.5 회/주(2-3세대)
		기주조사	발견지 중심 200 m 반경	1 회 및 폐기 처리

2.3.1.1 유인제 제조 및 트랩설치

(1) 왁스제형 ME 방출기 제조와 델타트랩

델타트랩은 (주)그린아그로텍에서 시판하는 트랩을 이용한다. 여기에 ME를 방출하는 왁스형 방출기를 제작하고 약 7 mL를 미끼 자리에 넣어준다.

성분	무게(g)	공급처
파라핀왁스	300	EMD Millipore Corporation, MA, USA
유화제(Almax 3600)	60	Illshinwells, Seoul, Korea
α -Tocopherol	20	Sigma, St Louis, MO, USA
Jojoba 오일	20	Sigma, St Louis, MO, USA
응칠이	2	㈜고려바이오, 한국
Methl eugenol (ME)	100	Sigma-Aldrich Korea
증류수	498	
전체	1,000	

왁스형방출기의 제작은 우선 파라핀왁스(EMD Millipore Corporation, MA, USA)를 가열자석교반기에서 약 70℃에서 용해시킨 후 300 rpm 속도로 용해된 왁스를 고르게 만든다. 이때 유화제(Emulsifier, Almax 3600, Illshinwells, Seoul, Korea)를 첨가하면서 회전 속도를 500 rpm으로 증가시킨다. 유화제가 고르게 혼합되면 항산화물질인 α-tocopherol(Sigma-Aldrich Korea), Jojoba oil (Sigma-Aldrich Korea)을 첨가한다. 여기서 ME을 첨가한다. 마지막으로 친환경작물보호제(응칠이, 고려바이오)를 첨가한다. 모든 성분이 용해된 후 탈이온증류수를 넣고 1,000 rpm에서 10 분간 교반한다. 이를 상온에서 서서히 식힌 후 사용전 까지 냉장(4℃) 보관한다.

델타트랩 설치와 조사는 다음과 같이 한다.

1) 트랩을 나무에서 수거한다.
2) 끈끈이판을 꺼내고 끈끈이판의 아랫면을 포함한 전체를 조사하여 과실파리 등 곤충의 포획 여부를 확인한다.
3) 끈끈이판에 부착된 나뭇잎이나 가지 등을 제거하며 이 때 제거하는 물질에 곤충이 부착되어 있는지 살핀다. 곤충이 포획되지 않았을 경우 끈끈이판이 계속 사용하기에 적당한지를 살핀다. 끈끈이판에 과실파리가 포획된 경우 끈끈이판을 수거하여 판으로 덮

고 날짜와 트랩 번호를 기록한다.

유인제 교환은 다음의 표에서 보듯 계절에 따라 서로 다른 기간 주기로 교체한다.

시기	유인제 교체 간격
12-3월	16주
4-11월	16주
총 연간 교체수	3회 교체

(2) 단백질먹이 유인제와 맥페일 트랩

단백질먹이 유인제는 다음의 조성으로 제조한다. 제조된 원액은 냉장 보관한다. 사용시에는 물로 100 배 희석하여 사용하게 된다.

성분	함량
Yeast	25 g
Sugar	70 g
과일쥬스	80 mL
스피노사드(80% ai)	1 g
Terpinyl acetate	2 mL
Sodium azide	1 g
증류수	40 mL

▌그림 5-3▐ 단백질 먹이 유인제 조성과 맥페일트랩

맥페일트랩(Pherobank, Wijk bij Duurstede, Netherland)에 액상 단백질 유인제 용액은 저장고의 가장자리 바로 아래까지 채워져야 한다. 맥페일트랩에의 과실파리 포획을 조사하고 트랩을 취급하는 요령은 다음과 같다.

1) 트랩을 나무 아래에서 내용물이 쏟아지지 않도록 수거한다.
2) 이때 트랩 아랫면을 조심스럽게 돌려 살아있거나 용기 내벽에 붙어 있는 과실파리를 용액에 빠지게 한다.
3) 마개를 열고 내용물을 양동이 위에 놓은 체에 걸러낸다. 용기에 붙어 있는 곤충들도 모두 수거한다. 체의 아랫부분을 물에 살짝 담가서 포획된 과실파리의 날개가 펼쳐지도록 한다.

4) 포획된 과실파리 및 기타 곤충들을 70% 에탄올이 담긴 바이알에 담는다.
5) 바이알에 라벨을 부착하고 트랩의 위치 및 종류, 날짜 및 기타 필요 정보를 기입한다.
6) 트랩을 재사용하기 전에 깨끗이 한다. 투명한 부분의 투명도는 과실파리의 포획에 아주 중요하다.

2.3.1.2 상시 모니터링

(1) 조사지역

① 전국 공항·항만 주변 반경 1.6 km
② 전국 과실파리 기주식물 대형 재배단지
③ 전국 과일판매시장 주변 200 m

(2) 모니터링 방법

모니터링 방법은 식물검역관이 실시하는 과실파리에 대한 트랩조사와 포장순회모니터링(대상 : 이동 기주)이 있다.

(3) 유형별 모니터링 요령

가. 트랩조사

① 조사기간 : 연중
② 트랩설치 장소 : 전국 1,000 개 운영 (제주도 500 개, 본토 500 개) 공항·항만지역, 전국 기주식물 재배단지, 수출·입식물 재배지, 과일 판매 시장 주변, 격리재배지, 외국 군부대 주변 등 적절한 장소를 선정한다.
③ 트랩의 설치 밀도는 위험도에 따라 네 등급으로 나누어 결정하여 설치한다.
   1) 고위해도 지역(항만, 도시 및 부도심 지역) : 평방마일 당 10 개 설치
   2) 중위해도 지역(기타 부도심 지역) : 평방마일 당 5 개 설치
   3) 저위해도 지역(기주식물이 없는 농촌 지역) : 평방마일 당 2 개 설치
   4) 최저위해도 지역(정착 가능성 없는 지역) : 5 평방마일 당 1 개 설치
④ 트랩설치 방법
   기주과일 나무를 우선 선택한다. 기주나무가 없는 도심지역은 그늘진 장소를 선택한다.
⑤ 트랩설치 장소
   출입이 편리하고 안정성이 있는 장소를 선택하여 지상에서 1.6~1.8 m 높이에 사방이 잘 트이고 약간 그늘이 있는 곳에 설치한다.

⑥ 트랩설치 간격

유인력에 영향을 주지 않도록 다른 트랩과 최소 5m 이상의 간격을 유지하도록 하고, 설치한 지점의 침입 위험도가 변경되는 등 필요하다고 판단될 경우 트랩설치 지점을 변경한다.

⑦ 유인제 설치 및 교체

큐루어(Cuelure : CL) 유인제를 왁스제형에 처리하여 델타트랩에 설치한다. 각 트랩에는 왁스제형 유인물을 투입하고 6 달 간격으로 교체한다.

⑧ 조사횟수

- 동계(12-2월) 월 1회
- 춘계(3-5월) 2주 1회
- 하계(6-9월) 1주 1회
- 추계(10-11월) 2주 1회

⑨ 트랩설치장소 등록

농림축산검역본부(이하 "검역본부"라 한다) 지역본부 · 사무소별로 트랩번호를 부여하여 설치한 다음 설치위치의 GPS 좌표를 식물검역통합정보시스템의 금지급 과실파리 예찰방제시스템에 등록한다.

⑩ 유인제 보관

제조된 왁스제형 유인제는 밀봉하여 냉동고에 보관한다.

나. 포장 순회 모니터링

① 조사기간 : 1~12월

② 조사횟수

11~2월에는 월 1회, 3~10월에는 월 2회 이상

③ 조사지역

공항 · 항만지역, 경유물품에 긴급사태가 발생한 지역, 격리재배지, 수출 · 입 식물재배지역 등

④ 기주 조사방법

기형과일, 유충, 알, 식흔, 부패, 배설물 등

(4) 모니터링 결과 등록 및 표본 제작

채집된 모든 과실파리는 분류, 동정하고 그 결과를 금지급 과실파리모니터링방제시스템에 등록한다.

FF 관리 DB

	A	B	C	D	E	F	G	H	I
1	날자	채집지점	트랩	곤충종(추정)	마리수	진단기술	종동정	조치	관리
2	16.3.17	제주(CJ-A-i-47)	ME	B. oroientalis	1	DNA/형태	B. orientalis	OFF 매뉴얼 제10조 1항에 따라 제주본부장통보(3/19)	OFF 매뉴얼 제4항에 따라 긴급방제지역선포(3/20)
3				B. sp.	1	DNA/형태	B. scutellata	무조치	무관리
4				Unknown	1	DNA	B. scutellata	무조치	무관리
5									

동정은 형태지표 및 분자지표를 이용한다. 분자지표의 경우는 신속동정시스템을 이용하고, 정밀동정은 농림축산검역본부의 전문가에게 보내 판정 받는다. 채집된 과실파리는 표본을 제작한 후 라벨을 부착(해충명, 기주, 채집지, 채집일자, 채집자)하여 보관한다.

(5) 상황보고

지역본부장 · 사무소장은 모니터링 결과 새로운 식물병해충(검역병해충, 국내미분포병해충 등)을 발견한 경우 또는 경유물품에 긴급사태가 발생한 경우와 모니터링 요원의 새로운 병해충 신고 및 조치사항을 별지 서식 제3호에 따라 농림축산검역본부(식물방제과)로 계통보고 하고 발견된 병해충 표본을 긴급 송부한다.

[별지 제3호 서식]

새로운 식물병해충 발견상황 보고

구 분	내 용
1. 발견일자	
2. 발견장소	• 주소 : • 농가명 : (TEL)
3. 병해충명	
4. 기주식물 (트랩설치 식물)	
5. 발견상황	• 발견병해충수, 발견정도, 피해증상 등
6. 조치사항	• 긴급조치(약제살포, 폐기 등) 등
7. 기 타	• 병해충 발견자 : 직 성명 • 분류동정자 : 직 성명 • 확인자 : 직 성명 • 기타 참고사항 수입식물의 수입시기, 수입국가, 수입량 농가에서 최초 발견시기 등

2.3.1.3 긴급모니터링

(1) 분포한계조사

가. 트랩 종류와 배치

어떤 지역에서 1 개체 또는 그 이상의 과실파리가 채집될 경우, 침입한 과실파리의 분포 한계를 결정하기 위한 조사가 즉시 수행된다. 과실파리가 최초 발견된 지점을 중심으로 그 주변을 1.6 km 간격으로 정사각형(1.6 × 1.6 km) 격자배치구를 설정한 후 중심부에서 주변부로 격자 당 25-5-5-5-5 개의 델타트랩(CL 유인제 사용)을 설치하고, 중심지역에 맥페일 트랩(단백질먹이 유살제 사용) 25 개를 추가로 설치한다.

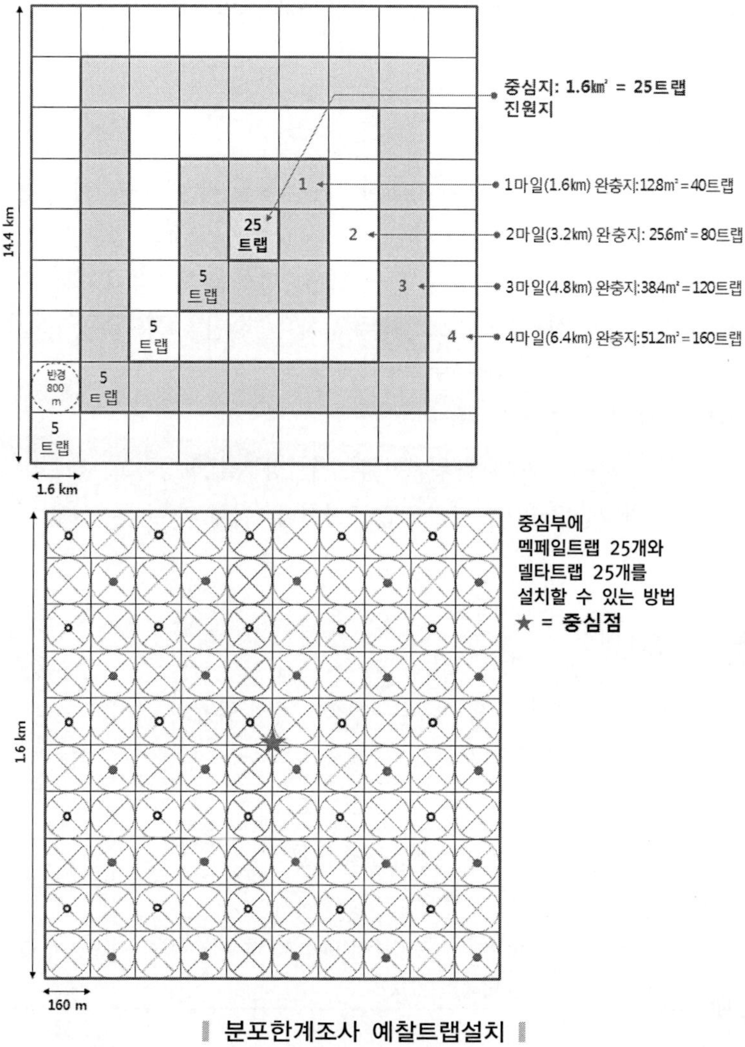

분포한계조사 예찰트랩설치

그림 5-4 중심부에 맥페일 트랩 25 개와 델타트랩 25 개를 설치할 수 있는 방법. 청색(원) 및 적색(점)은 각각 이들 트랩의 설치 장소를 가리킨다.

과실파리가 검출된 지점으로부터 14.4 km 밖의 지역은 상시모니터링 설치 지역에 해당하며, 기존의 실시간 모니터링을 지속한다.

나. 트랩 조사기간 및 조사 빈도

① 조사 기간

마지막 발견 후 3 세대 기간으로 세대기간의 계산은 해당 과실파리의 예찰 프로그램을 이용한다.

② 조사 빈도

최초발견 이후 1 주 동안은 매일 조사하고, 그 후 1 세대 기간 동안은주당 2 회 조사한다. 2~3 세대 동안에는 2 주 1 회 조사한다. 트랩에 채집된 암컷은 해부하여 암컷저정낭(spermatheca)에 존재하는 정자의 유무로 교미여부를 조사한다.

(2) 기주 조사

① 과실절개 검사

과실파리 검출지로부터 200 m 이내의 기주식물의 과실을 수거하여 절개하고 미성숙 과실파리의 존재를 확인한다. 이후 절개된 과실은 금지급 생물안전시설에서 27℃와 70% 상대습도를 유지하며 2-3 주 동안 보존하면서 과실파리 존재 유무를 재확인한다. 한편 과실파리 의심 기주가 보존되는 시설은 “수입금지품 수입 및 사후관리요령의 관리장소 요건”을 충족해야한다.

② 발견지 주변 기주 조사

발견지 주변 2.4 km 이내에 위치한 과수원 명부를 작성하고, 기주식물을 조사한다. 이 지역의 과일을 7~10 일 간격으로 조사한다. 이때 과수원 주인을 대상으로 탐문조사도 실시한다.

2.3.2 방제기술

과실파리 방제를 위한 발견과 발생 기준은 대외적 발생 발표와 차이가 있다. 다음의 기준에 따라 발견의 경우는 초기방제를 실시하고, 발생의 경우는 박멸방제를 취하게 된다.

발견	모니터링 트랩에 1 마리 이상 포획된 경우
발생	• 알, 유충, 번데기 또는 교미된 암컷 1 마리 이상 또는 • 발견 후 1 주일 이내에 발견지중심(14.4 × 14.4 km)에서 성충 3 마리 이상이 트랩에 검출된 경우(수컷, 미교미 암컷)

단계	목적	방제 항목	방제적용기술	방제 영역	처리 횟수 및 기간
발견시 방제	조기발견 후 긴급방제	모니터링	델타트랩	14.4 km 격자	1회/일(첫 1주) 2회/주(첫 세대) 0.5회/주(2-3세대)
		수컷유살제	CL 왁스 도포제	1.6 km 격자 600 개 처리	1회 처리
발생시 방제	초기방제 이후 박멸방제	모니터링	델타트랩	발견지별 14.4 km 격자	1회/일(첫 1주) 2회/주(첫 세대) 0.5회/주(2-3세대)
		방제지역선포	행정조치	14.4 km 격자	박멸기간
		기주 이동 제한	행정조치	14.4 km 격자	박멸기간
		토양소독	팔라딘 유제	발견지별 200 m 반경	1회/2주
		과실제거	수작업	발견지별 200 m 반경	1회 처리
		수컷유살제	CL 왁스 도포제	중심부 600 개 1완충격자 500 2완충격자 400 3완충격자 300 4완충격자 200	1회/2주
		암컷유살제 (GF120)	지상방제	중심부 + 제1완충지 + 제2완충지	농경지, 하천 기주
			시설지방제		시설하우스 내부
			항공방제		산림지역
		불임충방사	불임충수컷	백만마리/1.6 km 중심격자	대발생시 적용함 매주 방사
				5만마리/외곽	

2.3.2.1 발견 시 방제 매뉴얼

발견 초기 1 주일 이내에 이뤄지는 긴급 방제 매뉴얼이다.

(1) 분포한계 설정

발견지 중심으로 14.4 × 14.4 km 지역에서 긴급모니터링 트랩을 발견 후 24 시간 이내에 이뤄진다.

(2) 수컷유살제 처리

수컷유살제(큐루어(CL) + 살충제)를 왁스형 방출기로 제작하여 과실파리 발견 주변 1.6 × 1.6 km에 600 개를 델타트랩으로 처리한다.

2.3.2.2 발생 시 방제 매뉴얼

(1) 박멸 매뉴얼 가동 기준

과실파리 "발견"에 따라 긴급 실시하는 "분포한계설정" 조사과정을 통하여 "발생"으로 전환되는 경우 박멸프로그램을 가동한다.

(2) 박멸 프로그램 기간

박멸 프로그램은 해당시기에 과실파리가 적어도 2 세대 발생되는 기간 동안 가동된다. 이후 재발견되면 다시 최소한 2 세대 박멸 프로그램이 재가동된다.

(3) 박멸 처리방법 선정기준

① 기본적으로 수컷유살제, 토양소독, 단백질먹이유살제 및 기주제거처리가 가동되어야 한다.
② 방제 지역이 넓은 경우 항공방제가 추가된다.
③ 불임충방사는 선택적 처리이다.

(4) 이동 및 재배 제한

① 과실파리가 발견된 지점을 중심으로 14.4 × 14.4 km 격자에 있는 규제대상 품목의 재배 · 취급 · 가공업자들에게 비상조치 내용을 통보한다.
② 선포된 방역지역에서는 다음의 규제조치가 포함된다.
가) 과일 채소류의 상업구역에서 소독처리 상황 감시·감독·증명서 발급
나) 농산물 가공시설의 주기적 방문
다) 규제품목 폐기물에 대한 감시
라) 공항 · 터미널에서 규제대상품목의 이동감시
마) 검역규제지역 경계의 국도, 지방도로 등에서의 이동감시

(5) 과일수거

과실파리 발견지점을 중심으로 200 m 이내에 있는 모든 과일을 신속히 수거하여 50 cm 이상의 깊이에 묻는다. 유충 발견 장소에서는 기주 과일 껍질도 제거되어야 한다. 이를

수거 기간 동안 플라스틱 상자 속에 보관 후 승인된 매립지에 제거 처리된다. 매몰시 생석회(0.4%)를 첨가한다.

(6) 토양소독

발생 지점을 중심으로 200 m 내에 있는 모든 기주는 과일나무 밑에 팔라딘 유제(경농)를 살포한다.

(7) 수컷유살제 처리

도포형 수컷유살제를 처리한다.

① 도포방법

발견 장소 주변으로 아이들의 접근이 어려운 높이의 전봇대, 나무, 울타리 등에 약 5 mL 부피로 도포한다. 처리 표면에 견고하게 붙어있도록 비교적 표면이 매끄러운 곳은 피하여 도포한다. 유효물질의 분해를 막기 위해 가급적 직사광선을 피하는 곳에 도포한다.

② 처리 규모

중심부(1.6 × 1.6 km)에 600 곳을 균일하게 설정하여 처리한다. 1 완충격자(8 개 격자)에 각 500 개, 2 완충격자(16 개 격자)에 각 400 개, 3 완충격자(24 개 격자)에 각 300 개, 4 완충격자(32 개 격자)에 각 200 개을 처리하여 전체 24,600 개 지점에 도포 처리된다.

③ 처리 횟수

2 주마다 도포한다.

④ 처리 기간

최초 발견 시점으로부터 2 세대 기간 동안 진행한다.

(8) 암컷유살제 처리

살충제가 첨가된 단백질먹이 유살제를 살포한다.

(8-1) 지상 독먹이살포

① 조제

GF120 (동방아그로)을 물로 1.5 배 희석하여 처리한다. 예를 들어 GF120 4 L에 물을 6 L 혼합하여 살포액을 조제하게 된다.

② 처리 지역 규모

발견 지점 기준으로 중심부, 제1완충지역 및 제2완충지역까지 살포 처리한다.

③ 처리 간격

초기 발견 이후 2 세대 기간 동안 주당 1 회 살포한다.

④ 처리 방법

미끼는 개인휴대용 스프레이기 또는 동등한 장치의 수단에 의해 주거지와 휴식공간이 제공되는 기주와 식물에 제한된 범위적용으로 사용될 수도 있다. 사용은 어린이 또는 애완동물에게 피해가 발생하지 않는 장소에 적용된다. 모든 범위적용이 요구된다면 송풍식 분무기 또는 유사한 장치가 사용될 수 있다.

⑤ 처리 약량

각 처리지점은 표면이 모두 적셔지도록 살포한다.

(8-2) 시설지 살포

지상 살포와 동일방법으로 약제를 조제하고, 해당지역에서 기주를 재배하는 모든 시설재배지 내부에 살포한다.

(8-3) 항공 살포

지상 살포와 동일방법으로 약제를 조제하고, 해당지역 포함된 산림 지역에 살포한다.

(9) 불임충방사 처리

① 불임충방사는 박멸처리 후 잉여 구아바과실파리 개체를 완전히 제거하기 위해 적용된다. 이 방법은 과실 껍질 제거, 독먹이살포 및 토양관주(토양이나 나무에 구멍을 파서 약액을 주입하는 약제살포의 한 방법)와 혼합하여 사용될 수 있다.

② 우선 정확한 종 동정이 필요하다. 즉 방사될 종과 침입 종과 동질성이 확보되어야 한다.

③ CL 방출 델타트랩을 이용하여 1.6 × 1.6 km 면적 단위로 5 개 트랩배치가 필요하다. 이 트랩들은 CL 또는 단백질먹이유인제를 유인제로 일주일 간격으로 조사된다.

④ 불임충방사 밀도

감염중심지를 1.6 × 1.6 km 면적으로 정하고 여기에 매주 백만마리 이상의 불임충을 방사하게 된다. 감염외곽지(완충지)는 중심지에서 4.8 km 반경 지역으로 1.6 × 1.6 km 면적 기준으로 50,000 마리 이상이 방사된다.

⑤ 불임충방사 수단

(9-1) 지상 방사

이동 차량을 통해 불임충을 방사한다. 특히 감염중심지 처리에 유효하다. 감염중심지 주변처리도 가능할 수 있다.

(9-2) 항공 방사

육상 차량 방사보다 균일하게 불임충을 방사할 수 있다.

2.3.2.3 박멸선언 매뉴얼

(1) 트랩 모니터링을 통한 박멸효과 확인

① 마지막 발견 후 3 세대 기간 동안 모니터링을 실시한다.

② 정밀조사 이외의 지역에도 상시모니터링 지역에서 3 세대 동안 모니터링을 실시한다.

(2) 과일수거검사를 통한 박멸효과 확인

① 중앙지점 및 제1완충지역(발견지점으로부터 2.4 km 반경이내) 등에 있는 과일을 7~10일 간격으로 조사한다. 특히 중앙지점의 기주과일은 명부를 작성하고 즉석에서 칼로 절개하여 검사한다.

② 시설이 갖추어진 경우에는 수거된 과일은 과실파리 최적온도인 26℃/70% 습도조건에서 1 주 ~ 1 세대기간 동안 사육 후 검사한다. 과일이 저장되는 시설은 우화하는 과실파리가 날아가지 않도록 안전관리에 만전을 기해야한다.

(3) 박멸선언

과실파리 최종발견 후 3 세대 기간 동안 더 이상 발견이 되지 아니하였을 경우 박멸된 것으로 판정한다.

3 암모니아 유인 과실파리의 방제 매뉴얼

3.1 암모니아 유인 과실파리 종류

등급	순위	종명	한국명	유인제	등급분류 근거
I	14	*Anastrepha suspensa* (Loew, 1862)	카리브해과실파리	AA	카리브해의 섬들에 분포하며, 플로리다까지 도입된 바 있다. 다식성 해충이며, 국내 작물로는 복숭아를 가해할 수 있다.
I	15	*Anastrepha fraterculus* (Wiedemann,1830)	남미과실파리 (신칭)	AA	미국 남부와 중남미에서 다양한 식물을 가해하며, 국내 작물로는 귤, 체리, 복숭아를 가해할 수 있다.
I	17	*Anastrepha ludens* (Loew, 1873)	멕시코과실파리 (신칭)	AA	남미에서 미국의 텍사스 주까지 분포한다. 다양한 식물을 가해하는 다식성 해충이며, 국내 작물로는 귤, 복숭아를 가해할 수 있다.
I	19	*Carpomyia pardalina* (Bigot, 1891)	러시아참외과실파리 (신칭)	PA	이집트와 코카서스 지방에서 인도 서부까지 분포하는 오이, 참외, 수박의 해충. 분포 기후대로 볼 때, 침입시 정착할 위험성높다.
II	37	*Anastrepha serpentina* (Wiedemann, 1830)	사포테과실파리 (신칭)	AA	중남미에서는 망고나 구아바를 주로 공격하는 해충으로 알려져 있으나, 그외 다양한 숙주식물의 기록이 있다. 다식성 해충이므로 검역적으로 주의할 필요가 있다.
II	38	*Rhagoletis cingulata* (Loew, 1862)	체리과실파리(신칭)/동부	AA	북미에서 양벚나무 열매를 가해하는 주요 해충이며, 분포구역의 기후가 한국과 유사하므로 침입시 정착할 확률이 크다.
II	39	*Rhagoletis cerasi* (Linnaeus, 1758)	유럽양벚과실파리 (신칭)	AA	북미의 양벚나무 열매를 가해하는 주요 해충이며, 분포구역의 기후가 한국과 유사 하므로 침입시 정착확률이 크다.

II	40	*Rhagoletis completa* (Cresson, 1929)	남방호두과실파리(신칭)	AA	멕시코와 미국 남부원산으로 유럽 남부에 정착한 기록이 있다. 한국 남부에도 정착이 가능한 해충으로 사료된다.
II	41	*Dacus ciliatus* (Loew, 1862)	에티오피아과실파리(신칭)	AA	아프리카 원산이나, 중동이나 동남아시아에 도입이 되어 박과식물을 가해하는 해충이다.
III	46	*Zeugodacus decipiens* (Drew, 1972)	파푸아호박과실파리(신칭)	PA	파푸아뉴기니의 뉴브리튼섬으로 분포가 제한된 편이나, 도입시 제주도에서 재배하는 단호박을 가해할 가능성이 있다.
III	51	*Bactrocera oleae* (Rossi, 1790)	올리브과실파리(신칭)	AS	올리브류의 주요 해충이며, 제주도에서도 올리브의 재배가 시작되었으므로 금지과실파리로 격상할 필요가 있다.
III	53	*Rhagoletis indifferens* (Curran, 1932)	서부양벚과실파리	AA	북미에서 양벚나무 열매의 주요 해충이다. 스위스에 침입 및 정착했던 기록이 있으며, 한국과 비슷한 분포기후대를 가지므로 주의할 필요가 있다.
III	54	*Rhagoletis fausta* (Osten Sacken, 1877)	블랙체리과실파리(신칭)	AA	북미에서 양벚나무 열매의 주요 해충이다. 한국과 비슷한 분포기후대를 가지므로 주의할 필요가 있다.
III	56	*Anastrepha striata* (Shiner, 1868)	신세계구아바과실파리(신칭)	AA	중남미에서는 구아바의 해충으로 알려져 있으며, 그 외에도 다양한 식물을 가해하기에 주의할 필요가 있다.
III	58	*Zonosemata electa* (Say, 1830)	고추과실파리	AH	북미에 분포하며 고추, 가지를 간혹 공격하는 해충으로 알려져 있다. 한국과 비슷한 분포 기후대를 가지므로 주의할 필요가 있다.
IV	무	*Rahgoletis mendax* (Curran)	블루베리과실파리(신칭)	AA	북미에서 블루베리의 주요 해충이다. 국내의 블루베리 재배농가의 증가에 따라 주목할 필요가 있다. 분포 기후대가 한국과 비슷하므로 도입시 정착가능성이 높다.
IV	무	*Anastrepha grandis* (Macquart)	남미호박과실파리(신칭)	PA	남미에서 박과식물을 공격하며 분포도 비교적 제한된 편이나, 도입시 제주도의 박과식물을 공격할 가능성이 없지 않다.

3.2 생태 및 발생예찰

3.2.1 생태적 특성

인제 AA(ammonium acetate; putrescine 포함), AC(ammonium carbonate), AB(ammonium bicarbonate), AH(ammonium hydroxide), AS(Ammonium salts) 등에 유인되는 과실파리류로 대부분의 *Anastrepha* 속, *Rahgoletis* 속, *Zonosemata* 속의 과실파리가 포함되어 있다.

Anastrepha 속은 열대나 아열대 기후에 적응하여 연중 발생하는 과실파리이고, *Rahgoletis* 속과 *Zonosemata* 속은 대부분 온대기후에서도 발생이 가능하고 연 1회 발생하는 종으로 휴면상태의 번데기로 월동한다.

(1) 카브리해과실파리(*Anastrepha suspensa*)

카브리해과실파리는 중남미에서는 다양한 작물을 가해하는 심각한 해충이며 분포범위가 미국 플로리다 남부까지 이르며, 구아바 뿐만 아니라 비파, 금귤, 감귤류(그레이프푸르트)를 가해할 수 있다(Whervin, 1974; Enkerlin et al., 1989).

이 종에 대한 온도발육 등 생태자료는 보고된 것이 없으며, 서인도제도과실파리와 매우 유사한 종이므로(Weems et al. 2001a,b) 동일한 기준을 적용할 수 있다(616.4일도/11.6℃).

○ **기주식물**(Enkerlin et al., 1989; Harris, 1989; White and Elson-Harris, 1992; Weems, 2001asu; CABI, 2019asu; PBCRC, 2019asu)

기주식물 구분	기주식물 목록	비고
1차 기주식물	• 인과류 : 비파(*) • 열대작물(*) : *Syzygium*류(*), 구아바, 열대아몬드, 열대재배 체리(* *Eugenia* spp.)	*심한 피해 **실내사육성공 ***검정요
2차 기주식물	• 감귤류 : 금귤(*), 라임, 만다린, 오렌지(*), 자몽(*), 탄제린, 포멜로	
기주기록	• 박류 : 박(gourd) • 인과류 : 배, 사과 • 장과류 : 구스베리, 무화과, 석류, 감, 토마토, 피망(bell pepper), 자두 • 핵과류 : 복숭아(*), 자두 • 열대작물 : *Annona*류(*), 대추야자(date palm), 리치, 망고, 사포테(*), 스타애플, 아보카도, 열대재배 자두(*Carissa grandiflora, C. macrocarpa, Chrysobalanus icaco, Flacourtia indica*), 카람볼라, 파파야, 호코테	

○ **분포지역**(CABI, 2019asu)

분포지역 구분	국가	비고
확산지역	• 중앙아메리카 및 카리브 일대 : 도미니카공화국, 아이티, 자메이카, 쿠바, 푸에르토리코	
제한적 분포	• 북아메리카 : 미국(Florida)	
분포기록	• 중앙아메리카 및 카리브 일대 : 바하마스, 영국령 버진아일랜드 • 남아메리카 : 프랑스령 가이아나	존재유무만 언급된 경우

(2) 남미과실파리(*Anastrepha fraterculus*)

남미과실파리는 남아메리카 원산으로 열대 및 아열대 지역에서 연중발생하며 브라질에서는 감귤에 20%까지 피해를 주는 것으로 알려져 있다(Silva et al., 2014). 레몬에는 산란하지 않으며 탄저린 감귤을 선호하고 익은 오렌지에서 발육한 암컷은 378.7개의 알을 낳는다(Dias, et al., 2017).

남미과실파리는 25℃ 조건에서 알-성충기간 30.9일, 산란전기간 15.2일로 알려졌다(Dias et al., 2017). 알-알기간 46.1일을 적용하여 세대기간에 필요한 적산온도를 추정하였다. 세대기간 완료에 필요한 적산온도는 발육영점온도 10℃를 임의로 적용하여 (25-10) × 64.1 = 691.5일도로 추정되었다.

○ **기주식물**(Enkerlin et al., 1989; White and Elson-Harris, 1992; Graciela, 1996; CABI and EPPO, 2006af; CABI, 2019af; PBCRC, 2019af)

기주식물 구분	기주식물 목록	비고
1차 기주식물	• 열대작물 : 구아바(*), 열대재배 체리(* *Eugenia uniflora, Eugenia brasiliensis*) • 인과류 : 비파 • 핵과류 : 복숭아(*)	*심한 피해 **실내사육성공 ***검정요
2차 기주식물	• 감귤류 : 라임, 시트론(***), 오렌지, 자몽(*), 탄제린, 포멜로 • 핵과류 : 살구(*), 자두(***)	
기주기록	• 감귤류 : 금귤 • 견과류 : 호두 • 인과류 : 마르멜로, 배, 사과 • 준인과류 : 감 • 장과류 : 구스베리, 딸기, 라즈베리, 무화과, 블랙베리, 석류, 포도, 키위 • 핵과류 : 올리브 • 열대작물 : *Annona*류,(*) *Syzygium*류(*), 망고, 사포테, 아보카도, 열대아몬드(*), 카람볼라, 캐슈넛, 커피, 코코아, 파파야, 패션프룻, 호코테	

* 복숭아의 경우 CABI and EPPO (2006af) 에서는 간헐적으로 가해 (occasional) 하는 것으로 기록

○ **분포지역**(White and Elson-Harris, 1992; CABI, 2019af)

분포지역 구분	국가	비고
확산지역	중앙아메리카 및 카리브 일대 : 과테말라, 니카라과, 벨리즈, 엘살바도르, 온두라스, 코스타리카, 트리니다드토바고, 파나마 남아메리카 : 베네수엘라, 브라질(Amazonia에는 없음), 에콰도르, 우루과이, 콜롬비아, 파라과이, 페루	
제한적 분포	북아메리카 : 멕시코(북부 저지대) 남아메리카 : 아르헨티나	
분포기록	남아메리카 : 가이아나, 볼리비아, 수리남	존재유무만 언급된 경우

(3) 멕시코과실파리(*Anastrepha ludens*)

멕시코과실파리는 열대지역에서 비휴면으로 연중발생하는 것으로 알려져 있으나, 원산지인 메시코 북부에서는 주로 번데기로 월동하고 년 2세대 (간혹 3세대) 발생한다(Liedo et al, 1993). Leyva-Vazquez(1988)는 멕시코과실파리의 발육영점온도 9.4℃이고 적산온도

는 번데기 발육에 번데기 316일도, 알과 유충 발육완료에 291일도로 보고하였다.
멕시코과실파리는 산란전기간이 긴 것으로 보고 되었는데, 정확한 자료가 없었으므로 동일 속에 속한 남미호박과실파리(*Anastrepha grandis*)의 25℃에서 산란전기간 29.6일(Bolzan et al., 2017)을 임의로 적용하여 알-알 세대기간에 필요한 적산온도를 추정하였다. 즉 산란전기간에 완료에 필요한 적산온도는 (25-9.4) × 29.6 = 461.8일도로 추정되었다. 따라서 알-알 세대기간은 1,068.8일도가 되었다.

○ **기주식물**(Baker et al., 1944; White and Elson-Harris, 1992; Weems, 2001al; USDA/APHIS, 2016; CABI, 2019al)

기주식물 구분	기주식물 목록	비고
1차 기주식물	• 감귤류(*) : 오렌지, 자몽, 포멜로 • 열대작물 : 망고(*), 사포테(*)	*심한 피해 **실내사육성공 ***검정요
2차 기주식물	• 인과류 : 배(*) • 핵과류 : 복숭아(*) • 열대작물 : 구아바, 아보카도	
기주기록	• 감귤류(*) : 라임, 레몬, 만다린, 시트론, 탄제린 • 박류 : 애호박(**) • 인과류 : 마르멜로, 사과(*) • 장과류 : 무화과(**), 석류 • 준인과류 : 감 • 채소류 : 고추(**), 토마토(**), 피망(**) • 핵과류 : 자두(***) • 열대작물 : *Annona*류, *Syzygium*류, 바나나(**), 열대아몬드, 캐슈넛, 커피, 파파야, 패션프룻, 호코테	

○ **분포지역**(White and Elson-Harris, 1992; CABI, 2019al)

분포지역 구분	국가	비고
확산지역	• 북아메리카 : 멕시코	
제한적 분포	• 북아메리카 : 미국(Texas, 박멸중) • 중앙아메리카 : 코스타리카, 파나마	
분포기록	• 중앙아메리카 및 카리브 일대 : 과테말라, 니카라과, 벨리즈, 엘살바도르, 온두라스	존재유무만 언급된 경우

(4) 러시아참외과실파리(*Carpomyia pardalina*)

이 종은 메론, 수박, 오이 등을 가해하는 해충으로 유럽 아르메니아, 남부 러시아, 터키를 비롯하여 아시아 이란, 인도 등 폭 넓게 분포하는 종이다(EPPO, 2019cp). 번데기 상태로 토양에서 월동하고 연 2~3세대 발생하는데 이란 남부와 서부에서는 4세대까지 발생한다(Stonehouse et al., 2006; EPPO, 2019cp). 월동태는 겨울철 0℃ 이하에서 생존가능하는 것으로 알려져 있다(EPPO, 2019cp).

러시아참외과실파리의 발육기간은 알기간 2~3일 또는 3~4일, 유충기간 8~18일, 번데기기간 13~20일, 산란전기간 7일 정도로 알려져 있다(Stonehouse et al., 2006; EPPO, 2019cp). 평균 발육기간은 알 3.0일, 유충 13.0일, 번데기 16.5일로 알-알기간은 39.5일이 되며, 상온평균온도 25℃와 임의의 발육영점온도 10℃할 때 세대기간 적산온도는 592.5DD로 추정되었다.

○ **기주식물**(White and Elson-Harris, 1992)

기주식물 구분	기주식물 목록	비고
1차 기주식물		*심한 피해 **실내사육성공 ***검정요
2차 기주식물		
기주기록	• 박류 : 수박, 오이, 기타 박류(*Cucumis melo*)	

○ **분포지역**(White and Elson-Harris, 1992; EPPO Reporting Service, 2013)

분포지역 구분	국가	비고
확산지역		
제한적 분포		
분포기록	• 아시아 : 레바논, 시리아, 아르메니아, 아제르바이잔, 아프가니스탄, 우즈베키스탄, 이라크, 이란, 이스라엘, 인도(북부), 조지아, 카자흐스탄, 키르기스스탄, 타지키스탄, 터키, 투르크메니스탄, 파키스탄 • 유럽 : 러시아(남부), 사이프러스, 우크라이나	존재유무만 언급된 경우

(5) 사포테과실파리(*Anastrepha serpentina*)

사포테과실파리는 열대 및 아열대지역에서 년중 발생하는 과실파리로 망고를 비롯한 감귤류, 사과, 복숭아 등을 가해하는 해충이다(CABI, 2018asw). 알은 3일 내외로 부화하고 유충기간은 8~13일, 번데기는 13~17일후 우화한다(CABI, 2018ase). 성충은 80~100개의 알을 낳으며(Celedonio-Hurtado et al., 1995), 산란전기간은 14일(24℃) 정도이다(Imelda et al., 1995). Spishakoff(1966) 27.8℃에서 알기간 3일, 번데기기간 15일, 26.7℃에서 유충기간 11일을 보고하였다.

온도발육자료가 부족하였기 때문에 27.8℃ 자료를 기준하여 기존자료를 수정하여 적산온도 추정에 활용하였다. 즉 알기간 3일, 유충기간 10일, 번데기기간 15일, 산란전기간 12일을 바탕으로 발육영점온도는 10℃를 임의로 적용하여 알-알 세대기간 완료에 필요한 적산온도 712일도를 추정하였다.

○ **기주식물**(Enkerlin et al., 1989; White and Elson-Harris, 1992; Weems, 2001ase; CABI, 2018ase; PBCRC, 2019ase)

기주식물 구분	기주식물 목록	비고
1차 기주식물	• 감귤류(*) : 라임, 오렌지, 자몽, 탄제린, 포멜로 • 열대작물 : 사포테(*), 스타애플(*)	*심한 피해 **실내사육성공 ***검정요
2차 기주식물		
기주기록	• 인과류 : 마르멜로, 배, 사과 • 준인과류 : 감 • 장과류 : 구스베리 • 채소류 : 토마토(**) • 핵과류 : 복숭아 • 열대작물 : *Annona*류, 구아바, 망고, 아보카도, 호코테	

○ **분포지역**(CABI, 2018ase)

분포지역 구분	국가	비고
확산지역	• 중앙아메리카 및 카리브 일대 : 과테말라, 온두라스, 코스타리카, 트리니다드토바고, 파나마(고지대, 서부) • 남아메리카 : 가이아나, 베네수엘레, 브라질, 수리남, 에콰도르, 콜롬비아, 페루	
제한적 분포	• 북아메리카 : 멕시코, 미국(Texas, 박멸중) • 중앙아메리카 및 카리브 일대 : 네덜란드령 안틸제도	
분포기록	• 중앙아메리카 및 카리브 일대 : 벨리즈 • 남아메리카 : 프랑스령 가이아나	존재유무만 언급된 경우

(6) 체리과실파리(*Rhagoletis cingulata*)

북미 서부에 분포하는 *R. indifferens*와 유연종으로 과거 오동정되기도 하였으며, 이 종은 북미 동부에 분포한다. 즉 *R. cingulata*와 *R. indifferens*는 각각 북미의 동부와 서부에 발생하는 이소종으로 취급된다. 하지만 *R. cingulata*이 아리조나까지 발견되고, *R. indifferens*가 뉴멕시코 동부에 발견되는 등 분포지역이 약간 중복되는 지역이 있다(Foote et al., 1993).

1966년 이전에는 동부종인 R. cingulata 만이 언급되었으며 두 종을 구분하여 취급하지 않았다. 따라서 생물적 특성은 두 종이 동일한 것으로 취급되며, 예찰은 서부양벚과실파리와 동일한 기준을 적용한다.

○ **기주식물**(Harris, 1989; White and Elson-Harris, 1992; Weems, 2001rci; CABI and EPPO, 2006ri; CABI, 2019rci)

기주식물 구분	기주식물 목록	비고
1차 기주식물	• 핵과류 : 앵두	*심한 피해 **실내사육성공 ***검정요
2차 기주식물		
기주기록	• 핵과류 : 올리브(**), 자두(**)	

○ **분포지역**(CABI and EPPO, 2006ri; CABI, 2019rci)

분포지역 구분	국가	비고
확산지역		
제한적 분포	• 북아메리카 : 멕시코, 미국(Arizona, Arkansas, Connecticut, District of Columbia, Florida, Georgia, Illinois, Indiana, Iowa, Louisiana, Louisiana, Maryland, Massachusetts, Michigan, Mississippi, New Jersey, New Mexico, New York, Ohio, Pennsylvania, Tennessee, Texas, Virginia, Wisconsin), 캐나다(Ontario, Quebec, Saskatchewan) • 유럽 : 네덜란드, 독일, 스위스, 프랑스*	*박멸중
분포기록	• 유럽 : 벨기에, 슬로베니아, 오스트리아, 체코 공화국, 크로아티아, 헝가리	존재유무만 언급된 경우

(7) 유럽양벚과실파리(*Rhagoletis cerasi*)

유럽지역 체리에 심각한 피해를 주는 해충으로 연 1세대 발생하며 번데기로 월동한다(Daniel and Grunder, 2012). 성충은 15℃ 이상 조건에서 활동을 시작하며 포장상태에서 4~7주 동안 30~200개의 알을 낳는다(Daniel and Grunder, 2012). 또한 산란전기간은 6~13일이며 알은 2~10일에 부화한다. 월동번데기는 당해연도 대부분 우화하지만 수년 후 우화하는 경우도 있어 검역관리에 주의가 필요하다.

월동고치의 성충으로 우화시기(50%)는 발육영점온도 5℃에서 430DD이다(Daniel, 2014). 따라서 발견년도 다음해 모니터링을 위한 트랩설치는 380DD 이전에 실시한다. 발견당해 년도에는 마지막 발견후 약 7주간 재발견되지 않으면 조사를 중단할 수 있다(성충의 수명 최대 7주 반영). 단 유충에 대한 감염과실 조사는 계속한다.

○ **기주식물**(Fischer-Colbrie and Busch-Petersen, 1989; White and Elson-Harris, 1992; Allwood et al., 1999; USDA/APHIS, 2018rc)

기주식물 구분	기주식물 목록	비고
1차 기주식물	• 핵과류 : 앵두	*심한 피해 **실내사육성공 ***검정요
2차 기주식물	• 약초류 : 인동	
기주기록	• 장과류 : 매자, 블루베리(***)	

○ **분포지역**(Fischer-Colbrie and Busch-Petersen, 1989; USDA/APHIS, 2018rc)

분포지역 구분	국가	비고
확산지역		
제한적 분포	• 북아메리카 : 캐나다(Ontario) • 유럽 : 덴마크(Zealand, Funen), 체코 공화국(Moravia)	
분포기록	• 아시아 : 아르메니아, 우즈베키스탄, 이란(Azarbaijan, Esfahan, Hamadan, Khorassan, Teheran), 조지아, 카자흐스탄, 키르기스스탄, 타지키스탄, 터키(Aegean, Marmara), 투르크메니스탄 • 오세아니아 : 그리스(Crete 섬), 네덜란드, 노르웨이, 독일, 라트비아, 러시아, 루마니아, 리투아니아, 몰도바, 벨기에, 벨라루스, 보스니아 헤르체고비나, 북마케도니아, 불가리아, 세르비아, 스웨덴(위도 61 이남), 스위스, 스페인, 슬로바키아, 슬로베니아, 에스토니아, 오스트리아, 우크라이나, 유고슬라비아, 이탈리아(Sicily, Sardinia 포함), 크로아티아, 포르투갈, 폴란드, 프랑스, 헝가리	존재유무만 언급된 경우

(8) 남방호두과실파리(*Rhagoletis completa*)

남방호두과실파리는 호두과실파리의 아종으로 취급되다가 1930년대 독립종으로 분리되었다(Foote et al., 1993). 북미가 원산인 이 과실파리는 연 1세대 발생하며 번데기로 월동하고 중앙유럽에서는 7월부터 9월까지 호두에서 발생한다(OEPP/EPPO, 2011).

남방호두과실파리는 28℃에서 발육변수가 가장 좋으며, 산란전기간 10일, 알기간 2.3일, 유충기간 20일 이었고, 번데기기간은 24℃에서 53일, 8℃에서 162일로 나타났다(Kasana and AliNiazee, 1994). 발육영점온도는 산란전기간 6.6℃, 알 5.3℃, 유충 2.9℃, 번데기 5℃로 알려져 있다(Kasana and AliNiazee, 1994). 월동 번데기 발육은 일정한 저온처리기간이 필요하고(5℃ 120일), 휴면이 타파된 번데기의 성충까지 우화하는데 필요한 적산온도는 발육영점온도 4℃ 기준 2,024DD가 된다(Emery and Mills, 2019). 따라서 다음연도 성충 모니터링을 위한 트랩설치는 1,800DD 이전에 실시한다.

○ **기주식물**(White and Elson-Harris, 1992; Harris, 1989; CABI and EPPO, 2006rc; CABI, 2019rc; PBCRC, 2019rc)

기주식물 구분	기주식물 목록	비고
1차 기주식물	• 견과류 : 호두(*)	*심한 피해 **실내사육성공 ***검정요
2차 기주식물	• 핵과류 : 복숭아	
기주기록		

○ **분포지역**(CABI and EPPO, 2006rc; CABI, 2019rc)

분포지역 구분	국가	비고
확산지역	• 유럽 : 스위스	
제한적 분포	• 북아메리카 : 멕시코(남부) • 유럽 : 독일, 슬로베니아, 이탈리아(Piemonte, Lombardia, Friuli-Venezia Giulia), 프랑스, 헝가리	
분포기록	• 북아메리카 : 미국(Arizona, California, Colorado, Oregon, Idaho, Iowa, Iowa, Kansas, Kansas, Minnesota, Mississippi, Missouri, Nebraska, Nevada, New Mexico, Oklahoma, Oregon, Texas, Utah, Washington) • 유럽 : 네덜란드, 보스니아 헤르체고비나, 오스트리아, 크로아티아	존재유무만 언급된 경우

(9) 에티오피아과실파리(*Dacus ciliatus*)

이 종은 아프리카에서 아시아 지역까지 폭 넓게 분포하며 박과류 과실에 발생하는 다식성 과실파리이다(CABI, 2009dc). 연중 발생하지만 여름철에 발생밀도가 높으며(Hancock, 1989), 오이과실파리와 비교하여 더 저온지역에서 정착이 가능하다(CABI, 2009dc).

발육기간은 실내사육 조건(25℃)에서 알기간 3.0일, 유충기간 7.3일, 번데기 기간 9.3일, 성충은 14~45일 생존하였고 산란수는 322.6개로 나타났다(Fetoh, 2006). 성충은 우화

14~15일 성적성숙에 도달하는데(CABI, 2009dc), 다른 보고에 의하면 여름철에는 5~6일, 겨울철에는 20~30일이 필요하다(El Nahal et al., 1971). 자료를 종합하면 알-알 세대기간은 34.1일로 임의의 발육영점온도 10℃에서 적산온도는 511.5DD로 추정되었다.

○ **기주식물**(White and Elson-Harris, 1992; CABI and EPPO, 2006dc)

기주식물 구분	기주식물 목록	비고
1차 기주식물	• 박류 : 오이, 애호박(squash), 기타 박류(*Cucumis melo*)	*심한 피해 **실내사육성공 ***검정요
2차 기주식물	• 채소류 : 오크라, 콩, 토마토	
기주기록	• 박류 : Luffa, 박(gourd), 수박, 호박	

○ **분포지역**(White and Elson-Harris, 1992; CABI and EPPO, 2006dc)

분포지역 구분	국가	비고
확산지역		
제한적 분포		
분포기록	• 아프리카 : 가나, 나미비아, 나이지리아, 남아프리카 공화국, 레소토, 레위니옹, 르완다, 마다가스카르, 말라위, 모리셔스, 모잠비크, 베냉, 보츠와나, 세네갈, 소말리아, 수단, 시에라리온, 앙골라, 에리트레아, 에티오피아, 우간다, 이집트, 자이르, 케냐, 탄자니아 • 아시아 : 미얀마, 방글라데시, 사우디아라비아, 스리랑카, 예멘, 이란, 인도(Delhi, Gujarat, Maharashtra, Punjab, Tamil Nadu, Uttar Pradesh), 파키스탄 • 오세아니아 :	존재유무만 언급된 경우

(11) 파푸아호박과실파리(*Bactrocera decipiens*)

파푸아뉴기니 일부지역에서 호박에서 만 발생하는 종으로 오이과실파리와 혼재하여 발생하며, 발육속도는 훨씬 느리다(SPC, 2013bd). 그 동안 이 종의 유인제는 알려져 있지 않았으나 Cera Trap(단백질 트랩) 효과적으로 유인되어 검역 예찰용으로 사용 가능한 것으로 평가되었다(Royer et al., 2018).

이 종에 대한 생태자료는 거의 알려져 있지 않으며, 유전적으로 호주오이과실파리와 가까운 것으로 분석되었다(Krosch et al., 2012). 따라서 호주오이과실파리 기준에 준하여 예찰모형을 적용한다.

○ **기주식물**(White and Elson-Harris, 1992; Margosian et al., 2007; Leblanc et al., 2012; SPC, 2013bd)

기주식물 구분	기주식물 목록	비고
1차 기주식물		*심한 피해 **실내사육성공 ***검정요
2차 기주식물		
기주기록	• 박류 : 애호박(squash), 호박 • 열대작물 : 아보카도	

○ **분포지역**(Plant Health Australia, 2018)

분포지역 구분	국가	비고
확산지역		
제한적 분포		
분포기록	• 오세아니아 : 파푸아뉴기니(New Britain)	존재유무만 언급된 경우

(12) 올리브과실파리(*Bactrocera oleae*)

올리브과실파리는 올리브를 재배하는 지중해지역에 주로 분포하며 아프리카와 미국 캘리포니아, 멕시코 등지에도 분포하고 있다. 이스라엘에서 성충은 연중 발생하지만(Freidberg and Kugler, 1989), 서늘한 지역에서는 여름철에만 성충이 출현하고 겨울은 토양에서 번데기로 지낸다(CABI, 2018bol). 미국 캘리포니아에서는 내륙지역에서는 번데기로 월동하고 3월부터 5월 우화한다(Weems and Nation, 2012). 연중 다세대 발생하는데(미국 캘리포니아 : Yokoyama, 2012), 여름에서 초가을까지는 올리브 과실속에서 발육을 완료하여 성충으로 우화하고, 늦가을에는 노숙유충이 땅으로 떨어져 번데기로 된다(Tsitsipis, 1984; Tsitsipis and Loher, 1987).

월동생태는 다양한 것으로 알려져 있다. 성충은 조건적 생식 휴면상태로 월동에 들어가고 다음해 먹이조건이 이용 가능하게 되는 시기에 활동을 시작한다(Tzanakakis and Koveos, 1986; Koveos and Tzanakakis, 1990). 또한 이태리에서는 3~5월 성충활동 개체군이 관찰되고 이 개체군은 월동번데기에서 발생하는 것으로 확인되었다(Petacchi et al., 2015).

올리브과실파리 발육기간은 27℃에서 알, 유충, 번데기 기간 가각 2.67일, 10.86일, 8.26일이었고, 16℃에서는 각각 11.40일, 33.40일, 28.40일; 22℃에서는 각각 4.30일, 14.13일, 12.67일; 35℃에서는 번데기 발육이 불가하였으며 알 2.13일, 유충 5.06일 이었다(Genç and Nation, 2008). 또한 여름철 산란전기간은 6~10일이 소요되며 알 2~4일, 유충 10~14일

번데기 10일 정도이다(Weems and Nation, 2012).

여름철 알에서 성충까지 발육에 필요한 적산온도는 발육영점온도 8.99℃에서 379.01DD로 알려졌다(Crovetti et al., 1982). 여기에 산란전기간 약 128DD를 추가하면 알-알 세대기간은 507DD가 되었다(25℃에서 산란전기간 8일 적용).

봄철 성충우화 예측은 379.01DD를 바탕으로 늦가을 낳은 알에서 유충이 발육하여 다음해 성충이 출현하는 시기를 추정한 경우가 있다(Crovetti et al., 1982). 번데기로 월동하는 지역에서는 발육영점온도 12.36℃와 적산온도 170.9DD를 이용하여 성충우화시기의 추정이 가능하다(Genç and Nation, 2008).

○ **기주식물**(White and Elson-Harris, 1992; CABI, 2018bol)

기주식물 구분	기주식물 목록	비고
1차 기주식물	• 핵과류 : 올리브	*심한 피해 **실내사육성공 ***검정요
2차 기주식물		
기주기록	• 핵과류 : 자두	

○ **분포지역**(White and Elson-Harris, 1992; CABI, 2018bol)

분포지역 구분	국가	비고
확산지역	• 유럽 : 그리스(mainland, Crete), 사이프러스, 스페인(Belearic islands), 이탈리아(Sardinia, Sicily), 포르투갈(mainland, Azores)	
제한적 분포	• 북아메리카 : 미국(California) • 아시아 : 인도(Jammu and Kashmir) • 유럽 : 프랑스(Corsica)	
분포기록	• 북아메리카 : 멕시코 • 아시아 : 레바논, 사우디아라비아, 시리아, 요르단, 이란, 이스라엘, 조지아, 터키, 파키스탄 • 아프리카 : 남아프리카 공화국, 레위니옹, 리비아, 모로코, 모리셔스, 세이셸, 수단, 알제리, 앙골라, 에리_레아, 에티오피아, 이집트, 카나리아 제도, 케냐, 튀니지 • 유럽 : 말타, 몬테네그로, 세르비아, 스위스, 슬로베니아, 알바니아, 크로아티아	존재유무만 언급된 경우

(13) 서부양벚과실파리(*Rhagoletis indifferens*)

서부양벚과실파리는 북미원산으로 연 1세대 발생하며 복숭아나 체리 등을 가해하고 번데기로 월동하는 해충이다. 북미에서 이 종은 서부지역에 분포한다.

발육영점온도 5℃ 적용시 각 발육단계 완료에 필요한 적산온도는 휴면 후 발육(월동 번데기 발육) 650DD, 산란전기간 79DD, 성충수명 500DD, 알 발육 53DD, 유충발육 201DD 등으로 알려져 있다(AliNiazee 1979; Jones et al., 1991; Song et al., 2003).

따라서 봄철 성충우화시기는 발육영점온도 5℃를 적용하여 예측하고, 50% 우화기가 650DD이므로 580DD 전에 트랩을 설치한다. 성충수명은 500DD에 해당되므로 마지막 발견일부터 성충사망일을 추정할 수 있다.

○ **기주식물**(White and Elson-Harris, 1992; Harris, 1989; CABI and EPPO, 2006ri; PBCRC, 2019ri)

기주식물 구분	기주식물 목록	비고
1차 기주식물	• 핵과류 : 앵두(*), 자두	*심한 피해 **실내사육성공 ***검정요
2차 기주식물		
기주기록		

○ **분포지역**(CABI and EPPO, 2006ri)

분포지역 구분	국가	비고
확산지역		
제한적 분포		
분포기록	• 북아메리카 : 미국(Arizona, California, Colorado, Idaho, Montana, New Mexico, Oregon, Utah, Washington, Wyoming), 캐나다(south-eastern British Columbia) • 유럽 : 스위스	존재유무만 언급된 경우

(14) 블랙체리과실파리(*Rhagoletis fausta*)

북아메리카 동서부 모두에 발생하는 종으로 주로 체리(*Prunus* spp.)을 가해하며, 핵심 기주식물은 미서부는 Bitter Cherry (*P. emarginata,* 산벚나무 일종), 동부는 Pin Cherry (*P. pensylvanica*) 이다 (Foote et al., 1993).

생활사는 블랙베리과실파리와 유사하며, 미국 펜실바니아에서는 6월 성충이 우화하는 것으로 알려져 있다(Jubb and Cox, 1974). 아직 자세한 온도발육 자료가 보고되지 않은 종으로 블랙베리과실파리와 같은 기준을 적용할 수 있다.

○ **기주식물**(White and Elson-Harris, 1992; Harris, 1989; Weems, 2001rci; CABI, 2018rf; PBCRC, 2019rf)

기주식물 구분	기주식물 목록	비고
1차 기주식물	• 핵과류 : 앵두(*)	*심한 피해 **실내사육성공 ***검정요
2차 기주식물		
기주기록		

○ **분포지역**(CABI, 2018rf)

분포지역 구분	국가	비고
확산지역		
제한적 분포	• 북아메리카 : 미국(California, Michigan, New York, Massachusetts, Ohio, Pennsylvania, Wisconsin, Maine, New, Hampshire, Idaho, Minnesota, Washington, Oregon, Montana), 캐나다(Ontario, Quebec, Manitoba, New Brunswick Newfoundland and Labrador, Alberta, British Columbia)	
분포기록		존재유무만 언급된 경우

(15) 신세계구아바과실파리(*Anastrepha striata*)

도금양과(Myrtaceae)의 구아바류(*Psidium* spp.)를 비롯한 *Campomanesia*, *Eugenia*, *Myrcia* 속의 식물을 가해하는 것으로 알려져 있으며(CABI, 2018ast), 감귤의 해충으로도 보고되었다(White and Elson-Harris, 1992). 성충은 연중 발생하고(Christenson and Foote, 1960) 성적 성숙이 완료되기 위해서는 약 15일이 소요된다(Ramirez-Cruz et al., 1996).
정확한 생태자료가 보고되어 있지 않으며 대략 온도에 따라 알기간 3~6일, 유충기간 15~25일, 번데기 기간 15~19일(CABI, 2018ast)이 기록되어 있다. 따라서 임의의 발육영점 온도 10℃를 적용하고 25℃에서 발육기간 알 4.5일, 유충 20일, 번데기 17일, 산란전기간 15일로 하여 알-알 세대기간 847.5일도를 추정하였다.

○ **기주식물**(Enkerlin et al., 1989; White and Elson-Harris, 1992; Weems, 2001ast; CABI, 2018ast; USDA/APHIS, 2018ast; PBCRC, 2019ast)

기주식물 구분	기주식물 목록	비고
1차 기주식물	• 열대작물 : 구아바(*)	*심한 피해 **실내사육성공 ***검정요
2차 기주식물		
기주기록	• 감귤류 : 만다린, 오렌지 • 인과류 : 비파 • 준인과류 : 감 • 핵과류 : 복숭아 • 열대작물 : *Annona*류, *Syzygium*류, 망고, 사포테, 스타애플, 아보카도, 열대아몬드, 열대재배 체리(* *Eugenia* spp.), 카람볼라, 캐슈넛, 커피, 파파야, 패션프룻, 호코테	

○ **분포지역**(CABI, 2018ast)

분포지역 구분	국가	비고
확산지역	• 북아메리카 : 멕시코 • 남아메리카 : 베네수엘라, 페루 • 중앙아메리카 및 카리브 일대 : 과테말라, 온두라스, 코스타리카, 트리니다드토바고, 파나마	
제한적 분포	• 남아메리카 : 브라질(Acre, Amapa, Amazonas, Goias, Maranhao, Mato Grosso do Sul, Para, Piaui, Rondonia, Roraima, Sao Paulo, Tocantins)	
분포기록	• 중앙아메리카 및 카리브 일대 : 네덜란드령 안틸제도, 니카라과, 벨리즈 • 남아메리카 : 가이아나, 볼리비아, 수리남, 에콰도르, 콜롬비아, 프랑스령 가이아나	존재유무만 언급된 경우

(16) 고추과실파리(*Zonosemata electa*)

고추과실파리는 북미 원산으로 미국 북동부와 캐나다 온타리오 남서부에서 고추와 가지의 중요한 해충이며 간헐적으로 대발생한다(Judd et al., 1991). 연 1회 발생하며 번데기 상태로 휴면에 들어가서 토양 10cm 깊이에서 월동한다. 알기간은 8~10일, 유충기간 18일이고, 6월~7월 성충이 우화하여 산란하며 유충은 6월에서 9월까지 보인다(Sparks and Rile, 2007). 기주식물 등 조건에 따라 늦여름 또는 가을에 지연되어 우화하는 경우도 있다. 캐나다 온타리오에서는 6월 하순에서 7월 상순 성충으로 우화하였다(Judd et al., 1991).

자세한 생태정보가 없는 상태이며, 고추와 도깨비가지(*Solanum carolinense*, horsenettle) 개체군에서 월동고치의 발육영점온도는 9.33℃로 추정되었고 우화시기(50%)는 602DD 이었다(Judd et al., 1991). 이 적산온도 정보를 활용하여 발견 다음연도에 540DD 이전에 예찰트랩을 설치한다.

○ **기주식물**(White and Elson-Harris, 1992; EPPO, 2015)

기주식물 구분	기주식물 목록	비고
1차 기주식물		*심한 피해 **실내사육성공 ***검정요
2차 기주식물		
기주기록	• 채소류 : 가지, 고추, 토마토, 피망	

○ **분포지역**(EPPO, 2015)

분포지역 구분	국가	비고
확산지역		
제한적 분포		
분포기록	• 북아메리카 : 미국(Florida, Iowa, Massachusetts, Texas), 캐나다(Ontairo, Quebec)	존재유무만 언급된 경우

(17) 블루베리과실파리(*Rahgoletis mendax*)

미국과 캐나다 등 북아메리카 동부에 분포하는 종으로 진달래과(Ericaceae)에 속한 광범위 식물을 가해하며 블루베리가 주요기주이고, 야생 자두(*Prunus* sp.)에도 발생하는 것으로 기록에 있다(CABI, 2018rm). 이 종은 연 1회 발생하며 성충이 보통 6월 하순부터 8월 상순까지 나타나고, 알, 유충을 거쳐 번데기는 휴면상태로 월동에 들어가서 다음해 우화한다(Boller and Prokopy, 1976). 뉴저지 남부에서는 만생종('Elliott') 블루베리에 적응하여 9월에 우화하는 개체군이 존재하는 것으로 알려져 있다(Teixeira and Polavarapu, 2001a). 이와같이 기주식물 환경에 따라 블루베리과실파리의 월동번데기 우화시기는 변이가 크다. 블루베리과실파리 알기간은 3~7일, 유충 2~5주, 성충은 약 40일 생존한다(CABI, 2018rm). 월동번데기의 발육에는 다양한 요인이 관여하지만 7℃ 이상에서 휴면후발육이 진행되었고(Teixeira and Polavarapu, 2005a), 우화까지 기간은 20℃에서 약 50일(Teixeira and Polavarapu, 2005b) 이었다.

이 과실파리는 연 1회 발생하기 때문에 대응조치 과정에서 세대기간 추정이 불필요하며, 다음해 모니터링의 개시 시점의 결정이 요구된다. 발육영점온도를 7℃로 성충우화에 필요한 적산온도를 추정한 결과 '(20-7)×50 = 650DD'가 되었다(따라서 50% 우화일은 650일도가 됨). 다음해 조사를 위한 트랩설치는 580DD가 되기전 실시한다. 기타 조사에 대한 의사결정은 연간 1세대 발생하는 다른 종의 경우를 참조한다(중국 또는 일본귤과실파리).

○ **기주식물**(Harris, 1989; White and Elson-Harris, 1992; Weems, 2001rm; CABI, 2018rm)

기주식물 구분	기주식물 목록	비고
1차 기주식물	• 장과류 : 블루베리	*심한 피해 **실내사육성공 ***검정요
2차 기주식물		
기주기록	• 장과류 : 허클베리 • 핵과류 : 복숭아	

○ **분포지역**(CABI, 2018rm)

분포지역 구분	국가	비고
확산지역		
제한적 분포	• 북아메리카 : 미국(Alabama, Connecticut, Florida, Georgia, Illinois, Indiana, Kentucky, Maine, Maryland, Massachusetts, Michigan, Minnesota, Missouri, New Hampshire, New Jersey, New York, North Carolina, Ohio, Pennsylvania, Rhode Island, South Carolina, Tennessee, Virginia, West Virginia, Wisconsin), 캐나다(New Brunswick, Nova Scotia, Ontario, Prince Edward Island, Quebec)	
분포기록		존재유무만 언급된 경우

(18) 남미호박과실파리(*Anastrepha grandis*)

이 종은 신열대성 곤충으로 아메리카 중부와 남부에 분포하며 메론, 호박, 오이 등의 중요한 해충이다(NAPPO, 2009; Reviewed in Bolzan et al., 2017).

알과 번데기의 발육영점온도는 8.3℃이고 적산온도는 각각 132.3DD과 347.0 DD이었고, 알-알 기간은 15℃ 168.9일, 20℃ 102.8일, 25℃ 68.9일, 30℃ 66.4일 이었다(Bolzan et al., 2017). 따라서 발육영점온도 8.3℃에서 알-알 세대기간에 필요한 적산온도는 1161.7DD로 추정되었다.

○ **기주식물**(White and Elson-Harris, 1992; Weems, 2001ag; CABI, 2019ag)

기주식물 구분	기주식물 목록	비고
1차 기주식물	• 박류(*) : 호박, 기타 박류(*Cucumis melo*)	*심한 피해 **실내사육성공 ***검정요
2차 기주식물		
기주기록	• 감귤류 : 오렌지(***) • 박류(*) : 박(gourd), 수박, 애호박(squash), 오이 • 열대작물 : 구아바(***), 패션프룻(***)	

- 박류는 덜익은 것을 선호

○ **분포지역**(White and Elson-Harris, 1992; Weems, 2001ag; CABI, 2019ag)

분포지역 구분	국가	비고
확산지역	• 남아메리카 : 아르헨티나(북부. Corrientes, Entre Rios, Misiones, Saita)	
제한적 분포	• 남아메리카 : 베네수엘라(Aragua, Barinas, Carabobo, Zulia), 브라질, 에콰도르, 콜롬비아, 페루 • 중앙아메리카 및 카리브 일대 : 파나마	
분포기록	• 남아메리카 : 볼리비아, 파라과이	존재유무만 언급된 경우

3.2.2 발생예찰

AA-유인제 그룹은 모두 연중발생하는 종, 다세대 발생종, 1세대 발생종으로 구성되어 있다. 연중발생 종은 세대예찰모형을 적용한다. 다세대 종의 경우도 세대예찰 모형을 적용할 수 있다. 1세대 발생종은 세대예찰이 불필요하며 다음해 성충우화모형을 적용하여 예찰을 재개한다. 평균대기온도에서 발육영점온도(LT) 이상의 온도를 누적하여 해당 적산온도(DD)를 계산한다.

표 5-5 AA-유인제 그룹 과실파리 발생예찰용 온도발육 매개변수

기존 등급	신규 등급	한국명	생활사	월동태	예찰모형	LT	DD	비고
금지	I	카리브해과실파리	연중발생		세대기간	11.6	616.4	
금지	I	남미과실파리	연중발생		세대기간	10	691.5	
금지	I	멕시코과실파리	연중발생		세대기간	9.4	1,068.8	
금지	II	러시아참외과실파리	2~4	번데기	세대기간	10.0	592.5	
금지	II	사포테과실파리	연중발생		세대기간	10.0	712.0	
금지	II	체리과실파리	1세대	번데기	성충우화	5.0	650.0	
금지	II	유럽양벚과실파리	1세대	번데기	성충우화	5	430	
금지	II	남방호두과실파리	1세대	번데기	성충우화	4	2024	
	II	에티오피아과실파리	연중발생		세대기간	10	511.5	
	III	파푸아호박과실파리	연중발생		세대기간	10	532.5	1
	III	올리브과실파리	연중발생		세대기간	8.99	507	
				번데기	성충우화	12.36	170.9	
금지	III	서부양벚과실파리	1세대	번데기	성충우화	5.0	650.0	
금지	III	블랙체리과실파리	1세대	번데기	성충우화	7.0	650.0	
금지	III	신세계구아바과실파리	연중발생		세대기간	10.0	847.5	
금지	III	고추과실파리	1세대	번데기	성충우화	9.33	602	
	IV	블루베리과실파리	1세대	번데기	성충우화	7.0	650.0	
	IV	남미호박과실파리	연중발생		세대기간	8.3	1161.7	

1 호주오이과실파리 적용

3.3 모니터링 및 방제기술

3.3.1 모니터링 기술

과실파리류에서 사용하는 발견과 발생의 용어는 다음과 같이 정의된다.

○ **발견과 발생**

발견	• 발생 전 단계 • 무발생으로 간주되나 긴급조치 추진 • 정착되지 않았으나 당분간 생존 가능한 고립된 집단이 검출된 경우
발생	• 국제기구, 수출상대국 등에 의무통보 • 대내 · 외 공식 발표 • 국가 주도의 방제작업 추진 • 다수가 검출되거나 정착되어 지속적으로 존재하는 경우

○ **과실파리의 발생 기준]**

• 알, 유충, 번데기 또는 교미한 암컷 1 마리 이상 또는
• 1 세대 이내에 발견지 중심(14.4 × 14.4 km) 안에서 성충 5 마리 이상이 트랩에서 검출된 경우(수컷, 미교미 암컷)

종류	목적	방법	조사범위	조사횟수 및 기간
상시모니터링	조기탐지용	맥페일트랩	주요 기주 재배지역 및 항구, 항만지역 (전국 1,000 개 지점)	연중
		순회모니터링	재배기주 및 이동기주 조사	월 1-2 회
긴급모니터링	분포한계조사	맥페일트랩	발견지 중심 14.4 km 격자	1 회/일(첫 1주) 2 회/주(첫 세대) 0.5 회/주(2-3세대)
		기주조사	발견지 중심 200 m 반경	1 회 및 폐기 처리

3.3.1.1 유인제 제조 및 트랩설치

기본적으로 단백질 먹이 기반 트랩을 이용하여 모니터링한다. 현재 국내에서 개발된 단백질 먹이트랩에 terpinyl acetate 대신에 ammonium acetate를 첨가하여 모니터링 루어를 제작한다. 이를 맥페일트랩에 첨가하여 암수를 포획한다. 제조된 원액은 냉장 보관한다. 사용시에는 물로 100 배 희석하여 사용하게 된다.

성분	함량
Yeast	25 g
Sugar	70 g
과일쥬스	80 mL
스피노사드(80% ai)	1 g
Ammonium acetate	2 mL
Sodium azide	1 g
증류수	40 mL

그림 5-5 AA-단백질먹이 유인제 조성과 맥페일트랩

맥페일트랩(Pherobank, Wijk bij Duurstede, Netherland)에 액상 AA-단백질먹이 유인제 용액은 저장고의 가장자리 바로 아래까지 채워져야 한다. 맥페일트랩에의 과실파리 포획을 조사하고 트랩을 취급하는 요령은 다음과 같다.

1) 트랩을 나무 아래에서 내용물이 쏟아지지 않도록 수거한다. 이때 트랩 아랫면을 조심스럽게 돌려 살아있거나 용기 내벽에 붙어 있는 과실파리를 용액에 빠지게 한다.
3) 마개를 열고 내용물을 양동이 위에 놓은 체에 걸러낸다. 용기에 붙어 있는 곤충들도 모두 수거한다. 체의 아랫부분을 물에 살짝 담가서 포획된 과실파리의 날개가 펼쳐지도록 한다.
4) 포획된 과실파리 및 기타 곤충들을 70% 에탄올이 담긴 바이알에 담는다.
5) 바이알에 라벨을 부착하고 트랩의 위치 및 종류, 날짜 및 기타 필요 정보를 기입한다.
6) 트랩을 재사용하기 전에 깨끗이 한다. 투명한 부분의 투명도는 과실파리의 포획에 아주 중요하다.

3.3.1.2 상시모니터링

(1) 조사지역

① 전국 공항 · 항만 주변 반경 1.6 km
② 전국 과실파리 기주식물 대형 재배단지
③ 전국 과일판매시장 주변 200 m

(2) 모니터링 방법

모니터링 방법은 식물검역관이 실시하는 과실파리에 대한 트랩조사와 포장순회모니터링 (대상 : 이동 기주)이 있다.

(3) 유형별 모니터링 요령

가. 트랩조사

① 조사기간 : 연중

② 트랩설치 장소 : 전국 1,000 개 운영 (제주도 500 개, 본토 500 개) 공항 · 항만지역, 전국 기주식물 재배단지, 수출 · 입식물 재배지, 과일 판매시장 주변, 격리재배지, 외국군부대 주변 등 적절한 장소를 선정한다.

③ 트랩의 설치 밀도는 위험도에 따라 네 등급으로 나누어 결정하여 설치한다.
  1) 고위해도 지역(항만, 도시 및 부도심 지역) : 평방마일 당 10 개 설치
  2) 중위해도 지역(기타 부도심 지역) : 평방마일 당 5 개 설치
  3) 저위해도 지역(기주식물이 없는 농촌 지역) : 평방마일 당 2 개 설치
  4) 최저위해도 지역(정착 가능성 없는 지역) : 5 평방마일 당 1 개 설치

④ 트랩설치 방법
기주과일 나무를 우선 선택한다. 기주나무가 없는 도심지역은 그늘진 장소를 선택한다.

⑤ 트랩설치 장소
출입이 편리하고 안정성이 있는 장소를 선택하여 지상에서 1.6~1.8 m 높이에 사방이 잘 트이고 약간 그늘이 있는 곳에 설치한다.

⑥ 트랩설치 간격
유인력에 영향을 주지 않도록 다른 트랩과 최소 5m 이상의 간격을 유지하도록 하고, 설치한 지점의 침입 위험도가 변경되는 등 필요하다고 판단될 경우 트랩설치 지점을 변경한다.

⑦ 유인제 설치 및 교체
AA-단백질먹이 유인물질을 맥페일트랩에 넣고 조사 시기 마다 교체한다.

⑧ 조사횟수

- 동계(12-2월) 월 1회
- 춘계(3-5월) 2주 1회
- 하계(6-9월) 1주 1회
- 추계(10-11월) 2주 1회

⑨ 트랩설치장소 등록

농림축산검역본부(이하 "검역본부"라 한다) 지역본부 · 사무소별로 트랩번호를 부여하여 설치한 다음 설치위치의 GPS 좌표를 식물검역통합정보시스템의 금지급 과실파리예찰방제시스템에 등록한다.

나. 포장 순회 모니터링

① 조사기간 : 1~12월

② 조사횟수

11~2월에는 월 1회, 3~10월에는 월 2회 이상

③ 조사지역

공항 · 항만지역, 경유물품에 긴급사태가 발생한 지역, 격리재배지, 수출 · 입 식물재배지역 등

④ 기주 조사방법

기형과일, 유충, 알, 식흔, 부패, 배설물 등

(4) 모니터링 결과 등록 및 표본 제작

채집된 모든 과실파리는 분류, 동정하고 그 결과를 금지급 과실파리모니터링방제시스템에 등록한다.

FF 관리 DB

	A	B	C	D	E	F	G	H	I
1	날자	채집지점	트랩	곤충종(추정)	마리수	진단기술	종동정	조치	관리
2	16.3.17	제주(CJ-A-i-47)	ME	B. oroientalis	1	DNA/형태	B. orientalis	OFF 매뉴얼 제10조 1항에 따라 제주본부장통보(3/19)	OFF 매뉴얼 제4항에 따라 긴급방제지역선포(3/20)
3				B. sp.	1	DNA/형태	B. scutellata	무조치	무관리
4				Unknown	1	DNA	B. scutellata	무조치	무관리
5									

동정은 형태지표 및 분자지표를 이용한다. 분자지표의 경우는 신속동정시스템을 이용하고, 정밀동정은 농림축산검역본부의 전문가에게 보내 판정 받는다. 채집된 과실파리는 표본을 제작한 후 라벨을 부착(해충명, 기주, 채집지, 채집일자, 채집자)하여 보관한다.

(5) 상황보고

지역본부장 · 사무소장은 모니터링 결과 새로운 식물병해충(검역병해충, 국내미분포병해충 등)을 발견한 경우 또는 경유물품에 긴급사태가 발생한 경우와 모니터링 요원의 새로운 병해충 신고 및 조치사항을 별지 서식 제3호에 따라 농림축산검역본부(식물방제과)로 계통보고 하고 발견된 병해충 표본을 긴급 송부한다.

[별지 제3호 서식]

새로운 식물병해충 발견상황 보고

구 분	내 용
1. 발견일자	
2. 발견장소	• 주소 : • 농가명 : (TEL)
3. 병해충명	
4. 기주식물 (트랩설치 식물)	
5. 발견상황	• 발견병해충수, 발견정도, 피해증상 등
6. 조치사항	• 긴급조치(약제살포, 폐기 등) 등
7. 기 타	• 병해충 발견자 : 직 성명 • 분류동정자 : 직 성명 • 확인자 : 직 성명 • 기타 참고사항 수입식물의 수입시기, 수입국가, 수입량 농가에서 최초 발견시기 등

3.3.1.3 긴급모니터링

(1) 분포한계조사

가. 트랩 종류와 배치

어떤 지역에서 1 개체 또는 그 이상의 과실파리가 채집될 경우, 침입한 과실파리의 분포한계를 결정하기 위한 조사가 즉시 수행된다. 과실파리가 최초 발견된 지점을 중심으로 그 주변을 1.6 km 간격으로 정사각형(1.6 × 1.6 km) 격자배치구를 설정한 후 중심부에서 주변부로 격자 당 25-5-5-5-5 개의 맥페일 트랩(AA-단백질먹이 유살제 사용)을 설치한다.

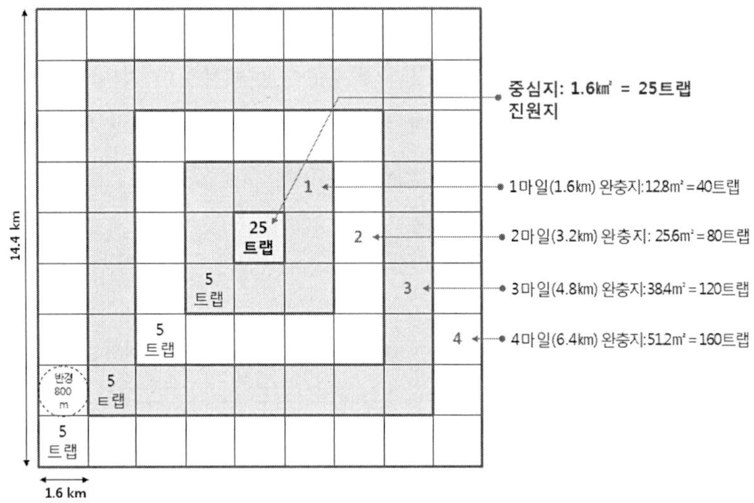

분포한계조사 예찰트랩설치

과실파리가 검출된 지점으로부터 14.4 km 밖의 지역은 상시모니터링 설치 지역에 해당하며, 기존의 실시간 모니터링을 지속한다.

나. 트랩 조사기간 및 조사 빈도

① 조사 기간

마지막 발견 후 3 세대 기간으로 세대기간의 계산은 해당 과실파리의 예찰 프로그램을 이용한다.

② 조사 빈도

최초발견 이후 1 주 동안은 매일 조사하고, 그 후 1 세대 기간 동안은주당 2 회 조사한다. 2~3 세대 동안에는 2 주 1 회 조사한다. 트랩에 채집된 암컷은 해부하여 암컷저정낭(spermatheca)에 존재하는 정자의 유무로 교미여부를 조사한다.

(2) 기주 조사

① 과실절개 검사

과실파리 검출지로부터 200 m 이내의 기주식물의 과실을 수거하여 절개하고 미성숙 과실파리의 존재를 확인한다. 이후 절개된 과실은 금지급 생물안전시설에서 27℃와 70% 상대습도를 유지하며 2-3 주 동안 보존하면서 과실파리 존재 유무를 재확인한다. 한편 과실파리 의심 기주가 보존되는 시설은 “수입금지품 수입 및 사후관리요령의 관리장소 요건”을 충족해야한다.

② 발견지 주변 기주 조사

발견지 주변 2.4 km 이내에 위치한 과수원 명부를 작성하고, 기주식물을 조사한다.

이 지역의 과일을 7~10 일 간격으로 조사한다. 이때 과수원 주인을 대상으로 탐문조사도 실시한다.

3.3.2 방제기술

다음의 기준에 따라 발견의 경우는 초기방제를 실시하고, 발생의 경우는 박멸방제를 취하게 된다.

발견	모니터링 트랩에 1 마리 이상 포획된 경우
발생	• 알, 유충, 번데기 또는 교미된 암컷 1 마리 이상 또는 • 발견 후 1 주일 이내에 발견지중심(14.4 × 14.4 km)에서 성충 3 마리 이상이 트랩에 검출된 경우(수컷, 미교미 암컷)

<table>
<tr><th>단계</th><th>목적</th><th>방제 항목</th><th>방제적용기술</th><th>방제 영역</th><th>처리 횟수 및 기간</th></tr>
<tr><td>발견시 방제</td><td>조기발견 후 긴급방제</td><td>모니터링</td><td>맥페일트랩</td><td>14.4 km 격자</td><td>1회/일(첫 1주)
2회/주(첫 세대)
0.5회/주(2-3세대)</td></tr>
<tr><td rowspan="10">발생시 방제</td><td rowspan="10">초기방제
이후
박멸방제</td><td>모니터링</td><td>맥페일트랩</td><td>발견지별
14.4 km 격자</td><td>1회/일(첫 1주)
2회/주(첫 세대)
0.5회/주(2-3세대)</td></tr>
<tr><td>방제지역선포</td><td>행정조치</td><td>14.4 km 격자</td><td>박멸기간</td></tr>
<tr><td>기주 이동 제한</td><td>행정조치</td><td>14.4 km 격자</td><td>박멸기간</td></tr>
<tr><td>토양소독</td><td>팔라딘 유제</td><td>발견지별
200 m 반경</td><td>1회/2주</td></tr>
<tr><td>과실제거</td><td>수작업</td><td>발견지별
200 m 반경</td><td>1회 처리</td></tr>
<tr><td rowspan="3">암컷유살제
(GF120)</td><td>지상방제</td><td rowspan="3">중심부 + 제1완충지 + 제2완충지</td><td>농경지, 하천 기주</td></tr>
<tr><td>시설지방제</td><td>시설하우스 내부</td></tr>
<tr><td>항공방제</td><td>산림지역</td></tr>
<tr><td rowspan="2">불임충방사</td><td rowspan="2">불임충수컷</td><td>백만마리/1.6 km 중심격자</td><td rowspan="2">대발생시 적용함
매주 방사</td></tr>
<tr><td>5만마리/외곽</td></tr>
</table>

[발견 시 방제 매뉴얼]

발견 초기 1 주일 이내에 이뤄지는 긴급 방제 매뉴얼이다. 발견지 중심으로 14.4 × 14.4 km 지역에서 긴급모니터링 트랩을 발견 후 24 시간 이내에 이뤄진다.

[발생 시 방제 매뉴얼]

(가) 박멸 매뉴얼 가동 기준

해당 과실파리 "발견"에 따라 긴급 실시하는 "분포한계설정" 조사과정을 통하여 "발생"으로 전환되는 경우 박멸프로그램을 가동한다.

(나) 박멸 프로그램 기간

박멸 프로그램은 해당시기에 사과과실파리가 적어도 2 세대 발생되는 기간 동안 가동된다. 이후 재발견되면 다시 최소한 2 세대 박멸 프로그램이 재가동된다.

(다) 박멸 처리방법 선정기준

① 기본적으로 토양소독, 단백질먹이 유살제 및 기주제거 처리가 가동되어야 한다.

② 방제 지역이 넓은 경우 항공방제가 추가된다.

③ 불임충방사는 선택적 처리이다.

(라) 이동 및 재배 제한

① 과실파리가 발견된 지점을 중심으로 14.4 × 14.4 km 격자에 있는 규제대상 품목의 재배 · 취급 · 가공업자들에게 비상조치 내용을 통보한다.

② 선포된 방역지역에서는 다음의 규제조치가 포함된다.

가) 과일 채소류의 상업구역에서 소독처리 상황 감시·감독·증명서 발급

나) 농산물 가공시설의 주기적 방문

다) 규제품목 폐기물에 대한 감시

라) 공항 · 터미널에서 규제대상품목의 이동감시

마) 검역규제지역 경계의 국도, 지방도로 등에서의 이동감시

(마) 과일수거

과실파리 발견지점을 중심으로 200 m 이내에 있는 모든 기주를 신속히 수거하여 50 cm 이상의 깊이에 묻는다. 유충 발견 장소에서는 기주 껍질도 제거되어야 한다. 이를 수거기간 동안 플라스틱 상자 속에 보관 후 승인된 매립지에 제거 처리된다. 매몰시 생석회(0.4%)를 첨가한다.

(바) 토양소독

발생 지점을 중심으로 200 m 내에 있는 모든 기주나무 밑에 팔라딘 유제(경농)를 살포한다.

(사) 암컷유살제 처리

살충제가 첨가된 단백질먹이 유살제를 살포한다.

(사-1) 지상 독먹이살포

① 조제

GF120 (동방아그로)을 물로 1.5 배 희석하여 처리한다. 예를 들어 GF120 4 L에 물을 6 L 혼합하여 살포액을 조제하게 된다.

② 처리 지역 규모

발견 지점 기준으로 중심부, 제1완충지역 및 제2완충지역 살포 처리

③ 처리 간격

초기 발견 이후 2 세대 기간 동안 주당 1 회 살포한다.

④ 처리 방법

미끼는 개인휴대용 스프레이기 또는 동등한 장치의 수단에 의해 주거지와 휴식공간이 제공되는 기주와 식물에 제한된 범위적용으로 사용될 수도 있다. 사용은 어린이 또는 애완동물에게 피해가 발생하지 않는 장소에 적용된다. 모든 범위적용이 요구된다면 송풍식 분무기 또는 유사한 장치가 사용될 수 있다.

⑤ 처리 약량

각 처리지점은 표면이 모두 적셔지도록 살포한다.

(사-2) 시설지 살포

지상 살포와 동일방법으로 약제를 조제하고, 해당지역에서 기주를 재배하는 모든 시설재배지 내부에 살포한다.

(사-3) 항공 살포

지상 살포와 동일방법으로 약제를 조제하고, 해당지역 포함된 산림 지역에 살포한다.

(아) 불임충방사 처리

① 불임충방사는 박멸처리 후 잉여 과실파리 개체를 완전히 제거하기 위해 적용된다. 이 방법은 기주 껍질 제거, 독먹이살포 및 토양관주(토양이나 나무에 구멍을 파서 약액을 주입하은 약제살포의 한 방법)와 혼합하여 사용될 수 있다.

② 우선 정확한 종 동정이 필요하다. 즉 방사될 종과 침입 종과 동질성이 확보되어야 한다.

③ 모니터링 트랩을 이용하여 1.6 × 1.6 km 면적 단위로 5 개 트랩배치가 필요하다. 이 트랩들은 단백질먹이유인제를 유인제로 일주일 간격으로 조사된다.

④ 불임충방사 밀도

감염중심지를 1.6 × 1.6 km 면적으로 정하고 여기에 매주 백만마리 이상의 불임충을 방사하게 된다. 감염외곽지(완충지)는 중심지에서 4.8 km 반경 지역으로 1.6 × 1.6 km 면적 기준으로 50,000 마리 이상이 방사된다.

⑤ 불임충방사 수단

(아-1) 지상 방사

이동 차량을 통해 불임충을 방사한다. 특히 감염중심지 처리에 유효하다. 감염중심지 주변처리도 가능할 수 있다.

(아-2) 항공 방사

육상 차량 방사보다 균일하게 불임충을 방사할 수 있다.

[박멸선언 매뉴얼]

(가) 트랩 모니터링을 통한 박멸효과 확인

① 마지막 발견 후 3 세대 기간 동안 모니터링을 실시한다.

② 정밀조사 이외의 지역에도 상시모니터링 지역에서 3 세대 동안 모니터링을 실시한다.

(나) 기주수거검사를 통한 박멸효과 확인

① 중앙지점 및 제1완충지역(발견지점으로부터 2.4 km 반경이내) 등에 있는 과일을 7~10일 간격으로 조사한다. 특히 중앙지점의 기주과일은 명부를 작성하고 즉석에서 칼로 절개하여 검사한다.

② 시설이 갖추어진 경우에는 수거된 과일은 과실파리 최적온도인 26℃/70% 습도조건에서 1 주 ~ 1 세대기간 동안 사육 후 검사한다. 과일이 저장되는 시설은 우화하는 과실파리가 날아가지 않도록 안전관리에 만전을 기해야 한다.

(다) 박멸선언

과실파리 최종발견 후 3 세대 기간 동안 더 이상 발견이 되지 아니하였을 경우 박멸된 것으로 판정한다.

4 기타 유인물질에 유인되는 과실파리의 방제 매뉴얼

4.1 기타 유인물질에 유인되는 과실파리 종류

등급	순위	종명	한국명	유인제	등급분류 근거
I	13	*Bactrocera aquilonis* (May, 1965)	노던준주과실파리 (신칭)	None	호주에 분포하며, Vargas (2015)는 *B. tryoni*의 동물이명으로 추정하였다. 분류학적 문제가 해결될 때까지 주요 검역해충인 *B. tryoni*에 준하여 취급할 필요가 있다.
I	20	*Ceratitis rosa* (Karsch, 1887)	나탈과실파리 (신칭)	TML	아프리카에 분포하며, 같은 속의 지중해 과실파리 만큼은 적응성이 뛰어나지 않다. 국내작물로는 귤류, 복숭아등을 가해할 수있다.
I	22	*Zeugodacus cucumis* (French, 1907)	호주오이과실파리 (신칭)	9종 복합	호주 동부에 분포하며, 오이나 호박류의 주요 해충이다. 토마토 등 다른 식물들을 가해한 기록도 있다.
II	27	*Bactrocera psidii* (Froggatt, 1899)	남태평양과실파리 (신칭)	None	뉴칼레도니아에 분포하며 ,많은 작물을 가해하는 심각한 다식성 해충이다. 국내 작물로는 귤류를 가해할 수 있다.
II	30	*Bactrocera trilineola* (Drew, 1989)	바누아투과실파리 (신칭)	None	바누아투에 서식하며 망고 등 다양한 작물을 가해하는 주요해충이다. 다식성 해충이므로 검역적으로 주의할 필요가 있다
II	32	*Bactrocera bancroftii* (Tryon, 1927)	뽕나무과실파리 (신칭)	None	호주와 파푸아뉴기니에 분포하며, 뽕나무류를 가해하는 협식성해충이다. 국내에서는 뽕나무나 구찌뽕나무의 열매를 가해할 수 있다.
II	33	*Bactrocera caryeae* (Kapoor, 1971)	인도귤과실파리 (신칭)	None	6개 식물과에 속하는 과실을 가해하는 협식성해충이다. 한국 재배식물종류 중에서는 귤류를 가해하므로 주목할 필요가 있다.

III	43	*Bactrocera pyrifoliae* (Drew &Hancock, 1994)	태국복숭아과실파리(신칭)	None	베트남과 태국의 북부에 서식하며 주로 핵과류를 가해하는 해충이다. 한국에서는 복숭아, 배 등을 가해할 위험이 있다.
III	52	*Plioreocepta poeciloptera* (Schrank, 1776)	아스파라거스과실파리(신칭)	None	유럽에서 아스파라거스의 주요 해충. 한국에서 아스파라거스의 재배가 증가추세이며, 온대지역 분포 해충이므로 금지과실파리로 격상할 필요가 있다.
III	55	*Rhagoletis suavis* (Loew, 1862)	호두과실파리(신칭)	None	북미에 분포하며 해충성은 남방호두과실파리에 못 미치나, 한국과 비슷한 분포기후대를 가지므로 주의할 필요가 있다.
III	57	*Bactrocera tuberculata* (Bezzi, 1916)	중국망고과실파리(신칭)	None	중국남부와 버마에 분포하며 8개 식물과를 가해한 기록이 있는 협식성 해충이다. 주로 망고와 파파야의 중요성이 비교적 적은 해충으로 알려져 있다.
III	60	*Ceratitis quinaria* (Bezzi, 1918)	닷점박이과실파리(신칭)	None	아프리카에 분포하며 주요 해충으로 인식된 적은 없으나, 한국 도입시 살구, 복숭아, 귤류를 가해할 수 있다.
IV	무	*Zeugodacus mundus* (Bezzi, 1919)	애호박과실파리(신칭)	None	대만과 필리핀에 분포하며 애호박류를 가해 한다.
IV	무	*Euphranta canadensis* (Loew, 1873)	커런트과실파리(신칭)	None	국내에서도 커런트류가 재배되며, 같은 속의 까치밥나무가 자생한다. 따라서 북미에 서식하는 이 해충의 도입시 정착할 가능성이 있으므로, 관리등급을 유지할 필요가 있다.
IV	무	*Zeugodacus atrisetosus* (Perkins, 1939)	남방호박과실파리(신칭)	None	파푸아뉴기니에서 박과식물을 가해하는 해충이며, 도입시 제주도의 박과식물을 공격할 가능성이 없지 않다.

IV	무	*Bactrocera albistrigata* (deMeijere, 1911)	동남아망고과실파리(신칭)	None	동남아에 분포하며, 한국에서 노지 재배되는 작물 종을 가해한 기록은 없다. 그러나 6개 식물과를 가해하기에, 협식성과 다식성의 중간 위치를 차지하므로 주의할 필요가 있다.
IV	무	*Euleia heraclei* (Linaneus, 1758)	셀러리과실파리(신칭)	None	분포범위로 볼 때, 도입시 한국에 정착될 확률이 큼. 일반 작물로는 셀러리를 가해할 수 있으며, 산형과(Apiaceae)에 속하는 당귀 등의 약초를 가해할 가능성이 크므로 주의할 필요가 있다.

4.2 생태 및 발생예찰

4.2.1 생태적 특성

(1) 노던준주과실파리(*Bactrocera aquilonis*)

이 종은 호주 북서부에 분포하는 과실파리로 퀸즐랜드과실파리와 형태 및 유전적으로 매우 유사한 종으로 알려져 있다(QFFRL, N.D.). 북부 서식 노던준수과실파리는 남부서식 퀸들랜드과실파리 보다 퀸즐랜드 서식개체와 유전적으로 더 가깝다. 노던준수과실파리와 퀸즐랜드과실파리의 서식처는 건조한(사막) 북서부와 중앙 퀸즐랜드 서부지역으로 격리되어 있으며 동일종인지에 대한 논쟁이 이어졌다(Wang et al., 2003). 이후 Cameron et al.(2009)은 호주서부에서 과실파리 표본을 수집하여 분석하고 북부에 존재하는 유사종인 *B. aquilonis*이 존재하지 않은 것으로 결론 내렸다.

노던준수과실파리에 대한 생태정보는 알려진 바가 없으며, 퀸즐랜드과실파리와 생태적으로 동일함으로 동일한 발생예찰 기준을 따른다.

○ 기주식물(White and Elson-Harris, 1992; Margosian et al., 2007; PBCRC, 2019baq)

기주식물 구분	기주식물 목록	비고
1차 기주식물		*심한 피해 **실내사육성공 ***검정요
2차 기주식물		
기주기록	• 감귤류 : 금귤, 레몬, 자몽, 탄제린, 포멜로 • 박류 : 박(gourd)(*) • 인과류 : 비파, 사과 • 채소류 : 토마토, 피망 • 핵과류 : 대추, 복숭아 • 열대작물 : *Annona*류, *Syzygium*류, 구아바(*), 망고, 바나나, 사포테, 스타애플, 아보카도, 열대아몬드, 열대재배 체리(*Eugenia uniflora*), 카람볼라, 캐슈넛, 호코테	

* USDA에서 아몬드(sweet almond)와 자두(plum)를 기주로 표기한 것은 White and Elson-Harris (1992)의 열대아몬드와 호코테 기록에서 유래한 것으로 보임

○ 분포지역(CABI, 2017baq; Plant Health Australia, 2018)

분포지역 구분	국가	비고
확산지역		
제한적 분포		
분포기록	• 오세아니아 : 호주(Western Australia, Northern Territory)	존재유무만 언급된 경우

(2) 나탈과실파리(*Ceratitis rosa*)

이 종은 기주범위가 넓은 해충으로 아프리카 동부와 남부에 국한하여 분포하며 아열대내지 온대기후 환경에 잘 적응하는 과실파리류이다(CABI, 2018cr). 주로 아프리카 고지대 발생하며 저온에 내성을 갖고 있어 사과와 복숭아 등 온대과수 피해를 준다(Ekesi et al., 2016).

나탈과실파리의 알-알기간은 15℃에서 63.3일, 20℃ 33.7일, 25℃ 22.1일, 30℃ 17.0일63.3일(Duyck and Quilici, 2002.)로 발육영점온도는 9.1℃로 추정되었고, 세대완료에 필요한 적산온도는 495.1DD가 되었다.

○ **기주식물**(White and Elson-Harris, 1992; CABI and EPPO, 2006cr)

기주식물 구분	기주식물 목록	비고
1차 기주식물		*심한 피해 **실내사육성공 ***검정요
2차 기주식물		
기주기록	• 감귤류 : 금귤, 오렌지, 탄제린 • 인과류 : 마르멜로, 배, 사과 • 준인과류 : • 장과류 : 무화과, 블랙베리(***), 포도(***) • 채소류 : 고추, 토마토 • 핵과류 : 대추, 복숭아, 살구, 자두 • 기타류 : 선인장(***) • 열대작물 : *Annona*류, *Syzygium*류, 구아바, 리치, 망고, 바나나, 사포테, 아보카도, 열대아몬드, 열대재배 자두(Carissa macrocarpa), 열대재배 체리(Eugenia uniflora), 카람볼라, 카카오, 커피, 파파야	

○ **분포지역**(White and Elson-Harris, 1992; CABI and EPPO, 2006cr)

분포지역 구분	국가	비고
확산지역		
제한적 분포		
분포기록	• 아프리카 : 나이지리아, 남아프리카 공화국, 레위니옹, 르완다, 말라위, 말리, 모리셔스, 모잠비크, 스와질란드, 앙골라, 에티오피아, 우간다, 자이르, 잠비아, 짐바브웨, 케냐, 탄자니아	존재유무만 언급된 경우

(3) 호주오이과실파리(*Bactrocera cucumis*)

이 종은 박과류 식물을 주고 가해하며 기타 토마토나 파파야에도 발생되고, 호주지역에 분포한다. 오이과실파리와 타우과실파리와 더불어 공통 조상을 갖고 있는 것으로 알려졌다(Nakahara and Muraji, 2008). 상기 두 종은 Cuelure에 수컷이 유인되나 호주오이과실파리는 특정한 유인제가 보고되지 않았다.

발육기간은 25℃ 조건에서 유충기간 6.5일, 번데기 기간 10~11일, 산란전기간은 15~18일로 알려져 있다(Vuttanatungum and Hooper, 1974). 알기간을 유사종인 오이과실파리 2일을 적용하고 번데기기간 평균 10.5일, 산란전기간 평균 16.5일로 계산할 때 알-알 세대기간은 35.5일로 추정되었다. 따라서 임의의 발육영점온도 10℃에서 세대완성에 필요한 적산온도는 532.5DD이 되었다.

○ **기주식물**(White and Elson-Harris, 1992; Drew and Romig, 1997; Margosian et al., 2007)

기주식물 구분	기주식물 목록	비고
1차 기주식물		*심한 피해 **실내사육성공 ***검정요
2차 기주식물		
기주기록	• 박류(*) : Luffa, 박(gourd), 애호박(squash) 오이, 호박, 기타 박류(*Cucumis melo*) • 채소류 : 토마토(*) • 열대작물 : 파파야(*), 패션프룻	

○ **분포지역**(Drew and Romig, 1997; Plant Health Australia, 2018)

분포지역 구분	국가	비고
확산지역		
제한적 분포	• 오세아니아 : 호주(동부와 북부. New South Wales (동북부), Northern Territory, Queensland, Torres Strait Islands)	
분포기록		존재유무만 언급된 경우

(4) 남태평양과실파리(*Bactrocera psidii*)

뉴칼레도니아에 제한하여 분포하며, 망고, 사과류, 포멜로(감귤류 일종), 복숭아, 체리 등 30여종의 기주식물이 알려져 있는데 만다린 감귤은 기주로 되어 있지 않다(Leblanc and Amice, 2000). 기주식물 중에서는 구아바를 가장 선호한다.

성충은 낮에 광도가 높을 때 교미하며 시골 열대다우림지역에서 주로 서식하며, 뉴칼레도니아에서 바나나 기반의 인공사료에 유충이 사육되었다(SPC, 2013bp). 퀸즐랜드과실파리와 혼재하여 구아바와 복숭아에 각각 10마리/과 및 3마리/과의 피해 관찰되었다. 구아바에서는 퀸즐랜드과실파리 피해가 남태평양과실파리보다 10배 높지만, 복숭아에서는 남태평양과실파리 피해가 2배 더 높다(Amice and Sales, 1997).

알려진 일반 생태자료가 없는 상태로 퀸즐랜드과실파리와 혼재하여 피해를 주는 종으로 퀸즐랜드과실파리에 준하여 예찰모형을 적용한다.

○ **기주식물**(White and Elson-Harris, 1992; Margosian et al., 2007; Leblanc et al., 2012; CABI, 2017bp; PBCRC, 2019bp)

기주식물 구분	기주식물 목록	비고
1차 기주식물	• 열대작물 : 구아바(*) • 핵과류 : 복숭아	*심한 피해 **실내사육성공 ***검정요
2차 기주식물		
기주기록	• 감귤류 : 라임, 레몬, 만다린, 시트론, 오렌지, 자몽, 탄제린, 포멜로 • 준인과류 : 감 • 장과류 : 딸기류, 무화과, 석류, 오디, 포도 • 핵과류 : 자두 • 열대작물 : *Annona*류, *Syzygium*류, 망고(*), 열대아몬드, 열대재배 체리(*Eugenia uniflora*), 카람볼라, 캐슈넛, 파파야, 패션프룻	

○ **분포지역**(Drew and Romig, 1997; Leblanc et al., 2012; SPC, 2013bp; CABI, 2017bp; Plant Health Australia, 2018)

분포지역 구분	국가	비고
확산지역		
제한적 분포		
분포기록	• 오세아니아 : 뉴칼레도니아	존재유무만 언급된 경우

(5) 바누아투과실파리(*Bactrocera trilineola*)

이 종은 태평양 남서부 바누아투 도서에 제한적으로 분포하는 종으로 이 지역에서는 구아바 95%, 말레이 사과(Malay apples) 64%, 망고 11%까지 피해를 주는 것으로 알려져 있다(SPC, 2013bt). 성충은 아침에 교미를 시작하여 낮까지 긴 시간동안 지속되며, 우화 11일후 교미를 시작한다. 남반부에서 발생최성기는 망고 숙기 1월에서 2월, 구아바 숙기4월에서 5월에 나타난다(SPC, 2013bt). 또한 파파야기반 인공사료 이용 25°C에서 알-성충 발육기간은 21~22일 이다.

자세한 온도발육자료가 알려져 있지 않은 상태로 25°C에서 알-성충 발육기간 21.5일, 일반적으로 교미후 산란을 시작하므로 11일을 산란전기간으로 간주하고, 임의의 발육영점 온도로 10°C를 적용하였을 때 알-알 세대기간은 487.5DD로 추정되었다.

○ **기주식물**(White and Elson-Harris, 1992; Leblanc et al., 2012; PBCRC, 2019bt)

기주식물 구분	기주식물 목록	비고
1차 기주식물		
2차 기주식물		
기주기록	• 감귤류 : 금귤, 레몬, 만다린, 오렌지, 포멜로 • 견과류 : 밤 • 장과류 : 무화과 • 열대작물 : *Annona*류, *Syzygium*류, 구아바, 망고(*), 바나나, 아보카도, 열대아몬드, 열대재배 체리(*Eugenia uniflora*), 카람볼라, 캐슈넛, 파파야, 호코테	*심한 피해 **실내사육성공 ***검정요

○ **분포지역**(Leblanc et al., 2012; Allwood et al., 1999; Drew and Romig, 1997; SPC, 2013bt; Plant Health Australia, 2018)

분포지역 구분	국가	비고
확산지역		
제한적 분포		
분포기록	• 오세아니아 : 뉴칼레도니아, 바누아투, 솔로몬 제도	존재유무만 언급된 경우

(6) 뽕나무과실파리(*Bactrocera bancroftii*)

대극과에 속한 천선과와 유사한 과실(*Pimelodendron amboinicum*)에 발생하는 협식성 과실파리로서 호주, 파푸아뉴기니, 솔로몬 군도 등에 분포한다(Leblanc et al., 2012; Doorenweerd, et al., 2018). ME에 약하게 유인되는 종으로 알려져 있다(NSWG, 2019). 이 종의 생태자료는 전혀 알려져 있지 않은 상태로 남방고추과실파리와 유전적으로 가장 가까운 것으로 보이며(Krosch et al., 2012), 따라서 세대예찰은 남방고추과실파리에 준하여 실시할 수 있다.

○ **기주식물**(Margosian et al., 2007; Leblanc et al., 2012)

기주식물 구분	기주식물 목록	비고
1차 기주식물		*심한 피해 **실내사육성공 ***검정요
2차 기주식물		
기주기록	• 기타 : *Pimelodendron amboinicum*	

○ **분포지역**(Allwood et al., 1999; Leblanc et al., 2012; Plant Health Australia, 2018)

분포지역 구분	국가	비고
확산지역		
제한적 분포		
분포기록	• 오세아니아 : 솔로몬제도, 파푸아뉴기니, 호주(Torres Strait Islands, Queensland)	존재유무만 언급된 경우

(7) 인도귤과실파리(*Bactrocera caryeae*)

인도 남부에서 오리엔탈과실파리가 주로 낮은 지대에 분포하는 것과 비교하여 높은 지대에 발생하는 종으로 같은 종군에 속한다(CABI, 2017bc). 오리엔탈과실파리와 유사한 생태특성과 기주분포를 갖은 것으로 보이며, 세대예찰모형도 이에 준한다.

○ **기주식물**(White and Elson-Harris, 1992; Allwood et al., 1999; Margosian et al., 2007; CABI, 2017bc; PBCRC, 2019bc)

기주식물 구분	기주식물 목록	비고
1차 기주식물	• 감귤류(*) : 탄제린, 포멜로 • 열대작물 : 구아바(*), 망고(*), 사포테	*심한 피해 **실내사육성공 ***검정요
2차 기주식물	• 열대작물 : 바나나	
기주기록	• 감귤류(*) : 라임, 레몬, 만다린, 시트론, 오렌지, 자몽 • 장과류 : 무화과 • 핵과류 : 자두(***) • 열대작물 : 커피	

○ **분포지역**(Drew and Romig, 1997; CABI, 2017bc; Plant Health Australia, 2018)

분포지역 구분	국가	비고
확산지역		
제한적 분포		
분포기록	• 오세아니아 : 스리랑카, 인도	존재유무만 언급된 경우

(8) 태국복숭아과실파리(*Bactrocera pyrifoliae*)

베트남 북부와 베트남과 태국의 고지대 복숭아와 자두에서 주로 발생하며, 주로 6월 상순에서 7월 중순 기간에 한하여 1,000~1,500 지대에서 발견되었다(Khanh et al., 2014). 수컷 유인제가 잘 알려져 있지 않으나 Cue-lure에 약하게 유인되는 것으로 보고되었다(Drew and Romig 2013).

태국복숭아과실파리의 발육기간(25℃ 적용)은 알 2.51일, 유충 9.69일, 번데기 11.5일, 산란전기간 21.7일로 알-알 세대기간은 45.4일로 나타났다(Khanh et al., 2014). 이들의 같은 연구에서 6~7월에 한하여 유충이 채집되는 점을 근거로 번데기로 휴면할 가능성을 제시하였으나, 실내에서 7세대까지 인공사료로 누대사육되는 것(Khanh et al., 2014)으로 볼 때 의무적 휴면을 하는 종은 아닌 것으로 추정된다. 이 종은 구아바류(*Psidium guajava*)와 감귤류(*Citrus reticulata*)에 발생하는 종(Khanh et al., 2008)이기 때문에 야생 대체기주에서 유지될 가능성도 존재한다(Khanh et al., 2014). 단, 온대과수가 재배되는 베트남 고지대에서는 1세대가 완료될 수 있다.

알-알 세대기간 추정에 필요한 적산온도는 임의의 발육영점온도 10℃를 적용하여 681.0DD로 추정되었다.

○ **기주식물**(Allwood et al., 1999; Drew and Romig, 1997)

기주식물 구분	기주식물 목록	비고
1차 기주식물		*심한 피해 **실내사육성공 ***검정요
2차 기주식물		
기주기록	• 인과류 : 배 • 핵과류 : 복숭아, 앵두 • 열대작물 : 구아바	

○ **분포지역**(Drew and Romig, 1997; Plant Health Australia, 2018)

분포지역 구분	국가	비고
확산지역		
제한적 분포		
분포기록	• 아시아 : 베트남(북부), 태국(북부)	존재유무만 언급된 경우

(9) 아스파라거스과실파리(*Plioreocepta poeciloptera*)

이 종은 아스파라거스에 단식성이고 번데기로 월동하고 년 1회 발생하는 온대성 과실파리(Lesne, 1913)로서 프랑스에서 3월 하순에서 4월 상순 성충이 나타난다(Reulet, 1991). 수컷이 페로몬으로 추정되는 isopropyl (S)-5-hydroxyhexanoate을 분비하나 암컷이 유인되지는 않는다(Thibout et al., 2005).

일화성 해충으로 대응조치과정에서 세대예찰은 불필요하다. 기주식물에서 유충이나 토양의 번데기를 대상으로 예찰하고, 다음해 봄 성충이 우화하는 아스파라거스 발아기부터 예찰을 실시한다.

○ **기주식물**(White and Elson-Harris, 1992)

기주식물 구분	기주식물 목록	비고
1차 기주식물		*심한 피해 **실내사육성공 ***검정요
2차 기주식물		
기주기록	• 기타 : 아스파라거스	

○ **분포지역**(White and Elson-Harris, 1992)

분포지역 구분	국가	비고
확산지역		
제한적 분포		
분포기록	• 유럽 : 독일, 스웨덴, 오스트리아, 헝가리	존재유무만 언급된 경우

(10) 호두과실파리(*Rhagoletis suavis*)

호두과실파리와 형태적으로 유사하고 비슷한 생활사를 갖고 있는 것으로 알려져 있다(Foote et al., 1993; OEPP/EPPO, 2011). 호두과실파리 종 그룹(*Rhagoletis suavis* species group)은 분포와 생활사에서 유사한 6종(*R. suavis*, *R. juglandis*, *R. completa*, *R. boycei*, *R. zoqui*, *R. ramosae*)의 과실파리를 포함하고 있는 것으로 보고되었다(Glover et al., 2018). 따라서 남방호두과실파리에 준하여 관리한다.

○ **기주식물**(White and Elson-Harris, 1992; CABI and EPPO, 2006rc)

기주식물 구분	기주식물 목록	비고
1차 기주식물		*심한 피해 **실내사육성공 ***검정요
2차 기주식물	• 핵과류 : 복숭아	
기주기록	• 견과류 : 호두	

○ **분포지역**(CABI and EPPO, 2006rc)

분포지역 구분	국가	비고
확산지역		
제한적 분포		
분포기록	• 북아메리카 : 미국(Arkansas, Connecticut, Florida, Illinois, Indiana, Iowa, Kansas, Maryland, Massachusettes, Michigan, Minnesota, Mississippi, Missouri, Nebraska, New Jersey, New York, North Carolina, Ohio, Pennsylvania, South Carolina, Virginia, West Virginia, Wisconsin)	존재유무만 언급된 경우

(11) 중국망고과실파리(*Bactrocera tuberculata*)

미얀마, 중국남부, 태국, 베트남, 방글라데시 등 지역에서 망고, 파파야, 복숭아, 왁스잠부, 시포딜라(sapodilla)에 피해를 주는 종이다(PBCRC, 2019btu). 형태적으로 구아바과실파리와 매우 유사하며(PBCRC, 2019btu), 유전적으로는 오리엔탈과실파리 종군에 더 가깝다(Leblanc et al., 2015). 생태자료가 알려져 있지 않으며, 구아바과실파리에 준하여 세대예찰을 적용한다.

○ **기주식물**(White and Elson-Harris, 1992; Allwood et al., 1999; PBCRC, 2019btu)

기주식물 구분	기주식물 목록	비고
1차 기주식물		*심한 피해 **실내사육성공 ***검정요
2차 기주식물		
기주기록	• 핵과류 : 복숭아 • 열대작물 : *Syzygium*류, 망고, 사포테, 파파야, 호코테	

○ **분포지역**(Plant Health Australia, 2018)

분포지역 구분	국가	비고
확산지역		
제한적 분포		
분포기록	• 아시아 : 미얀마, 방글라데시, 베트남, 부탄, 중국(남부), 태국	존재유무만 언급된 경우

(12) 닷점박이과실파리(*Ceratitis quinaria*)

이 종은 아프리카와 아시아 예멘지역에 분포하며 망고가 중요한 기주이지만 감귤, 구아바, 복숭아 등을 가해한다(CABI, 2018cq). 수컷 유인제는 잘 알려져 있지 않으나 Terpinyl acetate과 Trimedlure로 조사기록이 있고(Vayssières, et al., N.D.), EGO(Enriched Ginger Oil)에 유인된다고 하였다(Joubert et al., 2015).

닷점박이과실파리에 대한 생태자료는 없으나 Ceratitis 속의 과실파리 발육은 유사하며 알기간 2~3일, 유충기간 5~15일, 번데기 기간 8~12일, 산란전기간 6~8일로 기술하고 있다(Vayssières, N.D.). 평균발육기간으로 알-알 세대기간은 29.5일이 되었고, 상온 25℃와 발육영점온도 10℃를 적용할 때 적산온도는 442.5DD로 추정되었다.

○ **기주식물**(White and Elson-Harris, 1992; CABI and EPPO, 2006cq)

기주식물 구분	기주식물 목록	비고
1차 기주식물		*심한 피해 **실내사육성공 ***검정요
2차 기주식물		
기주기록	• 감귤류 : (상세 없음) • 장과류 : 무화과(***) • 핵과류 : 복숭아, 살구 • 열대작물 : 구아바	

○ **분포지역**(White and Elson-Harris, 1992; CABI and EPPO, 2006cq)

분포지역 구분	국가	비고
확산지역		
제한적 분포		
분포기록	• 아프리카 : 나미비아, 남아프리카 공화국, 말라위, 보츠와나, 수단, 짐바브웨 • 아시아 : 예멘	존재유무만 언급된 경우

(13) 애호박과실파리(*Bactrocera munda*)

이 종은 대만과 필리핀에 분포하며 호박류를 가해한다(Vargas et al., 2015; Shiao, 2019). 애호박과실파리에 대한 생태는 전혀 알려지지 않았다. 수컷의 경우 성충 복판의 형태적 특성이 열대호박꽃과실파리(*B. caudata*) 비슷하며(White and Evenhuis, 1999), 따라서 이 종에 적용한 타우과실파리의 세대예찰 모형을 기준으로 현장에 활용한다.

○ **기주식물**(White and Elson-Harris, 1992; Leblanc et al., 2012; Leblanc et al., 2013b; PBCRC, 2019bmn)

기주식물 구분	기주식물 목록	비고
1차 기주식물		*심한 피해 **실내사육성공 ***검정요
2차 기주식물		
기주기록	• 박류 : 호박	

○ **분포지역**(White and Elson-Harris, 1992)

분포지역 구분	국가	비고
확산지역		
제한적 분포		
분포기록	• 아시아 : 대만, 필리핀	존재유무만 언급된 경우

(14) 커런트과실파리(*Euphranta canadensis*)

북미에서 구즈베리(gooseberry)와 커런트류(Ribes)에 발생하는 과실파리(Piper et al. 2017)로서 국내에는 유사한 기주식물로 까치밥나무가 있다.

커런트과실파리는 번데기로 토양에서 월동하고 4월 중순(미국 시애틀 지역)부터 40~45일에 거쳐 우화하며, 연 1세대 발생한다(STFS, 2019; PNEP, 2019). 유용한 유인제가 보고되어 있지 않으며, 황색점착트랩에 유살되는 것으로 기록되었다(PNEP, 2019).

년 1세대 발생하는 해충으로 세대예찰은 불필요하며 감염된 기주식물과 토양의 번데기 조사가 중요하다. 월동번데기 우화예측 모형은 수립되어 있지 않은 상태로 4월경부터 예찰을 시작한다.

○ **기주식물**(White and Elson-Harris, 1992; CABI and EPPO, 2006ec)

기주식물 구분	기주식물 목록	비고
1차 기주식물		*심한 피해 **실내사육성공 ***검정요
2차 기주식물		
기주기록	• 장과류 : 구스베리(일반 구스베리와 *Ribes* spp.)(*)	

○ **분포지역**(White and Elson-Harris, 1992; CABI and EPPO, 2006ec)

분포지역 구분	국가	비고
확산지역		
제한적 분포		
분포기록	• 북아메리카 : 미국(북부, 태평양 연안 북서부), 캐나다(북부)	존재유무만 언급된 경우

(15) 남방호박과실파리(*Bactrocera atrisetosa*)

파푸아누기니에 국한하여 분포하며 호박, 메론, 수박, 토마토, 수세미에서 발생하는 것으로 알려져 있다(SPC, 2013ba). 이 종은 *Z. cucumis*와 형태적으로 매우 유사하며 수컷유인제가 없으므로 단백질 트랩이나 오렌지 암모니움 트랩을 이용하여 예찰한다(PBCRC, 2019za).

생태가 잘 알려져 있지 않으며 형태적으로 유사한 호주오이과실파리의 모형에 준하여 예찰한다.

○ **기주식물**(White and Elson-Harris, 1992; Drew and Romig, 1997; Margosian et al., 2007; Leblanc et al., 2012; SPC, 2013za)

기주식물 구분	기주식물 목록	비고
1차 기주식물		*심한 피해 **실내사육성공 ***검정요
2차 기주식물		
기주기록	• 박류 : Luffa, 박(gourd), 수박, 오이, 호박, 기타 박류(*Cucumis melo*) • 채소류 : 토마토 • 열대작물 : 바나나	

○ **분포지역**(SPC, 2013za; Plant Health Australia, 2018)

분포지역 구분	국가	비고
확산지역		
제한적 분포		
분포기록	• 오세아니아 : 파푸아뉴기니(mainland), 호주(Queensland)	존재유무만 언급된 경우

(16) 동남아망고과실파리(*Bactrocera albistrigata*)

인도, 인도네시아 등 동남아에서 망고나 구아바 등에 발생하는 과실파리로써 인도지역에서는 피해가 심한 해충으로 알려져 있으며(Bellis, et al., 2017), 오리엔탈과실파리와 형태적으로 유사하고 종군으로 취급되고 있다(CDFA, N.D.; Bellis, et al., 2017). Drew and Romig(2013)는 *Bactrocera* 콤플렉스에서 독립종이며, 동남아시아에 유일하게 발생하는 종으로 기록하고 있다.

동남아망고과실파리에 대한 생태정보는 알려진 바가 없으며, 오리엔탈과실파리와 생태적으로 유사하므로 동일한 발생예찰 기준을 따를 수 있다.

○ **기주식물**(White and Elson-Harris, 1992; Drew and Romig, 1997; Allwood et al., 1999; Margosian et al., 2007; PBCRC, 2019bal)

기주식물 구분	기주식물 목록	비고
1차 기주식물		*심한 피해 **실내사육성공 ***검정요
2차 기주식물		
기주기록	• 열대작물 : *Syzygium*류(*), 구아바(*), 망고(*), 바나나, 열대아몬드	

○ **분포지역**(White and Elson-Harris, 1992; Drew and Romig, 1997; Plant Health Australia, 2018)

분포지역 구분	국가	비고
확산지역		
제한적 분포		
분포기록	• 아시아 : 말레이시아, 싱가포르, 인도(Andaman Islands), 인도네시아, 태국(북부) • 오세아니아 : 크리스마스섬, 파푸아뉴기니	존재유무만 언급된 경우

(17) 셀러리과실파리(*Euleia heraclei*)

셀러리과실파리는 산형과(미나리과 Apiaceae)에 속한 식물을 폭 넓게 가해하는 해충으로 유럽 폴란드 지역을 중심으로 분포하고 있다(CABI, 2018eh). 러시아 모스크바 지역에서는 년 2세대 발생하며 봄에 산란한 알은 6월 번데기로 되며, 2세대는 8월 중순부터 시작한다(Krivosheina and Ozerova, 2013). 영국에는 전국적으로 분포하는 것으로 기록되어 있다(NBN Atlas Partnership, 2017).

성충은 5월 나타나서 잎 뒷면 조직에 한 개씩 총 100여개의 알을 낳으며, 6~14일 후에 부화한다(Hill, 1987). 유충은 조직 속 갱도를 만들고 가하하고 물집형태의 피해흔이 생기며 14~19일에 발육을 완료한다. 번데기는 갱속 속 또는 토양에서 되며 성충으로 우화하는 데는 3~4주가 걸린다. 2세대 성충은 7월~9월에 거처 우화하며 보통 2세대 번데기는 월동에 들어간다. 따뜻한 지역에서는 3세대가 발생하기도 한다.

기존 보고된 발육기간 자료에 상온 25℃와 발육영점온도 10℃를 적용하여 알-성충기간에 필요한 적산온도를 계산한 결과 765DD가 되었다(세대기간 추정에 적용). 또한 번데기 발육에 필요한 적산온도는 367.5DD가 됨으로 봄철 성충우화 모형으로 활용이 가능하다.

○ **기주식물**(White and Elson-Harris, 1992; OEPP/EPPO, 2000; Pitkin, 2016)

기주식물 구분	기주식물 목록	비고
1차 기주식물		*심한 피해 **실내사육성공 ***검정요
2차 기주식물		
기주기록	• 채소류 : 돼지풀, 당근, 셀러리, 엉겅퀴, 우엉, 파스닙, 허브(alexanders, angelica(***), chervil, corriander, fennel, elder, eryngo, lovage, parsley, 물냉이)	

○ **분포지역**(White and Elson-Harris, 1992; Pitkin, 2016)

분포지역 구분	국가	비고
확산지역		
제한적 분포		
분포기록	• 아시아 : 아프가니스탄, 이스라엘, 카자흐스탄 • 아프리카 : (사하라 일대에 퍼진 것으로 추정됨) • 유럽 : 그리스, 네덜란드, 노르웨이, 덴마크, 독일, 러시아, 리투아니아, 말타, 몰도바, 벨기에, 불가리아, 사이프러스, 스웨덴, 스위스, 스페인, 슬로바키아, 영국, 오스트리아, 우크라이나, 이탈리아, 체코공화국, 폴란드, 프랑스, 핀란드, 헝가리	존재유무만 언급된 경우

4.2.2 발생예찰

기타-유인제 그룹은 모두 연중발생하는 종, 다세대 발생종, 1세대 발생종으로 구성되어 있다. 연중발생 종은 세대예찰모형을 적용하여 모니터링 단계별 의사결에 이용한다. 다세대 종의 경우도 세대예찰 모형을 적용할 수 있다. 1세대 발생종은 세대예찰이 불필요하며 다음해 성충

우화모형을 적용하여 예찰을 재개한다. 평균대기온도에서 발육영점온도(LT) 이상의 온도를 누적하여 해당 적산온도(DD)를 계산한다. 생태자료가 없는 종은 생태적으로 유사한 종의 모형을 적용하여 사용한다.

‖ 표 5-6 ‖ 기타-유인제 그룹 과실파리 발생예찰용 온도발육 매개변수

기존 등급	신규 등급	한국명	생활사	월동태	예찰모형	LT	DD	비고
금지	I	노던준주과실파리	연중발생		세대기간	11.1	446.6	1
금지	I	나탈과실파리	연중발생		세대기간	9.1	495.1	
금지	I	호주오이과실파리	연중발생		세대기간	10	532.5	
	II	남태평양과실파리	연중발생		세대기간	11.1	446.6	1
	II	바누아투과실파리	연중발생		세대기간	10.0	487.5	
	II	뽕나무과실파리	연중발생		세대기간	10.4	517.5	3
	II	인도귤과실파리	연중발생		세대기간	9.5	717.0	2
	III	태국복숭아과실파리	연중발생		세대기간	10	681	
관리	III	아스파라거스과실파리	1세대	번데기	N/A	N/A	N/A	
금지	III	호두과실파리	1세대	번데기	성충우화	4	2024	4
금지	III	중국망고과실파리	연중발생		세대기간	11.6	454.5	5
금지	III	닷점박이과실파리	연중발생		세대기간	10	442.5	6
	IV	애호박과실파리	연중발생		세대기간	6.0	525.4	7
관리	IV	커런트과실파리	1세대	번데기	N/A	N/A	N/A	
	IV	남방호박과실파리	연중발생		세대기간	10	532.5	8
	IV	동남아망고과실파리	연중발생		세대기간	9.5	717.0	2
	IV	셀러리과실파리	2~3세대	번데기	성충우화	10.0	367.5	
					세대기간	10.0	765.00	

1 퀸즐랜드과실파리 적용, 2 오리엔탈괄실파리 적용, 3 남방고추과실파리 적용, 4 남방호두과실파리 적용, 5 구아바과실파리 적용, 6 지중해과실파리 적용, 7 타우과실파리 적용, 8 호주오이과실파리 적용

4.3 모니터링 및 방제기술

4.3.1 모니터링 기술

과실파리류에서 사용하는 발견과 발생의 용어는 다음과 같이 정의된다.

○ **발견과 발생**

발견	• 발생 전 단계 • 무발생으로 간주되나 긴급조치 추진 • 정착되지 않았으나 당분간 생존 가능한 고립된 집단이 검출된 경우
발생	• 국제기구, 수출상대국 등에 의무통보 • 대내 · 외 공식 발표 • 국가 주도의 방제작업 추진 • 다수가 검출되거나 정착되어 지속적으로 존재하는 경우

○ **과실파리의 발생 기준**

- 알, 유충, 번데기 또는 교미한 암컷 1마리 이상 또는
- 1 세대 이내에 발견지 중심(14.4 × 14.4 km) 안에서 성충 5 마리 이상이 트랩에서 검출된 경우(수컷, 미교미 암컷)

종류	목적	방법	조사범위	조사횟수 및기간
상시모니터링	조기탐지용	맥페일트랩	주요 기주 재배지역 및 항구, 항만 인접지역(전국 1,000개 지점)	연중
		순회모니터링	재배기주 및 이동기주 조사	월 1-2회
긴급모니터링	분포한계조사	맥페일트랩	발견지 중심 14.4 km 격자	1회/일(첫 1주) 2회/주(첫 세대) 0.5회/주(2-3세대)
		기주조사	발견지 중심 200 m 반경	1회 및 폐기 처리

기본적으로 단백질 먹이 기반 트랩을 이용하여 모니터링한다. 현재 국내에서 개발된 단백질 먹이트랩에 terpinyl acetate를 첨가하여 모니터링 루어를 제작한다. 이를 맥페일트랩에 첨가하여 암수를 포획한다. 제조된 원액은 냉장 보관한다. 사용시에는 물로 100 배 희석하여 사용하게 된다.

성분	함량
Yeast	25 g
Sugar	70 g
과일쥬스	80 mL
스피노사드(80% ai)	1 g
Terpinyl acetate (TA)	2 mL
Sodium azide	1 g
증류수	40 mL

그림 5-6 TA-단백질먹이 유인제 조성과 맥페일트랩

맥페일트랩(Pherobank, Wijk bij Duurstede, Netherland)에 액상 TA-단백질유인제 용액은 저장고의 가장자리 바로 아래까지 채워져야 한다. 맥페일트랩에의 과실파리 포획을 조사하고 트랩을 취급하는 요령은 다음과 같다.

1) 트랩을 나무 아래에서 내용물이 쏟아지지 않도록 수거한다. 이때 트랩 아랫면을 조심스럽게 돌려 살아있거나 용기 내벽에 붙어 있는 과실파리를 용액에 빠지게 한다.
3) 마개를 열고 내용물을 양동이 위에 놓은 체에 걸러낸다. 용기에 붙어 있는 곤충들도 모두 수거한다. 체의 아랫부분을 물에 살짝 담가서 포획된 과실파리의 날개가 펼쳐지도록 한다.
4) 포획된 과실파리 및 기타 곤충들을 70% 에탄올이 담긴 바이알에 담는다.
5) 바이알에 라벨을 부착하고 트랩의 위치 및 종류, 날짜 및 기타 필요 정보를 기입한다.
6) 트랩을 재사용하기 전에 깨끗이 한다. 투명한 부분의 투명도는 과실파리의 포획에 아주 중요하다.

4.3.1.1 상시모니터링

(1) 조사지역

① 전국 공항 · 항만 주변 반경 1.6 km
② 전국 과실파리 기주식물 대형 재배단지
③ 전국 과일판매시장 주변 200 m

(2) 모니터링 방법

모니터링 방법은 식물검역관이 실시하는 과실파리에 대한 트랩조사와 포장순회모니터링(대상 : 이동 기주)이 있다.

(3) 유형별 모니터링 요령

가. 트랩조사

① 조사기간 : 연중

② 트랩설치 장소 : 전국 1,000 개 운영 (제주도 500 개, 본토 500 개)하며 공항 · 항만지역, 전국 기주식물 재배단지, 수출 · 입식물 재배지, 과일 판매 시장 주변, 격리재배지, 외국군부대 주변 등 적절한 장소를 선정한다.

③ 트랩의 설치 밀도는 위험도에 따라 네 등급으로 나누어 결정하여 설치한다.

1) 고위해도 지역(항만, 도시 및 부도심 지역) : 평방마일 당 10 개 설치

2) 중위해도 지역(기타 부도심 지역) : 평방마일 당 5 개 설치

3) 저위해도 지역(기주식물이 없는 농촌 지역) : 평방마일 당 2 개 설치

4) 최저위해도 지역(정착 가능성 없는 지역) : 5 평방마일 당 1 개 설치

④ 트랩설치 방법

기주과일 나무를 우선 선택한다. 기주나무가 없는 도심지역은 그늘진 장소를 선택한다.

⑤ 트랩설치 장소

출입이 편리하고 안정성이 있는 장소를 선택하여 지상에서 1.6~1.8 m 높이에 사방이 잘 트이고 약간 그늘이 있는 곳에 설치한다.

⑥ 트랩설치 간격

유인력에 영향을 주지 않도록 다른 트랩과 최소 5m 이상의 간격을 유지하도록 하고, 설치한 지점의 침입 위험도가 변경되는 등 필요하다고 판단될 경우 트랩설치 지점을 변경한다.

⑦ 유인제 설치 및 교체

TA-단백질먹이 유인물질을 맥페일트랩에 넣고 조사시기 마다 교체한다.

⑧ 조사횟수

• 동계(12-2월) 월 1회
• 춘계(3-5월) 2주 1회
• 하계(6-9월) 1주 1회
• 추계(10-11월) 2주 1회

⑨ 트랩설치장소 등록

농림축산검역본부(이하 “검역본부”라 한다) 지역본부 · 사무소별로 트랩번를 부여하

여 설치한 다음 설치위치의 GPS 좌표를 식물검역통합정보시스템의 금지급 과실파리 예찰방제시스템에 등록한다.

나. 포장 순회 모니터링

① 조사기간 : 1~12월

② 조사횟수

11~2월에는 월 1회, 3~10월에는 월 2회 이상

③ 조사지역

공항 · 항만지역, 경유물품에 긴급사태가 발생한 지역, 격리재배지, 수출 · 입 식물재배지역 등

④ 기주 조사방법

기형과일, 유충, 알, 식흔, 부패, 배설물 등

(4) 모니터링 결과 등록 및 표본 제작

채집된 모든 과실파리는 분류, 동정하고 그 결과를 금지급 과실파리모니터링방제시스템에 등록한다.

FF 관리 DB

	A	B	C	D	E	F	G	H	I
1	날자	채집지점	트랩	곤충종(추정)	마리수	진단기술	종동정	조치	관리
2	16.3.17	제주(CJ-A-i-47)	ME	B. oroientalis	1	DNA/형태	B. orientalis	OFF 매뉴얼 제10조 1항에 따라 제주본부장통보(3/19)	OFF 매뉴얼 제4항에 따라 긴급방제지역선포(3/20)
3				B. sp.	1	DNA/형태	B. scutellata	무조치	무관리
4				Unknown	1	DNA	B. scutellata	무조치	무관리
5									

동정은 형태지표 및 분자지표를 이용한다. 분자지표의 경우는 신속동정시스템을 이용하고, 정밀동정은 농림축산검역본부의 전문가에게 보내 판정 받는다. 채집된 과실파리는 표본을 제작한 후 라벨을 부착(해충명, 기주, 채집지, 채집일자, 채집자)하여 보관한다.

(5) 상황보고

지역본부장 · 사무소장은 모니터링 결과 새로운 식물병해충(검역병해충, 국내미분포병해충 등)을 발견한 경우 또는 경유물품에 긴급사태가 발생한 경우와 모니터링 요원의 새로운 병해충 신고 및 조치사항을 별지 서식 제3호에 따라 농림축산검역본부(식물방제과)로 계통보고 하고 발견된 병해충 표본을 긴급 송부한다.

[별지 제3호 서식]

새로운 식물병해충 발견상황 보고

구 분	내 용
1. 발견일자	
2. 발견장소	• 주소 : • 농가명 : (TEL)
3. 병해충명	
4. 기주식물 (트랩설치 식물)	
5. 발견상황	• 발견병해충수, 발견정도, 피해증상 등
6. 조치사항	• 긴급조치(약제살포, 폐기 등) 등
7. 기 타	• 병해충 발견자 : 직 성명 • 분류동정자 : 직 성명 • 확인자 : 직 성명 • 기타 참고사항 수입식물의 수입시기, 수입국가, 수입량 농가에서 최초 발견시기 등

4.3.1.2 긴급모니터링

(1) 분포한계조사

가. 트랩 종류와 배치

어떤 지역에서 1 개체 또는 그 이상의 과실파리가 채집될 경우, 침입한 과실파리의 분포한계를 결정하기 위한 조사가 즉시 수행된다. 과실파리가 최초 발견된 지점을 중심으로 그 주변을 1.6 km 간격으로 정사각형(1.6 × 1.6 km) 격자배치구를 설정한 후 중심부에서 주변부로 격자 당 25-5-5-5-5 개의 맥페일 트랩(TA-단백질먹이 유살제 사용)을 설치한다.

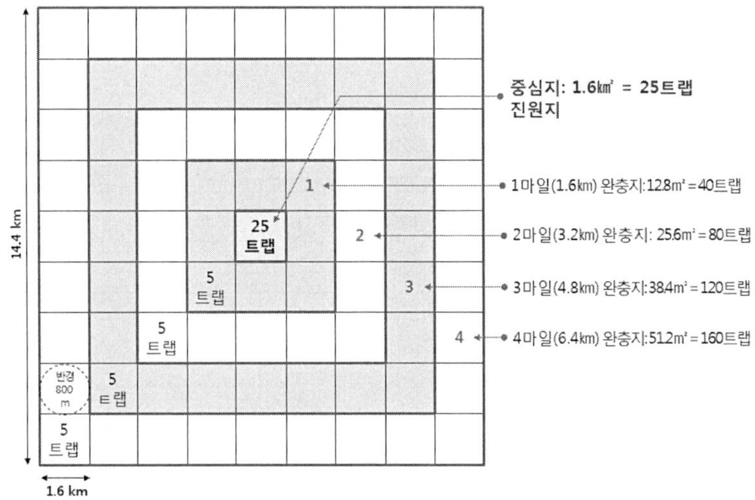

▌분포한계조사 예찰트랩설치▐

과실파리가 검출된 지점으로부터 14.4 km 밖의 지역은 상시모니터링 설치 지역에 해당하며, 기존의 실시간 모니터링을 지속한다.

나. 트랩 조사기간 및 조사 빈도

① 조사 기간

마지막 발견 후 3 세대 기간으로 세대기간의 계산은 해당 과실파리의 예찰 프로그램을 이용한다.

② 조사 빈도

최초발견 이후 1 주 동안은 매일 조사하고, 그 후 1 세대 기간 동안은주당 2 회 조사한다. 2~3 세대 동안에는 2 주 1 회 조사한다. 트랩에 채집된 암컷은 해부하여 암컷저정낭(spermatheca)에 존재하는 정자의 유무로 교미여부를 조사한다.

(2) 기주 조사

① 과실절개 검사

과실파리 검출지로부터 200 m 이내의 기주식물의 과실을 수거하여 절개하고 미성숙 과실파리의 존재를 확인한다. 이후 절개된 과실은 금지급 생물안전시설에서 27℃와 70% 상대습도를 유지하며 2-3 주 동안 보존하면서 과실파리 존재 유무를 재확인한다. 한편 과실파리 의심 기주가 보존되는 시설은 "수입금지품 수입 및 사후관리요령의 관리장소 요건"을 충족해야한다.

② 발견지 주변 기주 조사

발견지 주변 2.4 km 이내에 위치한 과수원 명부를 작성하고, 기주식물을 조사한다.

이 지역의 과일을 7~10 일 간격으로 조사한다. 이때 과수원 주인을 대상으로 탐문조사도 실시한다.

4.3.2 방제기술

다음의 기준에 따라 발견의 경우는 초기방제를 실시하고, 발생의 경우는 박멸방제를 취하게 된다.

발견	모니터링 트랩에 1 마리 이상 포획된 경우
발생	• 알, 유충, 번데기 또는 교미된 암컷 1 마리 이상 또는 • 발견 후 1 주일 이내에 발견지중심(14.4 × 14.4 km)에서 성충 3 마리 이상이 트랩에 검출된 경우(수컷, 미교미 암컷)

<table>
<tr><th>단계</th><th>목적</th><th>방제 항목</th><th>방제적용기술</th><th>방제 영역</th><th>처리 횟수 및 기간</th></tr>
<tr><td>발견시 방제</td><td>조기발견 후 급방제</td><td>모니터링</td><td>맥페일트랩</td><td>14.4 km 격자</td><td>1회/일(첫 1주)
2회/주(첫 세대)
0.5회/주(2-3세대)</td></tr>
<tr><td rowspan="10">발생시 방제</td><td rowspan="10">초기방제
이후
박멸방제</td><td>모니터링</td><td>맥페일트랩</td><td>발견지별
14.4 km 격자</td><td>1회/일(첫 1주)
2회/주(첫 세대)
0.5회/주(2-3세대)</td></tr>
<tr><td>방제지역선포</td><td>행정조치</td><td>14.4 km 격자</td><td>박멸기간</td></tr>
<tr><td>기주 이동 제한</td><td>행정조치</td><td>14.4 km 격자</td><td>박멸기간</td></tr>
<tr><td>토양소독</td><td>팔라딘 유제</td><td>발견지별
200 m 반경</td><td>1회/2주</td></tr>
<tr><td>과실제거</td><td>수작업</td><td>발견지별
200 m 반경</td><td>1회 처리</td></tr>
<tr><td rowspan="3">암컷유살제
(GF120)</td><td>지상방제</td><td rowspan="3">중심부 + 제1완충지 +
제2완충지</td><td>농경지, 하천 기주</td></tr>
<tr><td>시설지방제</td><td>시설하우스 내부</td></tr>
<tr><td>항공방제</td><td>산림지역</td></tr>
<tr><td rowspan="2">불임충방사</td><td rowspan="2">불임충수컷</td><td>백만마리/1.6 km 중심격자</td><td rowspan="2">대발생시 적용함
매주 방사</td></tr>
<tr><td>5만마리/외곽</td></tr>
</table>

[발견 시 방제 매뉴얼]

발견 초기 1 주일 이내에 이뤄지는 긴급 방제 매뉴얼이다. 발견지 중심으로 14.4 × 14.4 km 지역에서 긴급모니터링 트랩을 발견 후 24 시간 이내에 이뤄진다.

[발생 시 방제 매뉴얼]

(가) 박멸 매뉴얼 가동 기준

해당 과실파리 "발견"에 따라 긴급 실시하는 "분포한계설정" 조사과정을 통하여 "발생"으로 전환되는 경우 박멸프로그램을 가동한다.

(나) 박멸 프로그램 기간

박멸 프로그램은 해당시기에 사과과실파리가 적어도 2 세대 발생되는 기간 동안 가동된다. 이후 재발견되면 다시 최소한 2 세대 박멸 프로그램이 재가동된다.

(다) 박멸 처리방법 선정기준

① 기본적으로 토양소독, 단백질먹이 유살제 및 기주제거 처리가 가동되어야 한다.
② 방제 지역이 넓은 경우 항공방제가 추가된다.
③ 불임충방사는 선택적 처리이다.

(라) 이동 및 재배 제한

① 과실파리가 발견된 지점을 중심으로 14.4 × 14.4 km 격자에 있는 규제대상 품목의 재배 · 취급 · 가공업자들에게 비상조치 내용을 통보한다.
② 선포된 방역지역에서는 다음의 규제조치가 포함된다.
  가) 과일 채소류의 상업구역에서 소독처리 상황 감시·감독·증명서 발급
  나) 농산물 가공시설의 주기적 방문
  다) 규제품목 폐기물에 대한 감시
  라) 공항 · 터미널에서 규제대상품목의 이동감시
  마) 검역규제지역 경계의 국도, 지방도로 등에서의 이동감시

(마) 과일수거

과실파리 발견지점을 중심으로 200 m 이내에 있는 모든 기주를 신속히 수거하여 50 cm 이상의 깊이에 묻는다. 유충 발견 장소에서는 기주 껍질도 제거되어야 한다. 이를 수거 기간 동안 플라스틱 상자 속에 보관 후 승인된 매립지에 제거 처리된다. 매몰시 생석회(0.4%)를 첨가한다.

(바) 토양소독

발생 지점을 중심으로 200 m 내에 있는 모든 기주나무 밑에 팔라딘 유제(경농)를 살포한다.

(사) 암컷유살제 처리

살충제가 첨가된 단백질먹이 유살제를 살포한다.

(사-1) 지상 독먹이살포

① 조제

GF120 (동방아그로)을 물로 1.5 배 희석하여 처리한다. 예를 들어 GF120 4 L에 물을 6 L 혼합하여 살포액을 조제하게 된다.

② 처리 지역 규모

발견 지점 기준으로 중심부, 제1완충지역 및 제2완충지역 살포 처리

③ 처리 간격

초기 발견 이후 2 세대 기간 동안 주당 1 회 살포한다.

④ 처리 방법

미끼는 개인휴대용 스프레이기 또는 동등한 장치의 수단에 의해 주거지와 휴식공간이 제공되는 기주와 식물에 제한된 범위적용으로 사용될 수도 있다. 사용은 어린이 또는 애완동물에게 피해가 발생하지 않는 장소에 적용된다. 모든 범위적용이 요구된다면 송풍식 분무기 또는 유사한 장치가 사용될 수 있다.

⑤ 처리 약량

각 처리지점은 표면이 모두 적셔지도록 살포한다.

(사-2) 시설지 살포

지상 살포와 동일방법으로 약제를 조제하고, 해당지역에서 기주를 재배하는 모든 시설재배지 내부에 살포한다.

(사-3) 항공 살포

지상 살포와 동일방법으로 약제를 조제하고, 해당지역 포함된 산림 지역에 살포한다.

(아) 불임충방사 처리

① 불임충방사는 박멸처리 후 잉여 과실파리 개체를 완전히 제거하기 위해 적용된다. 이 방법은 기주 껍질 제거, 독먹이살포 및 토양관주(토양이나 나무에 구멍을 파서 약액을 주입하은 약제살포의 한 방법)와 혼합하여 사용될 수 있다.

② 우선 정확한 종 동정이 필요하다. 즉 방사될 종과 침입 종과 동질성이 확보되어야 한다.

③ 모니터링 트랩을 이용하여 1.6 × 1.6 km 면적 단위로 5 개 트랩배치가 필요하다. 이 트랩들은 단백질먹이유인제를 유인제로 일주일 간격으로 조사된다.

④ 불임충방사 밀도

감염중심지를 1.6 × 1.6 km 면적으로 정하고 여기에 매주 백만마리 이상의 불임충을 방사하게 된다. 감염외곽지(완충지)는 중심지에서 4.8 km 반경 지역으로 1.6 × 1.6 km 면적 기준으로 50,000 마리 이상이 방사된다.

⑤ 불임충방사 수단

(아-1) 지상 방사

이동 차량을 통해 불임충을 방사한다. 특히 감염중심지 처리에 유효하다. 감염중심지 주변처리도 가능할 수 있다.

(아-2) 항공 방사

육상 차량 방사보다 균일하게 불임충을 방사할 수 있다.

[박멸선언 매뉴얼]

(가) 트랩 모니터링을 통한 박멸효과 확인

① 마지막 발견 후 3 세대 기간 동안 모니터링을 실시한다.

② 정밀조사 이외의 지역에도 상시모니터링 지역에서 3 세대 동안 모니터링을 실시한다.

(나) 기주수거검사를 통한 박멸효과 확인

① 중앙지점 및 제1완충지역(발견지점으로부터 2.4 km 반경이내) 등에 있는 과일을 7~10 일 간격으로 조사한다. 특히 중앙지점의 기주과일은 명부를 작성하고 즉석에서 칼로 절개하여 검사한다.

② 시설이 갖추어진 경우에는 수거된 과일은 과실파리 최적온도인 26℃/70% 습도조건에서 1 주 ~ 1 세대기간 동안 사육 후 검사한다. 과일이 저장되는 시설은 우화하는 과실파리가 날아가지 않도록 안전관리에 만전을 기해야 한다.

(다) 박멸선언

과실파리 최종발견 후 3 세대 기간 동안 더 이상 발견이 되지 아니하였을 경우 박멸된 것으로 판정한다.

CHAPTER 06

금지급 과실파리 관리 컨트롤타워

1 우리나라 병해충 예찰·방제 운영체계

병해충모니터링·방제대책본부 운영지침(농림축산식품부 훈령 제230호, 부록 3)에 따라 병해충 모니터링·방제에 관한 정책수립, 병해충 모니터링·방제계획 수립의 총괄·조정, 관련 중앙행정기관과의 병해충 모니터링·방제에 대한 협조체계 구축, 중앙 및 지방 병해충 모니터링·방제단의 지원, 병해충 모니터링·방제와 관련된 대국민 홍보 등을 위한 병해충모니터링·방제대책본부(이하 병해충대책본부, 그림 6-1)가 농림축산식품부에 설치된다. 병해충대책본부는 병해충으로 인하여 농산물 수급 및 가격에 중대한 영향을 미칠 우려가 있을 경우, 관련 중앙행정기관과의 병해충 모니터링·방제에 대한 협조체계 구축이 필요한 경우 등 비상설 조직으로 운영된다. 본 운영지침에 따라 국경반인 검역본부는 국경의 모니터링·방제업무를 수행하게 된다.

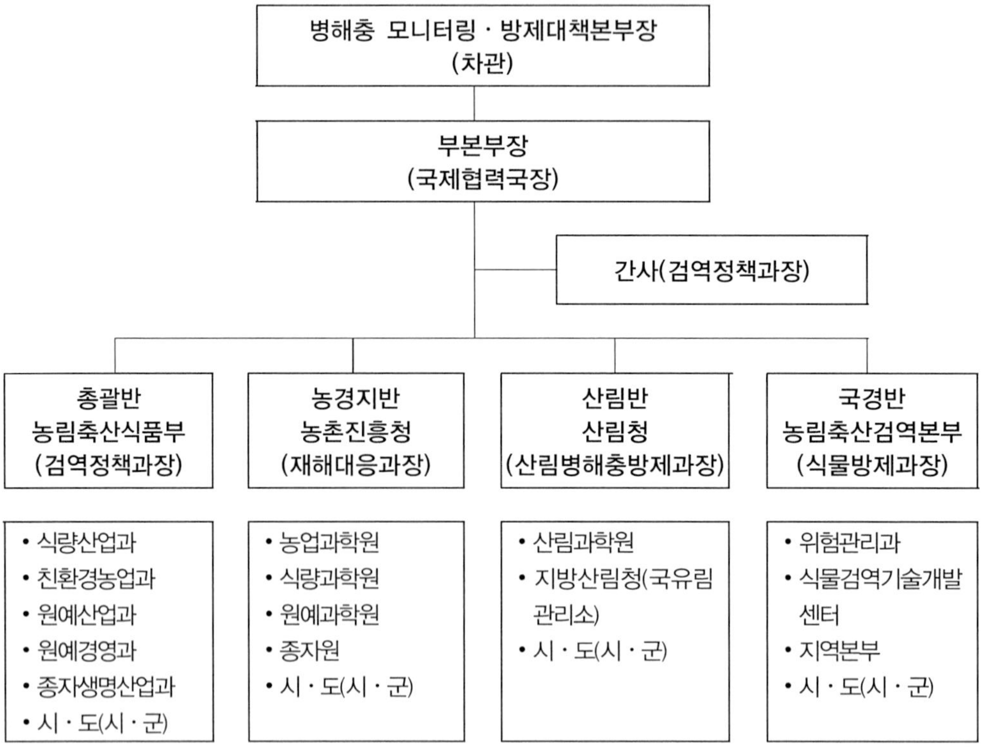

▌그림 6-1▐ 병해충 모니터링 · 방제대책본부 조직도

농촌진흥청은 농작물병해충모니터링 · 방제에 관한 규정(농촌진흥청고시 제2013-20호, 부록 4)에 따라 병해충모니터링 · 방제단을 설치한다(그림 6-2). 이는 상설의 중앙병해충모니터링 · 방제단과 비상설의 시 · 도모니터링 · 방제단 및 시 · 군 · 구모니터링 · 방제단으로 구성되며, 중앙병해충모니터링 · 방제단은 ① 국가적인 병해충 모니터링 · 방제계획 수립 ② 병해충 모니터링 · 방제 추진 및 지도 · 점검 ③ 시 · 도모니터링 · 방제단에 대한 예산 · 기술 지원 ④ 지방자치단체와의 모니터링 · 방제 협조체계 구축 ⑤ 방제비 지원, 손실보상 등에 관한 업무 ⑥ 병해충의 분류동정, 위험평가, 정보분석, 기술개발의 임무를 수행한다.

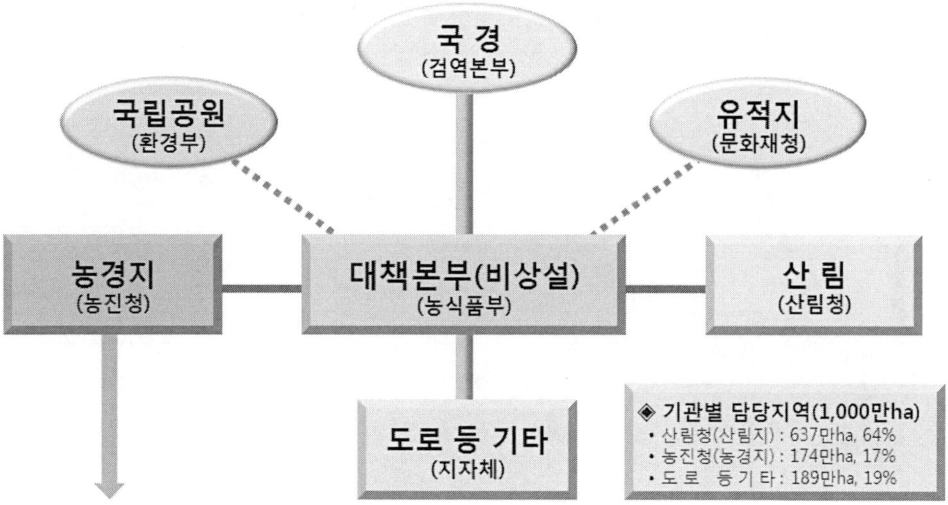

▌기관별 모니터링 · 방제 관할지역 및 병해충 모니터링 · 방제단 조직도 ▌

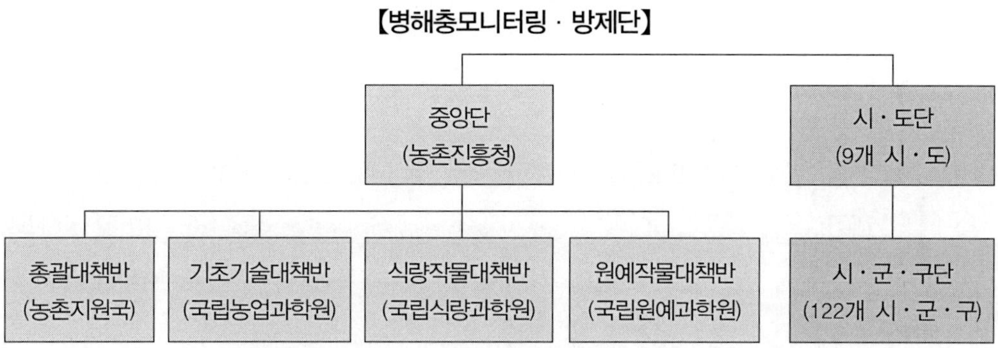

▌그림 6-2 ▌ 기관별 모니터링 · 방제 관할지역 및 병해충 모니터링 · 방제단 조직도

검역본부는 식물방역법 제3조 및 제33조에 근거하여 공항 · 항만, 격리재배지역, 수입식물의 재배지역 및 수출식물 재배지로부터 과실파리류의 유입 · 확산을 방지하기 위하여 검역 · 모니터링 · 방제 등 필요한 역할을 수행한다(부록 6). 한편, 우리나라 농경지에 금지급 과실파리류가 발견 · 발생한 경우 이에 대한 대응방식(관리)은 농촌진흥청(이하 진흥청) 농작물병해충모니터링 · 방제에 관한 규정에 따라 진흥청을 중심으로 한 "통합형 관리"로 기능별 책임기관을 지정하고 그들을 조정, 통제하게 된다. 이러한 상황에서 검역본부의 과실파리류 병해충 모니터링 · 방제 업무추진 절차도는 그림 6-3과 같다.

업무구분	농경지(농진청) / 국립공원(환경부) / 국경(검역본부) / 유적지(문화재청) / 산림(산림청) / 도로 등 기타(지자체)
모니터링조사결과 집계	검역본부
외래·돌발 병해충 / 미기록종	자체동정
분류동정	• 분류동정(검역본부) – 필요시 내·외부 전문가 및 자문
임시조치	• 긴급조치 – 검역본부 식물방제과(총괄지) : 긴급조치계획 수립 및 추진 (관련기관통보, 보도자료 배포, 과별 협조요청) – 식물검역과 : 국경 검역강화 조치, 인력·예산 지원 등 – 위험관리과 : 위험도평가, 병해충 정보수집 및 분석 등 – 수출지원과 : 수출입에 미치는 피해상황 및 규모, 외국사례 분석 등 – 지역본부 : 현장조사 및 지원, 필요시 지자체 협조 요청 ※ 정밀모니터링조사지역 설정, 트랩증설 및 모니터링강화, 기주과실조사 등
분포·역학·발생조사	• 역학조사 – 식물방제과:총괄, 지역본부:조사팀구성
위험평가	• 병해충위험평가위원회(농업과학기술원)
대책회의	• 방제대책회의(농진청) 〈내용〉 ① 동정평가 ② 방제방법 ③ 예산 ④ 방제범위
대책본부	병해충 모니터링·방제대책본부(농림축산식품부)
방제명령 및 공고	• 농진청 → 지자체 – 방제명령서 발급, 방제작업 착수 – 유살제 설치 및 살포, 기주식물폐기. 이동제한 등의 규제조치 – 트랩조사 등 모니터링강화, 방제이행상황 관리감독(검역본부, 농진청)
방제지도	• 검역본부 → 농진청 – 검역규제지역설정 및 트랩증설 설치 및 모니터링강화 – 유살제 설치 및 살포, 토양소독처리 – 기주식물 유충 감염여부 조사 및 폐기 – 이동제한 등의 규제조치
결과 보고	• 지자체 → 검역본부, 농진청 → 농식품부 – 트랩조사 후 세대경과 후 발견사항 없음을 보고
예산지원	• 농진청, 지자체 – 물품 구입비용, 차량 및 기동인력 지원, 보상비 지원
방제효과 확인	• 농진청, 검역본부 – 박멸완료(2~3세대경과) 후 최소한 1세대동안 모니터링 후 발견되지 아니한 경우
박멸선언	• 검역본부, 농진청 → 농식품부 – 보도자료 배포

▌그림 6-3▌ 검역본부 과실파리류 병해충 모니터링·방제 업무추진 절차도

2 금지급 과실파리 예찰 · 방제에 관한 상시 운영체계

2.1 상시예찰 운영체계

검역본부는 식물방역법 제33조 및 같은 법 시행규칙 제37의7에 따라 식물병해충 모니터링조사운영에 관한 세부사항을 정하여 과실파리류 상시모니터링을 수행한다. 식물방제과는 과실파리류 조기탐지를 위한 모니터링을 위해 매년 "식물병해충 모니터링조사 요령"에 근거하여 과실파리류 조사지, 조사방법 등 구체적인 지침을 작성하여 각 지역본부 · 사무소에 시달한다(부록 7). 각 지역본부 · 사무소는 실제 모니터링조사 계획을 작성하여 운영한다.

2.2 발견 · 발생에 대비한 사전계획 수립 및 자원관리체계

과실파리류의 발견 · 발생 시 많은 인적, 물적 자원이 필요하고 적재적소에 필요한 물품과 인력을 얼마나 적시에 공급하느냐가 효율적인 대응에 많은 영향을 미치게 된다. 이에 사전계획이 중요한 부분이며 이를 위해 발견 · 발생에 대비한 사전준비를 철저히 수립하는 것이 중요하다. 이에 검역본부는 필요한 물자를 검역본부 장 책임하에 체계적으로 관리 및 활용할 수 있도록 하기 위하여 사전계획수립 및 자원관리시스템을 구축 및 운영할 수 있도록 할 필요가 있다.

2.2.1 연락체제구축

- 금지급 과실파리류의 발견 즉시 정확한 행동을 취할 수 있도록 평상시부터 관련 기관 및 대학 · 전문기관 등의 병해충 전문가와 연락 창구를 정리하고 발생 지역에 주지하는 등 연락체제를 구축한다.
- 금지급 과실파리류 발생 후 즉시 발생 조사와 방제 대책을 강구할 수 있도록 미리 생산지, 재배 식물의 종류 및 그 생산량 등의 정보를 수집한다.

2.2.2 자재 및 요원의 확보

- 금지급 과실파리류의 발견 후 즉시 발생 조사와 방제가 마련되도록 대응 가능한 요원의 리스트를 작성한다.
- 금지급 과실파리류의 발생에 대비한 훈련과 방제에 필요한 트랩, 유인제 등의 자재를 확보하도록 노력한다.

2.2.3 정보의 수집 · 공유

• 검역본부 및 관련 기관은 병해충에 관한 학회 등에 참가함으로써 대학 · 연구기관 등의 전문가와 정보를 교환하고 새로운 금지급 과실파리류의 발생 등에 관한 정보를 적극적으로 수집한다.

• 관련 기관은 해외의 금지급 과실파리류의 발생 상황 등을 파악하기 때문에 식물검역 관계 국제기관, 정부 기관 및 학회 등의 보고 및 문헌 등의 정보를 수집하고 필요한 정보를 검역본부와 공유한다.

• 학회, 문헌 등을 통해 수집한 정보를 정리하고 금지급 과실파리류의 방제에 관해서 유익하다고 인정되는 정보를 지역본부 · 사무소 및 관련 기관에 주지한다. 또 지역본부 · 사무소 및 관련 기관은 이러한 정보에 대해서 생산자 등이 필요한 것을 정리하고 제공한다.

2.2.4 분류 · 방제 등의 기술 향상

• 금지급 과실파리류의 분류동정과 방제 등에 관한 연수 등을 적극적으로 개최하는 지역본부 · 사무소 및 관련기관 직원 등의 기술의 향상을 촉진하는 것으로 한다.

2.3 발견 · 발생시 보고체계

2.3.1 상시 모니터링조사 등의 실시

• 지역본부 · 사무소는 금지급 과실파리류 발견을 조기에 파악해야하기 때문에 평상시 모니터링조사를 적극적으로 실시한다.

• 지역본부 · 사무소는 금지급 과실파리류를 조기에 파악해야하기 때문에 발생 모니터링사업 등의 조사 및 생산자의 방제 지도를 통해서 관할하는 지역 내에 서식하고 있는 금지급 과실파리류의 종류나 그 피해 상황 등에 대한 정보를 수집한다.

• 지역본부 · 사무소는 조사 등의 결과 금지급 과실파리류 발견 · 발생의 혐의가 있다고 인정될 때는 지체 없이 그 정보를 공유한다.

2.3.2 발견된 금지급 과실파리류의 동정

• 지역본부 · 사무소는 모니터링조사 등에서 발견된 금지급 과실파리류의 신속한 동정을 한다.

• 발견관할 지역본부 · 사무소는 모니터링조사 등에서 발견된 금지급 과실파리류의 동정을 스스로 하는 것이 어렵다고 판단했을 경우, 신속히 검역본부 또는 대학 · 연구기관 등에 동

정을 의뢰한다. 또한 발견관할 지역본부 · 사무소는 대학시험 연구기관 등에 동정을 의뢰한 과실파리류가 금지급 과실파리류일 가능성이 있을 때에는 지체 없이 그 사실을 식물방제과에 보고한다.

- 금지급 과실파리류의 동정 의뢰가 있었을 경우는 가능한 신속하게 동정하고 그 결과를 의뢰가 있던 관할 지역본부 · 사무소에 통보한다. 또한 검역본부는 의뢰가 있는 금지급 과실파리류의 동정을 스스로 하는 것이 어려운 경우에는 대학 · 연구 기관 등에 협조를 요청한다.

2.3.3 발견의 보고

지역본부 · 사무소는 분류동정결과 금지급 과실파리류에 해당한다고 판명한 경우 또는 해당하는 것이 의심될 경우에는 신속하게 금지급 과실파리류의 명칭, 발견한 장소, 발견한 식물 이름 등의 정보를 식물방제과로 보고한다.

2.4 발견 · 발생시 초기대응 체계

2.4.1 경계설정, 발생상황 등의 조사

- 지역본부 · 사무소로부터 보고가 있으면, 검역본부(식물방제과)는 해당 금지급 과실파리류 발생 상황 등의 조사를 신속하게 하도록 지시한다.
- 조사 실시에 임해, 관련 기관의 협력이 필요한 경우에는 지역본부 · 사무소에 관련 기관과 연계하여 조사를 실시하도록 요청한다.
- 지역본부 · 사무소는 요청이 있을 경우 관련 기관과 연계하여 조사를 실시한다.
- 지역본부 · 사무소는 지시가 있은 조사를 실시하고 다음의 항목을 신속하게 보고한다.
  ① 발견 경위
  ② 발생 · 피해식물
  ③ 발생 · 피해 상황(발생 지역, 발생과 피해 면적 등)
  ④ 발생지역 및 그 주변 지역의 숙주(기주)식물의 재배상황(분포)
  ⑤ 발생의 원인(발생피해 식물의 유래 등)
  ⑥ 시료 표본의 보존, 관리 상황
  ⑦ 그외 다른 필요 사항
- 보고를 받은 결과 해당 금지급 과실파리류의 보고가 있었던 지역 이외의 지역에도 발생한 우려가 있어 추가 조사를 실시할 필요가 있다고 판단한 경우에는 지역본부 · 사무소에 추가 조사를 실시하도록 지시한다. 또한 추가 조사 실시에 대해서도 동일한 절차를 준용한다.

2.4.2 방제 등 긴급 조치 실시

- 검역본부는 보고가 있던 금지급 과실파리류에 대해서 그 만연을 방지하기 위한 신속한 대응이 필요하다고 판단했을 경우에는 방제 대책의 결정까지 지역본부 · 사무소에 방제 등 긴급조치로서 농약살포 또는 피해 식물의 제거 등의 방제활동(이하 긴급 조치)을 실시하도록 지시한다.
- 지역본부 · 사무소는 검역본부에서 긴급 조치의 지시가 있었을 경우에는 긴급 조치를 실시하는 재배지 등의 소유자 또는 관리자(이하 소유자 등)에 대한 방제 및 필요성 등을 설명하여 양해를 얻고 방제를 실시한다.
- 검역본부는 긴급 조치의 실시에 임해, 관련 기관의 협력이 필요한 경우에는 관련 기관에 지역본부 · 사무소와 연계하여 방제를 실시하도록 요청한다.
- 관련 기관은 검역본부에서 요청이 있을 경우에는 지역본부 · 사무소와 연계하여 긴급 조치를 실시한다.

3 금지급 과실파리 발견·발생시, 예찰·방제에 관한 운영체계

금지급 과실파리 발견 · 발생 시 농림축산식품부 국제협력국장이 실장인 대책반을 설치하고 각 기관별로 임무를 수행하게 된다(그림 6-4). 또한 검역본부도 식물방제과장이 실장인 자체 대책반을 설치하고 오리엔탈과실파리 역학조사, 해외 금지급 과실파리 정보수집 및 대책 추진, 검역협상 대응 등의 임무를 수행한다(그림 6-5).

- 실장
  - 정: 국제협력국장
  - 부: 식물검역부장
- 간 사: 검역정책과장

반별	종합대책반	국내방제반	국경검역반	수급/수출 대책반	홍보대책반
반장	검역정책과장	재해대응과장 (농진청)	식물검역과장 (검역본부)	원예경영과장	홍보담당관
반원	• 농식품부 (검역정책과) • 농진청 • 검역본부	• 농진청 • 산림청 • 검역본부 • 해당 지자체	• 검역본부 • 농진청	• 농식품부(수출진흥과, 원예경영과) • 검역본부	• 농식품부 (대변인실)
주요임무	• 대책실 업무 총괄 • 일일 상황 정리 보고 • 회의준비 등	• 일반재배지 · 수출단지 모니터링 · 방제 추진상황 점검 및 대응 • 전국 분포조사	• 해외 오리엔탈과실파리 정보수집 및 대책 추진 • 검역협상 대응 • 역학조사	• 국내 과수류 수급 대책 및 소비 홍보 • 수출대책 추진 • 수출단지에 대한 검역대책 추진	• 보도 · 언론 모니터링

‖ 그림 6-4 ‖ 농림축산식품부 대책본부 조직도

실장	식물방제과장

간 사
○○○

반별	종합대책반 (모니터링대응반)	역학조사반	국경검역반	수출대책반	홍보대책반
반장	○○○	○○○	○○○	○○○	○○○
반원	○○○,○○○	○○○,○○○	○○○,○○○	○○○,○○○	○○○,○○○
주요임무	• 일일상황 정리 보고 • 회의준비, 자료 취합 등 • 수출단지모니터링 및 긴급조치	• 방제 추진상황 점검 및 대응 • 역학조사	• 기주식물 검역실적 및 일일상황 정리 • 국경검역 대응 • 국내검역 등	• 검역협상 대응 • 국내 과채류 수출대책 및 소비 홍보 등 • 해외 정보수집 및 대책 추진	• 보도자료 배포 및 언론 대응 등

반 별	세부 업무내용
종합대책반	•「상황실」 업무 총괄 지휘·통제 • 일일 상황 정리 보고 • 언론·브리핑관련 자료 정리 • 회의 준비 및 결과 정리 등 자료 취합 • 기타 타반에 속하지 아니한 사항
역학조사반	• 방제 추진상황 점검 및 대응 총괄 • 농진청 방제 추진상황 협력 •「역학조사」 구성·운영 및 조사계획 수립 추진 • 기타 역학조사 활동에 관한 사항
국경검역반	• 검역대책 수립 추진(국내검역 포함) • 오리엔탈과실파리 기주식물 검역실적 일일상황 정리 • 기타 검역 활동에 관한 사항 • 긴급조치에 관한 사항
수출대책반	•「검역협상팀」 구성·운영 및 대응 • 과채류 수출 대책 및 소비 홍보 총괄 • 과채류 품목별 가격 및 소비동향 파악 • 과채류 수급관련 언론대응 등 • 해외정보 수집 및 대책 추진정보
홍보대책반	• 보도자료 배포 및 언론대응 총괄 • 인터뷰, 브리핑 등 준비 및 대응 • 온라인에 대한 모니터링 및 대응 • 홍보물 배포

▌그림 6-5▌ 검역본부 대책본부 조직도 및 업무내용

3.1 위험분석의 실시

농촌진흥청은 농작물 병해충 모니터링 · 방제 시행에 필요한 세부사항 추진을 위하여 중앙병해충 모니터링 · 방제단을 구성한다. 중앙병해충모니터링 · 방제단은 병해충위험평가위원회를 구성하여 금지급 외래해충인 금지급 과실파리에 대해서, 조사에서 얻은 정보 및 관련 자료에 근거하여 국내의 유용한 식물에 대한 위험분석 또는 재분석을 실시한다. 병해충위험평가위원회는 위험분석의 실시에 있어 필요에 따라서 대학 · 연구 기관 등의 병해충 등의 전문가로부터 의견을 청취한다.

3.2 방제 대책의 결정 실시

3.2.1 병해충 모니터링 · 방제대책회의 개최

- 중앙병해충모니터링 · 방제단은 급지급 과실파리 조사 및 위험분석의 결과를 토대로 발생한 오리엔탈과실파리에 대해서 긴급 방제 등의 특별한 방제가 필요한 것으로 판단한 경우에는 그 방제 대책을 검토하기 위한 병해충모니터링 · 방제대책회의(이하 모니터링 · 방제대책회의)를 개최한다.
- 모니터링 · 방제대책회의에는 발생한 금지급 과실파리에 관한 학식 경험자 및 관계 기관의 담당자 등을 소집한다.
- 모니터링 · 방제대책회의에서는 발생한 금지급 과실파리에 대해서 조사 및 동 해충 위험분석 등의 정보를 바탕으로 다음 항목을 분석 및 평가를 실시하는 방제 대책을 검토하는 데 필요한 기초적 정보를 정리하고 구체적인 방제 대책 방안을 정리한다.
  ① 발생(피해 상황), ② 숙주(기주)식물의 분포 · 생산 · 유통 상황 및 지리적 환경 조건, ③ 조사 · 방제 등에 필요한 기술의 선택, ④ 조사 · 방제 등에 필요한 비용 및 그 방제효과, ⑤ 잠재적 만연 능력 및 만연 예상 속도, ⑥ 만연한 예상되는 미래적인 경제적 손실(국내산 농산물 수출과 관련 산업의 영향 등을 포함), ⑦ 필요한 인원 및 설비의 확보, ⑧ 발생 감시 등의 조사에 필요한 비용, ⑨ 지역 환경 영향, ⑩ 기타 필요한 사항

3.2.2 방제 대책의 결정

중앙병해충모니터링 · 방제단은 모니터링 · 방제대책회의에서 정리된 방제 대책 방안을 바탕으로, 다음의 방제 조치의 적용이 필요하다고 판단했을 경우에는 신속하게 발생한 금지급 과실파리 방제대책을 결정한다.

① 이동의 제한 ② 이동을 금지 ③ 긴급 방제 ④ 방제에 관한 권고 ⑤ 금지급 과실파리 담당

의 사무에 관한 지시 ⑥ 이외에 발생한 금지급 과실파리 방제를 위한 필요한 조치

3.2.3 방제 실시

중앙병해충모니터링 · 방제단은 결정된 방제 대책에 대한 "금지급 과실파리 모니터링 · 방제사업 지침(안) (부록 8)"을 마련하여 검역본부 등 관련 기관에 대해서 신속하게 실시하도록 지시한다(그림 6-6).

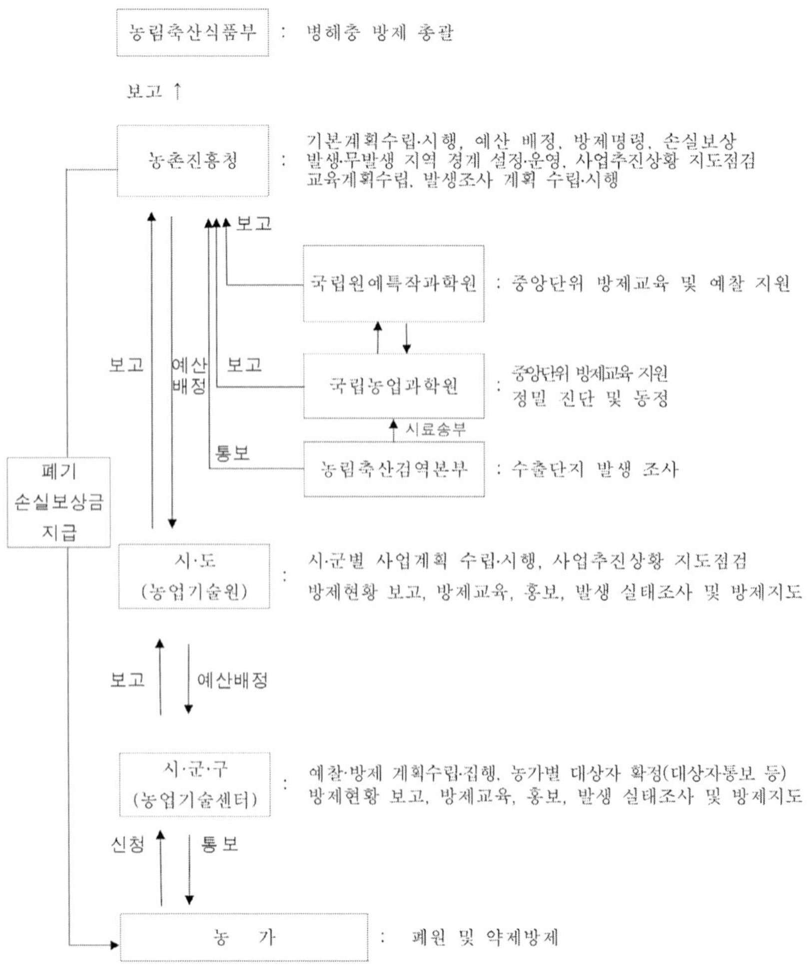

그림 6-6 방제 업무수행 체계 및 기관별 역할 절차도

3.2.4 방제 대책의 평가 및 방제의 재검토

중앙병해충모니터링 · 방제단은 방제의 개시 후 방제 대상으로 금지급 과실파리 발생 상황 등에 큰 변화가 있을 경우는 필요시 대책 모니터링 · 방제대책회의를 개최하고 강구하고 있는

방제 대책의 평가를 한다. 평가에 근거한 방제 대책을 재검토 할 필요가 있다고 판단한 경우에는 다시 방제 대책을 결정할 수 있으며, 한편 방제 대책의 지속이 필요 없다고 판단했을 경우에는 방제의 종료를 결정한다.

3.3 발생의 공표 및 보고

농림축산식품부 및 관련 기관은 금지급 과실파리 발생이 인정되는 경우에는 발생 사실 및 피해 상황이나 방제 대책 등의 정보를 필요에 응하고 공표한다. 농림축산식품부(검역본부)는 금지급 과실파리 발생이 인정된 때는 필요시 식물검역조치에 관한 국제 기준에 근거한 관련국들의 정부기관 등에 보고하며, 방제 대책으로 해당 금지급 과실파리의 박멸 등을 확인했을 때는 국제 기준에 근거한 관련국들의 정부 기관 등에 필요한 보고한다.

3.4 기타

농림축산식품부는 방제 대책 및 수입검역 조치의 재검토 등을 실시하기 위해서 필요한 관계 법령의 제정 또는 개정한다. 또한 금지급 탈과실파리의 방제에 해당하는 관계 기관이 이용 가능한 예산확보에 힘쓴다. 방제가 끝난 뒤 해당 금지급 과실파리에 대한 일련의 대응을 기록하고 일정 기간 보존한다. 특히 국내 농업에 심각한 피해를 주는 것이 분명한 금지급 과실파리에 대해서 상시 및 발생 시에서 강구해야 할 조치를 정한 대응지침을 정하거나 기존 대응지침을 수정 · 보완한다.

4 대국민 방제(박멸) 홍보 및 행정라인

4.1 공공기관의 업무

어떤 방제(박멸)캠페인에서도 정치인, 관련그룹 즉 환경운동가, 정부기관, 농민, 수출자, 일반 국민의 도움이 반드시 필요하다. 무엇보다도 공개되는 정보는 분명해야하며, 투명하고 단순하고 그리고 기술적으로 복잡하지 않고 명확해야 한다. 일반 대중이 방제(박멸)프로그램의 목적과 과정에 대한 인식이 정립되도록 하여야 하며, 이를 위해서는 방제(박멸)프로그램의 대변인을 국민과 국가기관에 잘 알려지고 높은 이력을 가진 사람으로 하는 것이 도움이 될 것이다.

4.2 현장(조사)담당자의 준수사항

홍보 업무는 현장(조사)담당자의 임무인 조사의 중요한 일부분이다. ① 일관성 있게 보여야 되고 빈번히 일반 대중과 접촉해야 한다 ② 항상 정중해야 한다 ③ 장기적인 대화는 피해야 하며 업무관련 짧고 따뜻한 대화가 바람직하다 ④ 방제(박멸)프로그램관련 논쟁을 벌여서는 안 된다.

현장(조사)담당자는 검역본부 등 관련 공공기관을 대표하고 일반 대중의 감시 속에 그 기관의 이미지를 형성한다. 일반 대중에게 좋은 인상을 만들기 위해 복장, 개인적 외모, 그리고 행동을 적절히 해야 한다. ① 현장 조사 시 반드시 관복을 입는다. 단, 관복이 없는 담당자는 단정하게 복장을 한다 ② 신분확인 명찰은 매일 근무시간 동안 쉽게 신분확인을 위하여 가슴에 착용한다 ③ 처음 개인 소유지에 들어갈 때, 항상 소유자 또는 관리인에게 항상 연락을 시도하며 업무를 간략하게 설명하고 트랩을 설치하기 위한 허락을 요청한다.

부록 6 [농림축산식품부] 병해충 모니터링 · 방제대책본부 운영지침

농림축산식품부 훈령 제230호

「병해충예찰, 방제대책본부 운영지침」을 다음과 같이 개정합니다.

2016년 10월 4일

농림축산식품부장관

병해충예찰, 방제대책본부 운영지침

제정 2012. 9.14 농림수산식품부 훈령 제327호

개정 2013. 10.7 농림축산식품부 훈령 제89호

개정 2016. 10.4 농림축산식품부 훈령 제230호

제1조 【목적】 이 지침은 식물방역법 제 31조의4 및 같은 법 시행령 제3조의2에 따른 병해충예찰·방제단 지원 등을 위하여 농림축산식품부에 설치하는 병해충예찰· 방제대책본부 (이하"병해충대책본부"라 한다)의 구성 및 운영에 관한 세부사항을 정함을 목적으로 한다.

제2조 【시기】 병해충대책본부는 다음 각 호의 경우에 설치한다.

1. 병해충으로 인하여 농산물 수급 및 가격에 중대한 영향을 미칠 우려가 있을 경우
2. 관계 중앙행정기관과의 병해충 예찰·방제에 대한 협조체계 구축이 필요한 경우
3. 그 외 장관이 병해충대책본부의 설치를 지시한 경우

제3조 【구성】 ① 병해충예찰·방제대책본부장(이하 "병해충대책본부장"이라 한다.)은 차관이 부본부장은 국제협력국장이 되고, 총괄반, 농경지반, 산림반, 국경반을 둔다.

② 총괄반장은 농림축산식품부 검역정책과장, 농경지반장은 농촌진흥청재해대응과장, 산림반장은 산림청 산림병해충방제과장, 국경반장은 농림축산검역본부 식물방제과장으로 한다.

③ 각 반장은 기구표를 참고하여 필요한 반원을 정하거나 지원을 요청할 수 있다.

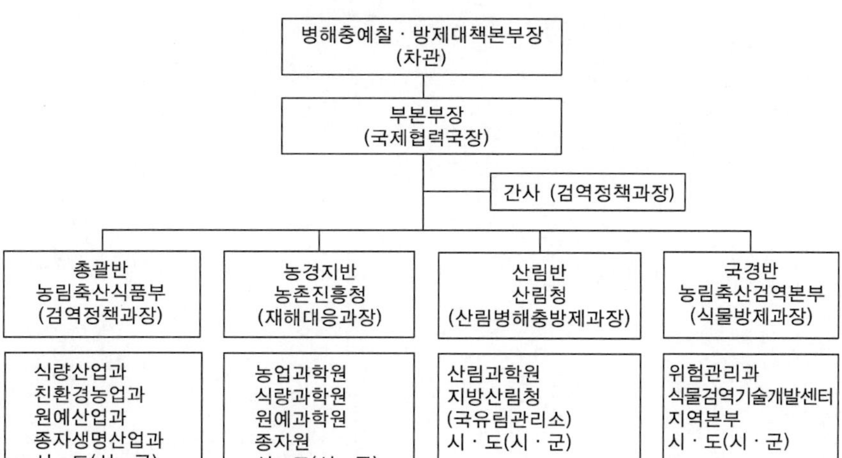

제4조 【임무】 ① 병해충대책본부는 다음 각 호의 임무를 수행한다.

1. 병해충 예찰·방제에 관한 정책수립
2. 병해충 예찰·방제계획 수립의 총괄·조정
3. 관계 중앙행정기관과의 병해충 예찰·방제에 대한 협조체계 구축
4. 중앙 및 지방 병해충 예찰·방제당의 지원
5. 그 밖에 병해충대책본부장이 정한 사항

② 병해충대책본부장은 제1항의 임무를 총괄·지휘한다.

제5조 【운영방법】 ① 병해충대책본부 설치시에는 각 반장이 소속한 기관에서 총괄반, 농경지반, 산림반, 국경반을 편성·운영한다.

② 총괄반은 병해충대책본부 운영 종료시까지 농경지반, 산림반, 국경반에서 각1명씩 파견을 받아 운영한다.

③ 총괄반장은 농경지반, 산림반 국경반의 병해충 예찰·방제 실적을 보고하게 하거나 현지확인 등을 요구할 수 있다.

부칙 〈제89호, 2013.10.7〉

제1조 【시행일】 이 훈령은 발령한 날부터 시행한다.

제2조 【재검토 기한】 「훈령·예규 등의 발령 및 관리에 관한 규정」(대통령훈령 제248호)에 따라 이 훈령 발령 후의 법령이나 현실여건의 변화 등을 검토하여 이 훈령의 폐지, 개정 등의 조치를 하여야 하는 기한은 2016년 10월 6일까지로 한다.

부칙 〈제230호, 2016.10.4〉

이 훈령은 발령한 날부터 시행한다.

부록 7 [농촌진흥청] 농작물병해충 모니터링·방제에 관한 규정

농작물 병해충 예찰·방제에 관한 규정

[시행 2013.6.24] [농촌진흥청고시 제2013-20호, 2013.6.24, 일부개정]
농촌진흥청(재해대응과), 063-238-1046

제1장 총칙

제1조 【목적】 이 규정은 식물방역법 시행령 제3조의3과 제6조, 같은 법 시행규칙 제39조의2와 제48조에서 위임한 농작물 병해충 예찰·방제 시행에 필요한 세부사항을 정함을 목적으로 한다.

제2조 【정의】 이 규정에서 사용하는 용어의 뜻은 다음과 같다.

1. "병해충 분류동정"이란 병해충의 예찰과정 등에서 발견된 농작물 병해충(이하 "병해충"이라 한다)의 종명 및 계통을 밝히는 것을 말한다.
2. "병해충 위험 평가"란 병해충 분류동정을 담당하는 기관에서 분류동정이 끝난 병해충의 국내 분포·국내자생·침입여부 등을 확인하고 생태적 특성과 농작물에 대한 예상 피해 정도 등을 고려하여 방제의 필요성을 평가하는 과정으 말한다.
3. 외래병해충이란 국내에 분포기록이 없는 병해충으로서 지리적 분포 등을 고려할 때 외국으로부터 침입되었다고 판단되는 병해충을 말한다.
4. "돌발병해충"이란 기후변화, 작부체계 다양화 등 환경변화 때문에 돌발적으로 발생하여 농작물에 피해를 주는 토착 또는 외래 병해충을 말한다.
5. "국내 미기록 병해충"이란 국내에 분포기록이 없는 병해충으로서 지리적 분포 등을 고려할 때 외국으로부터의 침입 여부가 불확실한 병해충을 말한다.
6. "공적방제"란 식물방역법(이하"법"이라 한다) 제31조 및 제36조에 따라 농촌진흥청이나 특별시장·광역시장·특별자치시장·도지사 또는 특별자치도지사(이하 "시·도지사"라 한다) 가 해당 병해충의 확산을 저지하기 위하여 시행하는 방제를 말한다.

제3조 【적용범위】 병해충의 예찰 및 방제업무에 관하여 다른 법령에 특별한 규정이 있는 경우를 제외하고는 이 규정이 정하는 바에 따른다.

제2장 병해충예찰·방제단

제4조 【병해충예찰·방제단의 구성】 ① 농촌진흥청은 법 제31조의4와 같은 법 시행령(이하"영"이라 한다) 제3조의3에 따라 중앙병해충예찰·방제단(이하"중앙예찰·방제단"이라 한다)을 둔다.

② 중앙예찰·방제단에는 단장 1명을 두고, 농촌지원국장이 단장이 되며, 예찰과 방제업무를 수행하기 위하여 2명 이상으로 구성된 총괄대책반을 둔다.

③ 중앙예찰·방제단의 예찰과 방제 업무를 지원하기 위하여 농촌진흥청의 소속기관 (국립농업과학원, 국립식량과학원, 국립원예특작과학원)에는 각각 2명 이상으로 구성된 대책반을 두며, 소속기관의 장은 대책반의 업무를 전담하는 전문연구실을 설치할 수 있다.

④ 특별시 · 광역시 · 특별자치시 · 도 · 특별자치도에는 법 제31조의4제2항과 영 제3조의3제3항에 따라 시 · 도 병해충예찰반과 방제반을 설치할 수 있다.

⑤ 시 · 군 · 자치구에는 법 제31조의4제2항과 여 제3조의3제3항에 따라 시 · 군 · 구병해충예찰 · 방제단(이하"시 · 군 · 구예찰 · 방제단"이라 한다)을 두고 시 · 도예찰 · 방제단과의 원활한 업무협조를 위하여 예찰반과 방제반을 설치할 수 있다.

⑥ 중앙예찰 · 방제단의 총괄대책반 밑 소속기관 대책반, 시 · 도예찰 · 방제단, 시 · 군 · 구예찰 · 방제단에는 예찰과 방제업무 보조를 위한 전문예찰요원을 둘 수 있다.

⑦ 농작물 병해충예찰 · 방제 체계 및 병해충예찰 · 방제단의 구성 요약은 별표 1과 같다.

⑧ 제1항부터 제6항 이외에 시 · 도예찰방제단과 시 · 군 · 구예찰방제단 구성 및 운영 등에 필요한 사항은 해당 지방자치단체가 조례로 정한다.

제4조의2 【예산의 지원】

제5조 【병해충예찰 · 방제단의 역할】 ① 제4조 제1항에 따른 중앙예찰 · 방제단의 임무는 다음 각 호와 같다.

1. 국가적인 병해충 예찰 · 방제계획 수립
2. 병해충 예찰 · 방제 추진 및 지도 · 점검
3. 시 · 도 예찰 · 방제단에 대한 예산 · 기술 지원
4. 지방자치단체와의 예찰 · 방제 협조체계구축
5. 방제비 지워, 손실보상 등에 관한 업무
6. 병해충의 분류동정, 위험평가, 정보분석, 기술개발

② 제4조 제4항에 따른 시 · 도예찰 · 방제단의 임무는 다음 각 호와 같다.

1. 해당 지역의 병해충 예찰 · 방제계획 수립
2. 해당 지역의 병해충 예찰 · 방제 실행 및 지도 · 점검
3. 시 · 군 · 구병해충예찰 · 방제단에 대한 예산 · 기술 및 지원
4. 방제 비용의 부담, 손실보상 및 생계안정비용 등에 관한 업무
5. 병해충 예찰 · 방제 기술개발

③ 제4조제5항에 따른 시 · 군 · 구 예찰 · 방제단의 임무는 다음 가 호와 같다.

1. 해당 지역의 병해충 예찰 시행, 방제 집행 및 보고
2. 시 · 군 · 구 예찰 · 방제단의 예산 집행
3. 방제 비용의 부담, 손실보상 및 생계안정비용 등의 집행

제6조 【병해충 전문교육】 농촌진흥청장 및 각 도와 특별자치도의 농업기술원장은 병해충 예찰 · 방제 업무 관련자를 대상으로 병해충 예찰 · 방제기술, 병해충진단 및 관련 장비 활용기술, 병원균 · 해충 분류 동정 등의 전문교육을 주기적으로 실시하여야 한다.

제3장 병해충예찰 · 방제대책회의

제7조 【병해충예찰 · 방제대책회의 구성】 ① 중앙예찰 · 방제단장은 영 제3조의3, 제6조제1항에 따른 병해충 예찰 · 방제에 관한 주요사항을 결정하기 위해 병해충예찰 · 방제대책회의(이하"대책회의"라 한다)를 구성할 수 있다.

② 대책회의에는 의장(이하"의장"이라한다) 1명을 두며, 의장은 중앙예찰 · 방제단장이 된다.

③ 대책회의 당연직은 7명으로 하며 다음 가 호의 사람이 된다.

1. 농촌진흥청의 재해대응과장, 연구운영과장, 운영지원과장, 국립농업과학원의 작물보호과장, 국립식량과학원의 작물환경과장, 국립원예특작과학원의 원예특작환경과장

④ 대책회의 위촉직은 다음 각 호의 사람으로 한다.

1. 대책회의에서 결정할 주요사항과 관련된 해당 시 · 도 예찰 · 방제단장이나 시 · 군 · 구 예찰 · 방제단
2. 의장이 추천하는 병해충 관련 전문가 5명이내
3. 기타 의장이 위촉하는 사람

제8조 【병해충예찰 · 방제대책회의 임무】 대책회의는 다음 각 호에 관한 사항을 결정한다.

1. 법 제31조에 따른 해당 외래 병해충과 돌발병해충에 대한 방제여부
2. 법 제32조제5항에 따른 긴급방제 여부
3. 법 제36조제1항 각 호에 따른 방제 명령
4. 법 제37조의2제1항 단서에 따른 식물 등이 파묻힌 토지의 발굴 허가
5. 법 제39조제1항 및 제2항에 따른 방제약제의 확보, 양도, 약제 구입비 보조
6. 기타 의장이 필요하다고 판단하는 사항

제9조 【병해충예찰 · 방제대책회의 운영】 ① 의장은 매년 정기 대책회의를 소집하고 필요에 따라 수시로 대책회의 를 소집할 수 있다.

제10조 【병해충위험평가위원회의 구성】 ① 제19조 병해충의 위험평가를 위하여 국립농업과학원에 병해충위험평가위원회(이하"위원회"라 한다)를 둔다.

② 위원회에는 위원장 1명을 두며, 위원장은 농산물안전성부장이 된다.

③ 위원회의 당연직 위원은 농촌 진흥청의 재해대응과장, 국립농업과학원의 작물보호과장, 국립식량과학원의 작물환경과장, 국립예특작과학원의 원예특작환경과장으로 한다.

④ 제3항의 당연직 위원 이외에 다음 각 호의 사람을 위원으로 추가하여 위원회를 구성할 수 있다.

1. 농촌진흥청 및 소속기관의 식물방제관, 농림축산검역본부의 식물검역관
2. 위원장이 추천한 병해충 관련 전문가 5명 이내

⑤ 위원장은 매년 상반기, 하반기에 각각 정기 위원회를 소집하고 필요에 따라 수시로 위원회를 소집할 수 있다.

제5장 병해충예찰

제11조 【예찰계획의 수립】 법 제33조제1항에 따라 농촌진흥청장, 시 · 도지사는 매년 다음 각 호의 사항이 포함된 병해충 예찰 계획을 수립 · 시행하여야 한다.

1. 예찰 대상 병해충 : 법 제23조제3항의 방제 기본지침에서 정하는 해충과 제33조제1항에 따라 농촌진흥청장 또는 시 · 도지사가 농산물에 중대한 피해를 일으킬 우려가 있다고 인정하는 병해충
2. 예찰내용 및 방법 등 : 농촌진흥청의 농작물병해충예찰 · 방제요강(이하"농작물예찰 · 방제요강"이라 한다)

제12조 【병해충 예찰포장 지정 및 운영】 ① 중앙예찰・방제단장은 필요하면 농촌진흥청 소속기관에 해당작물 병해충 예찰포를 지정하여 운영할 수 있다.

② 시・도 예찰・방제단장과 시・군・구 예찰・방제단장은 농작물예찰・방제요강에 따라 예찰포 및 관찰포를 지정하여 운영하여야 한다.

제13조 【병해충 예찰결과의 보고】 중앙 예찰・방제단, 시・도 예찰・방제단, 시・군・구 예찰・방제단은 법 시행규칙(이하"시행규칙"이라 한다) 제37조의 7의 조사지역에서 예찰을 실시하고 조사 직후 그 결과를 농촌진흥청의 국가농작물병해충관리시스템에 입력하여 보고하여야 한다.

제14조 【외래병해충 또는 국내 미기록 병해충 발견 시 보고 등】 ① 중앙 예찰・방제단, 시・도 예찰・방제단, 시・군・구 예찰・방제단은 외래 병해충 또는 국내 미기록 병해충으로 의심되는 병해충을 발견한 때나 제14조의제2항에따른 신고서를 접수하였을 때에는 바로 국립농업과학원장에게 분류동정을 요청하여야 한다.

② 제1항의 요청에는 발견된 외래병해충 또는 국내 미기록 병해충의 표본이나 사진, 발견일자, 발견지역, 발견기주, 발생상황 및 기타 참고사항이 포함되어야 한다.

제15조 【병해충 분류동정】 ① 국립농업과학원장은 제14조의 요청이 있으면 바로 발견 병해충에 대한 분류동정을 하여야 한다.

② 국립농원과학원장은 제1항의 분류동정 결과 외래병해충 또는 국내 미기록 병해충이면, 그 사실을 농촌진흥청장에게 보고하여야 하며 신속하게 역학조사가 이루어 질 수 있도록 농림축산검역본부장에게도 통지하여야한다. 다만, 국내 미기록 병해충은 법상 금지병해충 또는 관리병해충에 준한 위험이 있다고 판단되는병해충에 한한다.

③ 농촌진흥청장은 제2항에 해당하는 병해충에 대해 농림축산식품부장관과 시・도지사에게 보고하거나 통보하여야한다.

제16조 【임시조치】 중앙예찰・방제단장 또는 제15조제3항의 통보를 받은 시・도예찰・방제단장은 해당 병해충의 확산방지를 위해 공적방제 추진 여부를 결정할 때까지 약제 살포 등의 임시조치를 취하여야 한다. 이 경우 임시조치에 필요한 비용은 공적방제 담당기관에서 지원할 수 있다.

제17조 【병해충 발생정보 발표】 중앙예찰・방제단장은 제13조, 제15조에 따른 예찰 및 분류동정 결과를 토대로 필요에 따라 해당 병해충의 발생정보를 발표할 수 있다.

제18조 【분포조사 등】 ① 농촌진흥청장은 시행규칙 제37조의5에 따라 해당 병해충의 분포조사 계획을 수립하여 시・도지사에게 통보하여야 한다.

② 제1항에 따른 병해충 분포조사 계획을 통보받은 시・도지사는 바로 자체실정에 맞는 세부 분포조사 계획을 수립・시행하고 그 조사결과를 농촌진흥청장에게 보고하여야 한다.

③ 농촌진흥청장은 제1항의 병해충에 대하여 필요에 따라 역학조사를 실시할 수 있다.

제19조 【위험평가】 ① 국립농업과학원장은 제15조제2항의 병해충에 대하여 위원회를 개최하여 해당 병해충에 대한 위험평가를 하여야 한다.

② 제1항의 병해충 위험평가에는 다음 각 호의 사항이 포함되어야 한다.

1. 발견 병해충의 외래병해충 여부
2. 발견 병해충의 생리・생태적 특성
3. 발견 병해충으로 말미암은 예상 피해 정도

4. 긴급방제 추진의 필요성과 방제방법 등

③ 병해충위험평가위원장은 제18조에 따른 분포조사 및 역학조시 결과를 병해충 위험평가에 반영할 수 있다.

④ 병해충위험평가위원장은 병해충 위험평가가 완료된 때에는 그 결과를 농촌진흥청장에게 보고하여야 한다. 다만, 발견된 때에는 병해충이 국내에 분포하거나 식물에 대한 피해가 크지 않고 방제가 쉬운 병해충으로 평가된 경우에는 그러하지 아니한다.

제6장 병해충 방제

제20조 【방제계획의 수립】 ① 법 제31조의4 및 영 제3조의3에 따라 농촌진흥청장, 시·도지사는 매년 다음 각 호의 사항이 포함된 「병해충 방제 계획」을 수립·시행하여야 한다.

1. 방제의 기본방향
2. 방제 대상 지역 및 일시
3. 방제 대상 병해충의 종류
4. 구체적인 방제의 내용과 공동방제 등 그 밖에 방제에 필요한 사항

② 농촌진흥청장, 시·도지사는 법 제32조 제5항에 따라 긴급하게 방제할 필요가 있으면 긴급방제계획을 수립하여 시행하여야 한다.

③ 시·도지사가 긴급방제를 할 때에는 긴급방제계획의 내용과 시행 결과를 농촌진흥청장에게 보고하여야 한다.

제21조 【방제명령 등】 ① 제 8조 및 법 제32조에 따라 농촌진흥청장 또는 시·도지사는 해당 병해충에 대하여 바로 방제명령을 하는 등 공적방제를 수행하여야 한다.

② 농촌진흥청장 또는 시·도지사는 법 제36조2항에 따라 긴급방제를 하려면 시행규칙 제38조의 별지 제28호 서식에 따른 방제명령서를 방제대상 식물 등의 소유자 또는 대리인에게 미리 발급하여야 한다.

③ 제2항의 긴급방제 이외에 공적방제를 할 때에도 시행규칙 제38조의 별지 제28호 서식에 따른 방제명령서를 준용한다.

④ 농촌진흥청장 또는 시·도지사는 공적방제를 하려는 때에는 방제시행 14일 전에 다음 각 호의 사항을 공고하여야 한다. 다만, 긴급방제는 그러하지 아니한다.

1. 방제 지역 및 기간
2. 방제의 내용
3. 방제의 내용
4. 그 밖에 방제에 필요한 사항

⑤ 농촌진흥청장 또는 시·도지사는 공적방제나 긴급방제를 할 때에는 식물 방제관으로 하여금 방제현당에 입회, 지도 및 감독하도록 하여야 한다. 또한, 농림축산검역본부가 예찰한 병해충을 공적방제 할 때에는 식물검역관이 참석할 수 있도록 자료를 제공하여야 한다.

제22조 【방제요령】 병해충별 적용약제와 사용방법을 따른다. 다만, 적용약제가 등록되지 않았을 때에는 제3장의 대책회의에서 유사한 병해충이나 외국의 사례, 시험연구결과나 관련 전문가의 의견 등을 고려하여 결정한다.

제23조 【공적방제 대상식물에 대한 소독 · 폐기방법】 ① 공적방제 식물 등에 대한 소독이 필요할 때는 수출입식물 검역소독처리규정의 식물검역소독처리기준을 준용한다.

② 공적방제 대상 식물에 대한 폐기 방법은 다음 각 호의 어느 하나와 같다.

1. 매몰 : 발생포장 또는 그 인근의 토지(수원지 또는 하천 인근이 아닌 장소에 한한다)에 구덩이를 파고 식물을 투입한 후 중간 및 상단부에 식물류 1톤당 생석회 40kg을 살포한 후 60cm 이상 흙을 덮는다.
2. 소각 : 폐기물관리법 제2조에 따른 폐기물 처리시설에서 소각한다. 다만, 폐기물 처리 시설을 이용하기에 적합하지 않을 때에는 식물 방제관이 지정한 장소에서 소각할 수 있다.
3. 증열처리 : 100℃ 이상의 끓는 물에 1시간 이상 증열 처리한다.
4. 가공처리 : 방제대상 병해충이 완전히 사멸될 수 있다는 과학적 근거가 있고 수일 내의 단기간에 많은 물량을 처리할 가공방법이 있으면 그 방법으로 가고 처리할 수 있다.

③ 제1항 또는 제2항 규정하였음에도 농작물예찰 · 방제요강에 별도의 소독 · 폐기방법이 정해져 있으면 그 방법을 따르거나 방제대상 병해충 또는 식물의 생리 · 생태적 특성상 별도의 소독 · 폐기가 필요하다고 판단되면 특정 방법에 따를 수 있다.

제24조 【공동방제】 시 · 도지사는 법 제35조에 따라 방제를 공동으로 하는 것이 효율적이라고 인정하면 관할구역에서 공동방제를 할 수 있다.

제25조 【방제결과 보고】 시 · 도지사가 법 제36조의 방제명령을 하였을 때는 방제 완료 후 바로 그 결과를 농촌진흥청장에게 보고하고 국가농작물병해충관리시스템에 입력하여야 한다. 다만, 명령 이행기간이 수년에 걸친 경우에는 매 연도별로 이행사항을 보고하여야 한다.

제26조 【방제효과 확인】 농촌진흥청장은 제25조에 따른 방제결과를 보고를 받은 때에는 폐기 또는 약제 살포 등의 효과를 확인하여야 한다.

제27조 【토지의 발굴허가】 ① 시행규칙 제39조의2제1항의 발굴 금지기간 내에 토지를 발굴하려는 자는 별지 제1호 서식의 식물 등이 파묻힌 토지 발굴 허가 신청서(이하"신청서"라 한다)를 토지의 소재지를 관할하는 시장 · 군수 · 구청장을 통하여 농촌진흥청장 또는 시 · 도지사에게 제출하여야 한다.

② 농촌진흥청장 또는 시 · 도지사는 다음 각 호의 사항을 검토하영 그 허가 여부를 결정하고 신청인에게 통보하여야 한다.

1. 발굴하였을 때 병해충의 확산 가능성의 여부
2. 파묻힌 식물 등의 발굴 방법
3. 발굴된 식물 등의 처리 방법
4. 기타 해당 병해충 확산 방지를 위한 사항 등

③ 발굴허가를 받은 자는 파묻힌 식물 등을 안전하게 발굴하고 해당 병해충의 확상 방지를 위한 계획을 준수하여 처리하여야 한다.

④ 농촌진흥청장 또는 시 · 도지사는 발굴이 허가된 토지의 병해충 관리를 위하여 소재지 관할 시장 · 군수 · 구청장에게 관련 서류의 제출을 요구하거나 관계공무원으로 하여금 현지에 출장하여 발굴 이행사항을 확인하거나 관리하도록 할 수 있다.

제7장 명예 식물감시원의 운영

제28조 【명예 감시원의 구성】 농촌진흥청 (소속기관을 포함한다) 또는 각 도의 농업기술원이나 각 시군의 농업기술센터(이하 "농촌진흥기관"이라 한다)는 시행규칙 제48조제1항 각 호의 어느 하나에 해당하는 사람 중에서 지역여건 등을 감안하여 적정 인원으로 명예 식물 감시원(이하 "명예 감시원"이라 한다)을 구성할 수 있다.

제29조 【명예 감시원의 신청】 ① 명예감시원은 시행규칙 제48조제1항의 단체 등의 장으로부터 추천을 받거나 명예 감시원을 희망하는 자의 신청을 받아 농촌진흥청장이 위촉한다.

② 소속단체의 직원이나 회원을 명예 감시원으로 추천하고자 하는 단체의 장이나 명예 감시원을 희망하는 자는 별지 제2호 서식의 명예감시원 추천(신청)서를 작성하여 관할지 농촌진흥기관의 장에게 신청한다.

제30조 【명예 감시원의 위촉】 ① 농촌진흥청장은 제29조제2항의 신청을 받으면 자격요건 및 임무수행을 위한 활동에 적합한지를 판단하여 명예 감시원으로 위촉하여야 한다.

② 제1항에 따라 위촉한 때에는 별지 제5호 서식지의 명예 식물감시원증 발급대장에 기록한 후 별지 제3호 서식에 의한 위촉장과 별지 제4호 서식에 의한 명예 식물감시원증을 발급하여야 한다.

③ 명예감시원의 위촉기간은 위촉일로부터 3년으로 하며, 특별한 사유가 없는 경우 위촉기간 만료후에 다시 위촉할 수 있다.

제31조 【명예 감시원의 위촉】 ① 명예 감시원은 명예 식물감시원 추천(신청)서의 활동지역을 관할하는 농촌진흥기관의 장이 관리한다.

② 농촌진흥기관의 장은 위촉한 명예 감시원을 대상으로 역할과 임무, 예찰 및 신고요령 등 효율적인 감시 업무 수행에 필요한 교육을 할 수 있다.

③ 농촌진흥기관의 장은 명예 감시원의 활동내용을 별지 제6호 서식의 명예 감시원의 활동실적 대장이나 같은 서식에 따라 전자적 방법으로 관리하여야 하며 자치단체의 농촌진흥청장에게 보고하여야 한다.

제32조 【명예 감시원의 위촉】 ① 농촌진흥기관의 장은 필요한 경우 식물방제관 등 관계공무원의 병해충 예찰활동·분포조사·방제활동·단속활동 등에 명예 감시원을 참여하게 할 수 있다.

② 농촌진흥기관의 장은 시행규칙 제48조에 따른 명예 감시원의 신고 또는 정보제공이 있으면 바로 이를 확인하는 등 필요한 조치를 하여야 한다.

제33조 【활동수당 지급】 ① 명예감시원이 다음 각 호 중 어느 하나의 활동을 하였을 때에는 예산의 범위 내에서 1일 50,000원 한도 내에서 활동수당을 지급할 수 있다.

1. 시행규칙 제48조 제3항의 임무 수행
2. 제31조 제2항의 교육에 참석
3. 제32조 제1항의 활동에 참석

② 제1항에 따른 활동수당 지급은 1일 4시간 이상의 활동에 한하여 1인당 연50일 범위 안에서 지급하며, 홍보·계몽 등의 활동은 농촌진흥기관의 장이 계획을 수립하여 추진한 때에만 지급할 수 있다.

③ 명예 감시원에게 활동수당을 지급하는 경우에는 명예 감시원으로부터 활동결과를 받아야 하고 활동비 지급 관련 증빙서류를 보관하여야 한다.

제34조 【명예 감시원의 해촉】 ① 농촌진흥청장은 위촉한 명예 감시원이 다음 각 호의 어느 하나에 해당하는 사유가 발생하면 해촉하여야 한다.

1. 추천한 단체 등에서 퇴직·해임된 때
2. 추천한 단체 등의 장이 해촉을 요구한 때
3. 사망, 질병 또는 부상 등의 사유로 명예 감시원 업무수행이 곤란하여진 때
4. 명예감시원의 업무를 성실히 수행하지 않거나 업무와 관련하여 부정한 행위를 하였을 때
5. 본인이 해촉을 희망하였을 때

② 명예 감시원을 추천한 기관의 장(개인 신청자는 본인)은 제1항의 사유가 발생하면 즉시 농촌진흥청장에게 해촉을 요청하여야 한다.

③ 농촌진흥천장은 제1항의 사유로 명예 감시원을 해촉하였을 때에는 별지 제5호서식의 발급대장을 정리하고 본인 및 명예 감시원 추천기관에 서면 등으로 알리고 명예 감시원증을 회수하여 폐기하여야 한다.

제8장 포상금의 지급

제35조 【포상금 지급】 ① 영 제5조제2항에 따른 포상금의 지급 기준은 별표2와 같다.

② 법 제2조제4호부터 제7호까지의 병해충이 발생한 사실을 신고하려는 자는 별지의 제1호 서식에 따른 검역병해충 발생 신고서에 사진 등 입증자료를 첨부하여 중앙 예찰·방제단이나 시·도 예찰·방제단 또는 시·군·구 예찰·방제단에 제출하여야 한다.

③ 농촌진흥청장은 제2항에 따라 신고가 된 병해충이 포상금 지급 대상 병해충으로 인정되는 경우 해당 연도의 예산 범위 내에서 포상금을 지급하여야 한다. 다만, 같은 병해충에 대하여 여러 건의 신고가 접수될 때에는 최초 신고자에게만 지급한다.

④ 다음 각 호의 어느 하나에 해당하는 때에는 포상금을 지급하지 않는다.

1. 같은 건에 대하여 다른 기관으로부터 포상금을 받은 사실이 있을 때
2. 이미 해당 병해충에 관한 조사가 진행 중일 때
3. 병해충 예찰 및 방제업무와 관련이 있는 중앙행정기관 및 지방자치단체 등의 직원

⑤ 포상금은 현금 이외에 상품권 등 현물로도 지급할 수 있다.

부칙〈제2013-20호, 2013.6.24〉

제1조 【시행일】 이 규정은 고시한 날부터 시행한다.

제2조 【재검토기한】 「훈령·예규 등의 발령 및 관리에 관한 규정」(대통령훈령 제248호)에 따라 이 고시 시행 후 법령이나 현실여건의 변화 등을 검토하여 이 고시의 폐지, 개정 등의 조치를 하여야 하는 기한은 2016년 6월 23일까지로 한다.

부록 8 [농림축산검역본부] 식물병해충 모니터링조사 요령 및 과실파리류 모니터링 요령

농림축산검역본부 예규 제119호

「식물병해충 예찰조사 요령」(농림축산검역본부 예규 제94호)을 다음과 같이 개정합니다. 2016. 7.11

농림축산검역본부장

식물병해충 예찰조사 요령

제정 1993. 7.14. 식검예규 제 54호

개정 1996.12.16. 식검예규 제 59호

개정 1999.12.13. 식검예규 제 72호

개정 2002.11.20. 식검예규 제 89호

개정 2005. 4. 1. 식검예규 제 116호

개정 2011. 6.15. 농림수산검역검사본부 예규 제 51호

개정 2012. 3.27. 농림수산검역검사본부 예규 제 92호

개정 2013. 3. 5. 농림축산검역검사본부 예규 제 112호

개정 2013. 3.23. 농림축산검역검사본부 예규 제 43호

개정 2016. 1. 7. 농림축산검역검사본부 예규 제 94호

개정 2016. 7.11. 농림축산검역검사본부 예규 제 119호

제1조 【목적】 본 조사요령은 식물방역법 제 33조 및 같은 법 시행규칙 제 37의7에 따라 식물병해충 예찰조사운영에 관한 세부사항을 정하여 예찰업무를 원활히 수행하는데 그 목적이 있다.

제2조 【조사지역 및 대상병해충】 ① 조사지역은 다음과 같다.

1. 공항 · 항만
2. 격리재배지역
3. 수입된 날로부터 1년 이내인 수입식물의 재배지역
4. 수출단지내의 해당 수출식물 재배지역(수출식물을 재배하는 모든 지역을 포함)

② 대상병해충은 다음과 같다.

1. 처음으로 유입된 병해충이 퍼져서 농.임산물에 중대한 피해를 끼칠 우려가 있는 병해충
2. 이미 국내 일부지역에 분포되어 있는 병해충이 퍼져서 농.임산물에 중대한 피해를 끼칠 우려가 있는 병해충

제3조 【예찰조사 방법】 ① 예찰조사 방법은 식물검역관이 실시하는 해충에 대한 트랩조사와 포장순회 예찰이 있다.

1. 해충트랩조사 : 트랩, 유아등, 끈끈이판, 공중포충망
2. 포장순회예찰 : 병해충 및 잡초예찰

② 제5조의 식물병해충 예찰전문요원(이하“예찰요원”이라한다)에 의한 수출.입식물 재배지역 등에서 병해충 발생상황을 조사한다.

제4조 【유형별 예찰조사 요령】 ① 트랩조사는 다음과 같다.

1. 조사기간 : 5~10월(단 제주지역은 4~11월)
2. 트랩설치 장소 : 공항, 항만지역, 경유물품에 긴급사태가 방생한 지역, 수출, 입식물 재배지, 과일판매시장 주변, 격리재배지, 외국군부대 주변 등 적절한 장소를 선정한다.
3. 조사대상 해충별 유인제

해충명	유인제명
지중해과실파리	Capilure
오리엔탈과실파리류	Dorsalure
오이과실파리	Cuelure
기타 과실파리	Proteinlure
코드린나방	Pheromone

4. 트랩설치 방법
   가. 해충별 기주과일 나무를 우선 선택한다. 기주나무가 없는 도심지역은 그늘진 장소를 선택한다.
   나. 설치장소는 출입이 편리하고 안정성이 있는 장소를 선택하여 지상에서 1.6~1.8 m 높이에 사방이 잘 트이고 약간 그늘이 있는 곳에 설치한다.
   다. 트랩의 설치간격은 유인력에 영향을 주지 않도록 최소 5 m이상의 간격을 유지하도록 하고, 설치한 지점에서 장기간 해충이 채집되지 않는 등 필요하다고 판단될 경우에는 트랩설치 지점을 변경한다.
5. 유인제 및 살충제 교체
   가. Capilure, Dorsalure, Cuelure: 고체유인제 및 strip 살충제를 8 주 간격으로 교체한다. 액체유인제는 5 ml를 주입하고 2 주 간격으로 재주입하며, 액체 살충제를 사용할 경우 3 ml를 2 주 간격 주입하여 채집해충이 살충되도록 한다.
   나. Proteinlure: 고체유인제 1 개에 물 330 ml를 혼합하여 주입하고 4 주 간격으로 잔량은 제거하고 교체한다. 가루유인제는 18 g을 물 172 ml와 붕산 10 g을 혼합하여 주입하고 4 주마다 교체한다.
   다. Pheromone: 고체유인제를 8 주 간격으로 교체하고 트랩내의 끈끈이판은 2 주 간격으로 교체한다.
6. 조사횟수 : 2 주 간격으로 채집된 해충을 수거하여 조사한다.
7. 트랩설치장소 등록 : 농림축산검역본부(이하"검역본부"라 한다)
   지역본부.사무소별로 트랩번호를 부여하여 설치한 다음 설치위치의 GPS좌표를 식물검역통합정보시스템의 병해충예찰방제시스템(이하"예찰방제시스템"이라 한다)에 등록한다.
8. 유인제 보관: 유인제는 증발되지 않도록 밀봉하여 냉장고 또는 냉암소에 보관한다.

② 유아등조사는 다음과 같다.

1. 조사기간 : 5~10월(단 제주지역은 4~11월)
2. 설치장소 : 공창, 항만지역 등
3. 조사방법

가. 일몰시에 점등하고 아침에 소등한다.

나. strip 살충제를 8 주 마다 교체한다. 액체 살충제를 사용할 경우는 살충제 3 ml를 2 주 간격 재주입하여 채집해충이 살충되도록 한다.

다. 주 1 회 채집된 해충을 수거하여 잎말이나방과.뿔나방과.바구미과.잎벌레과 등을 중점적으로 조사한다.

③ 끈끈이판조사는 다음과 같다.

1. 조사기간 : 1~12월
2. 설치장소 : 수입식물재배지 시설포장 내에 우선적으로 설치하되 적합한 장소가 없는 경우에는 수출식물, 화훼, 패소를 재배하고 있는 시설 내에 설치한다.
3. 조사방법 : 10~4월은 월 1 회 이상, 5~9월은 2 주 간격으로 끈끈이판을 수고한 수 랩 등으로 포장하여 운반하고 부착 되어있는 총채벌레류.진딧물과.굴파리과.가루이과 등을 중점적으로 조사한다.

④ 공중포충망조사는 다음과 같다.

1. 조사기간 : 5~10월
2. 설치장소 : 공항, 항만 주변지역에 바람이 잘 통하고 관리하기 쉬운 곳
3. 조사방법

가. 주 1 회 공중포충망내 채집된 해충을 수거하여 조사하되, 태풍발생 전후의 기상에 따라 수거간격을 조절하여 조사한다.(1~2 일 간격 수거)

나. 잎말이나방과.뿔나방과.바구미과.잎벌레과 및 비래해충을 중점적으로 조사한다.

⑤ 포장순회예찰은 다음과 같다.

1. 조사기간 : 1~12월
2. 조사횟수 :
   - 1~2월, 11~12월에는 월 1 회 이상
   - 3~10월에는 월 2 회 이상
3. 조사지역 : 공항, 항만지역, 경유물품에 긴급사태가 발생한 지역, 격리재배지, 수출, 입식물 재배지역 등
4. 주요 병해충별 예찰 : 병해충별 예찰요령은 별표 1과 같고, 별표 1에 없는 병해충은 유사한 병해충에 준용할 수 있다.

병해충	대상식물	예찰시기(월)
• 과실파리류, 코드린나방, 자두애기잎말이나방, 만주애기잎말이나방, 미국사과애기잎말이나방, 복숭아뿔나방, 자두바구미 등 • 콜로라도잎벌레, 감자씨스트선충, 감자흰씨스트선충 • 감귤뿌리썩이선충 바나나뿌리썩이선충 • 배화상병, 사과나무빗자루병 • 감자암종병, 감자갈쭉병 • 감귤그린병 • 기타 식물병해충	• 사과, 배, 감, 포도, 복숭아, 자두 ,살구, 호두 등 과수류, 채소류 • 감자, 토마토, 가지등 가지과 • 감귤, 바나나, 안스륨 등 화훼류 • 사과 배 • 감자 • 감귤류 • 격리재배식물, 수출입식물, 공·항만, 경유물품에 긴급하태 발생지역의 식 물 등	5~10 (제주지역은 연중) 4~11 1~12 4~10 2~11 1~12 1~12

5. 조사방법

가. 병원균 : 식물체의 잎, 가지, 꽃, 열매 등에 색 변화, 조직의 변형 또는 고사에 따른 변색, 시들음, 적변, 부패, 혹, 궤양, 조기낙엽등 병징

나. 해충 : 식물체의 잎말림, 기형과, 유충, 알, 식흔, 부패, 배설물, 엽초와 줄기사이 흡즙, 뿌리의 혹, 고사 등 증상

⑥ 잡초예찰은 다음과 같다.

1. 조사기간 : 4~10월
2. 조사장소 : 공항·항만지역, 목재 야적장, 종묘류 보세창고, 곡류 운송도로변 주변 등
3. 조사방법 : 2 주 간격으로 조사하되 이삭가시풀, 서양가시엉겅퀴, 미국좀부처꽃, 갯드렁새, 미국실새삼, 큰도꼬마리 등 잡초조사

제5조 〈삭제〉

제6조 【수출·입식물 재배지 통보】 ① 수입지 지역본부장.사무소장은 수입검역에서 미소독된 재식용 묘목류(격리재배.휴대.우편.조직배양식물 등은 제외)에 대하여 별지 제1호서식의 내용으로 재배지를 관할하는 지역본부장.사무소장에 통보하거나 예찰방제시스템에 등록하여야 한다.

② 수출식물 검역을 실시한 지역본부장.사무소장은 수출식물 재배지에 대하여 별지 제2호서식의 내용으로 재배지를 관할하는 지역본부장.사무소장에 통보하거나 예찰방제시스템에 등록하여야 한다.

제7조 【예찰결과 등록 및 표본제작】 ① 채집된 병해충은 분류동정하고 그 결과를 예찰방제시스템에 등록한다.

② 채집된 병해충은 표본을 제작한 후 라벨을 부착(병해충명, 기주, 채집지, 채집일자, 채집자)하여 교육용, 대조표본, 전시용 등으로 활용한다.

제8조 【상황보고】 지역본부장·사무소장은 예찰결과 새로운 식물병해충(검역병해충, 국내미분포병해충 등)을 발견한 경우 또는 경유물품에 긴급사태가 발생한 경우와 예찰요원의 새로운 병해충 신고 및 조치사항을 별지 서식 제3호에 따라 검역본부로 계통보고 하고 발견된 병해충 표본을 긴급 송부한다.

부 칙

제1조 【시행일】 이 예규는 발령한 날부터 시행한다.

제2조 【재검토기한】 농림축산검역본부장은 이 예규에 대하여 2017년 1월 1일을 기준으로 매 3년이 되는 시점(매 3년째의 12월 21일까지를 말한다.)마다 그 타당성을 검토하여 개선 등의 조치를 하여야 한다.

[별지 제1호서식]

재식용 묘목류 재배지 통보서

수입 및 검역사항					재배사항			
식물명 (수입국)	수량	수입자	검역 일자	발견 병해충	재배자 (상호)	주소 (전화번호)	재식수량	재식 예정일

[별지 제2호서식]

수출식물 재배지 통보서

접수번호	관할기관	장소(유형)	검역일자	주소	재배자 (상호)	전화번호	재배식물	비고 (약도)

[별지 제3호서식]

새로운 식물병해충 발견상황 보고

구 분	내 용
1. 발견일자	
2. 발견장소	• 주소: • 농가명: (TEL)
3. 병해충명	
4. 기주식물 (트랩설치 식물)	
5. 발견상황	• 발견병해충수, 발견정도, 피해증상 등
6. 조치사항	• 긴급조치(약제살포, 폐기 등) 등
7. 기 타	• 병해충 발견자 : 직 성명 • 분류동정자 : 직 성명 • 확인자 : 직 성명 • 기타 참고사항 수입식물의 수입시기, 수입국가, 수입량 농가에서 최초 발견시기 등

5 과실파리류 예찰 요령

5.1 용어의 정의 등

해충학명	*Ceratitis* spp., *Bactrocera* spp., *Anastrepha* spp., *Rhagoletis* spp. 등
해충일반명	fruit fly
주요특성	과실 내.외부에 피해를 입혀 상품성을 떨어뜨리고 수확량 감소

• 발견과 발생

발견	• 발생 전 단계 • 무발생으로 간주되나 긴급조치 추진 • 정착되지 않았으나 당분간 생존 가능한 고립된 집단이 검출된 경우
발생	• 국제기구, 수출상대국 등에 의무통보 • 대내.외 공식 발표 • 국가 주도의 방제작업 추진 • 다수가 검출되거나 정착되어 지속적으로 존재하는 경우

• 과실파리별 발생의 기준

과실파리명	발생기준
오리엔탈 과실파리류	• 유충이나 번데기 또는 교미된 암컷 1마리 이상 또는 • 1세대 이내에 발견지중심(1.6 km×1.6 km) 내 성충 5마리 이상이 금지해충트랩에서 검출된 경우(수컷, 미교미암컷)
지중해 과실파리	• 유충이나 번데기 또는 교미된 암컷 1마리 이상 또는 • 1세대 이내에 반경 4.8 km 이내 성충 2 마리 이상이 금지해충 트랩에서 검출된 경우
오이 · 퀸슬랜드 과실파리	• 2마리/km/2 주 검출→주2 회 모니터링+트랩추가+유충조사→3마리 추가 발견/2 주→발생 • 5마리 이상/km/2 주 또는 교미된 암컷 또는 유충이 발견된 경우

* 이 외 과실파리가 검출되었을 경우 유사한 과실파리 기준에 적용

5.2 예찰 및 조치사항

(1) **예찰방법** : 트랩조사와 포장순회 예찰

① **기간 :** 5월~10월 (2 주 마다 조사, 제주지역 4월~11월)

② **대상식물 :** 과실 및 과채류의 생과실

③ **대상지역 :** 전국

④ **방법**

㉠ 예찰방법

검역본부 : 공항, 항만 지역과 수출재배단지에 설치한 예찰트랩에 의한 정기조사와 병행하여 부패과일 등을 중심으로 발생여부를 조사한다.

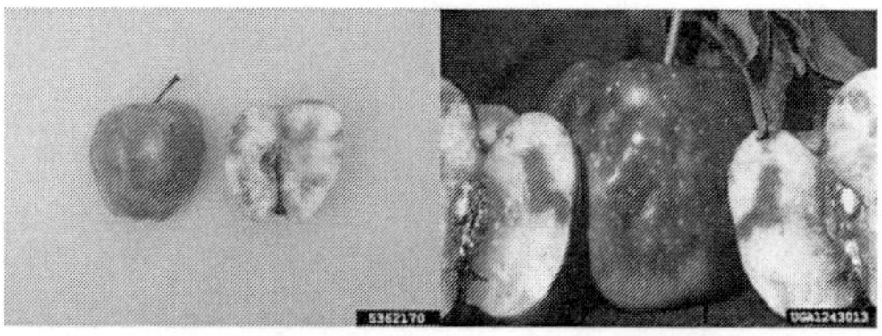

과실파리에 의한 사과 피해(좌 : H. J.Larsen, 우 : Whitney Cranshaw)

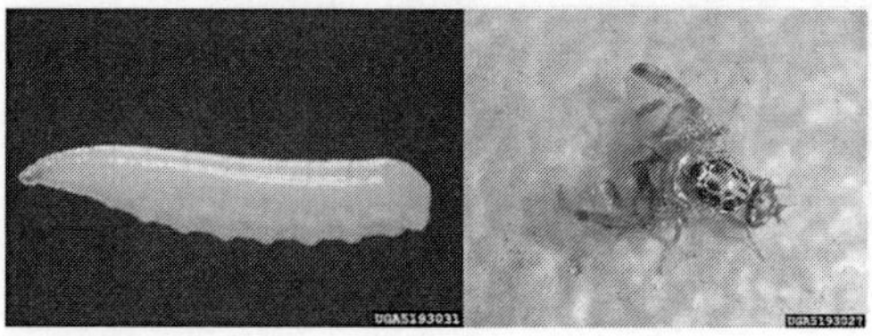

Ceratitis속 과실파리 유충과 성충(Division of Plant Industry Archive)

㉡ 예찰 트랩 조사

• 조사대상 과실파리별 유인제

해충명	유인제명
지중해과실파리	Capilure
오리엔탈과실파리류	Dorsalure
오리・퀸슬랜드과실파리	Cuelure
기타 과실파리류 및 암컷	Proteinlure

• 트랩설치방법〈삭제〉

• 유인제 주입요령〈삭제〉

• 트랩설치 현황 비치 : 트랩별로 번호를 부여하고 위치를 도면에 표시한다.

(2) 발견시 조치사항

① 확산방지를 위한 긴급조치

㉠ 적용약제 살포

- 유살제 설치
  - 대상 과실파리의 유인제에 페니트로티온유제 등 적용약제 1%를 혼합하여 섬유판이나 면끈에 흡수시켜 발견지 주변 256 ha(1.6 km×1.6 km)에 30 개를 설치한다.

    * 상황에 따라 유살제 형태 등은 변형가능하며 추가설치 및 proteinlure 사용 가능
  - 〈삭제〉
- 토양소독 처리

  성충이 발견된 지점을 중심으로 200 m 이내에 있는 모든 기주 과일나무 밑에 다이아지논유제(입제)등 적용약제를 15 일 간격으로 관주(살포)하여 토양속의 번데기를 사멸시킨다.

  * 적용약제에 따라 주기 및 처리횟수 조정 가능
- 적용약제 살포

  한국작물보호협회에서 발행한 농약사용지침서를 참고하여 적용약제를 발견지점 200 m 내에 살포한다.

② 발견(생) 시 범위설정을 위한 조사

㉠ 과실파리 예찰 trap 설치 : 설치지역 내에 트랩설치가 불가능한 논, 산림, 비기주 경작지 등에는 설치하지 않으며, 격자배치구에서 추가 발견된 경우에도 추가로 트랩을 설치하지 않는다.

- 지중해과실파리

  최초 발견지점을 중심으로 그 주변을 1.6 km 간격으로 격자배치구를 설정한 후 중심부에서 주변부로 256 ha(1.6 km×1.6 km) 당 100-50-25-20-10 개의 트랩을 설치하고, 중심지역에 트랩 25 개를 추가 설치한다.
- 오리엔탈과실파리류

  최초 발견지점을 중심으로 그 주변을 1.6 km 간격으로 격자배치구를 설정한 후 중심부에서 주변부로 256 ha 당 25-5-5-5-5 개의 트랩을 설치하고, 중심지역에 멕페일트랩 25 개를 추가 설치한다.
- 오이과실파리, 퀸즐랜드과실파리

  최초 발견지점을 중심으로 그 주변을 1.6 km 간격으로 격자배치구를 설정한 후 중심부에서 주변부로 256 ha당 50-25-15-10-5 개의 트랩을 설치하고, 중심지역에 멕페일트랩 25 개를 추가 설치한다.

▌ 예찰 트랩설치 ▌

10개	10	10	10	10	10	10	10	10
10	20	20	20	20	20	20	20	10
10	20	25	25	25	25	25	20	10
10	20	25	50	50	50	25	20	10
10	20	25	50	100 25*	50	25	20	10
10	20	25	50	50	50	25	20	10
10	20	25	25	25	25	25	20	10
10	20	20	20	20	20	20	20	10
10	10	10	10	10	10	10	10	10

발생중심지역, 제1완충지역, 제2완충지역, 제3완충지역, 제4완충지역

* 표는 발생중심지역의 멕페일트랩

- 기타 과실파리류

  최초 발견지점을 중심으로 1.6 km 간격으로 격자배치루를 설정한 후 중심부에서 주변부로 256 ha당 30-40-20-10-5 개의 트랩을 설치한다.

㉡ 조사방법

- 트랩 조사기간 및 조사빈도
  - 조사기간: 마지막 발견 후 3 세대 기간(발견시 2 세대 기간)
  - 조사빈도: 1 세대 기간의 최초발견 1 주 동안은 매일 조사하고, 그후 기간은 주당 2 회 조사한다. 2~3 세대는 2 주 1 회 조사한다.
- 트랩 조사와 병행하여 과일을 수거하여 유충 감염여부를 조사한다. 특히 발견주변 200 m이내에 과수원 명부를 작성하고, 포장과 정원에 재배되고 있는 기주식물을 조사한다.(발견지점으로부터 2.4 km 이내에 있는 과일을 7~10 일 간격으로 조사)
- 트랩에 채집된 암컷은 교미여부를 조사한다.
- 트랩 및 과일 수거조사와 함께 탐문조사를 병행 실시하여 유입경위 등을 조사한다.

5.3 발생시 박멸사업 수행

(1) 박멸사업수행을 위한 기준

① 박멸사업 착수시점

과실파리 발생 시 박멸사업 착수, 다만 발견시에는 2세대 동안 감시활동(트랩 및 과일조사)을 강화한다.

② 과일수거 폐기 발생지점을 중심으로 200 m 이내에 있는 모든 과일을 신속히 수거·소각하거나 50 cm 이상의 깊이에 묻는다.

＊ 매몰시 생석회(0.4%) 첨가

③ 유살제 설치 및 살포

- methyl eugenol(dorsalure)이나 Cuelure에 디클로르보스유제 또는 페니트로티온유제 등 적용약제 1%를 첨가한 후 다공성 섬유판이나 면끈에 흡수시켜 발견지중심 256 ha (1.6 km × 1.6 km)내에 30 개 설치(오리엔탈과실파리류, 오이과실파리, 퀸슬랜드과실파리)
  - 마지막 해충발견 후 3세대기간 계속 처리
- 최초 발생지점으로부터 최소한 2.4 km에 첫 6 주동안 주 2 회 살포하고 더 이상 발견되지 아니할 경우 주 1 회 살포한다(지중해과실파리, 기타 과실파리류)

- 마지막 발견 후 2세대 기간 동안 더 이상 발견되지 아니할 경우 중단할 수 있다.

- 발생이 심한 경우 유살제에 단백질을 첨가하여 설치 및 살포
  ＊ 상황에 따라 수컷유인제 대신 단백질만 첨가하여 사용

④ 토양소독처리

발생지점을 중심으로 200 m 내에 있는 모든 기주는 과일나무 밑에 적용약제를 14~16일 간격으로 관주(살포한다)

＊ 적용약제에 따라 주기 및 처리횟수 조정 가능

⑤ 유살제 지상살포(삭제)

5.4 이동 · 재배제한 등의 규제조치

(1) 비상조치절차

규제조치는 과실파리가 박멸될 때까지 다음 사항들이 차례로 이행되어야 한다.

① 과실파리가 발견된 지점을 중심으로 반경 7.2 km 이내에 있는 규제대상 품목의 재배 · 취급 · 가공업자들에게 비상조치 내용을 통보한다.

② 해당 과실파리의 생태 · 기후여건 및 확산상태 등을 검토한 후 종합적으로 검역규제조치(안)을 만든다.

(2) 규제조치에 포함되어야 할 주요내용

규제조치는 발생의 정도에 따라 정한다. 경미하고 제한된 발생시는 해당과일의 소규모 판매활동은 규제하지 않을 수 있다.

① 과일 채소류의 상업구역에서 소독처리 상황 감시 · 감독 · 증명서 발급

② 농산물 가공시설의 주기적 방문

③ 규제품목 폐기물에 대한 감시

④ 공항 · 터미널에서 규제대상품목의 이동감시

⑤ 검역규제지역 경계의 국도, 지방도로 등에서의 이동감시

* 지중해과실파리의 경우 발생지점이 1 개 지점에 한하고 발생이 심하지 않을 경우, 약제 살포, 트랩 설치, 검역규제 등은 1 km 내로 할 수 있다.

5.5 박멸효과 확인 및 박멸선언

(1) 트랩 조사

마지막 발견 후 3 세대 기간 동안 예찰을 실시한다.

(2) 과일수거검사

- 중앙지점 및 제1완충지역(발견지점으로부터 2.4 km 이내)등에 있는 과일을 7~10 일 간격으로 조사한다. 특히 중앙지점의 기주과일은 명부를 작성하고 즉석에서 칼로 절개하여 검사한다.
- 시설이 갖추어진 경우에는 수거된 과일은 과실파리 최적온도인 26℃/70% 습도조건에서 1 주~1세대기간동안 사육 후 검사한다. 과일이 저장되는 시설은 우화하는 과실파리가 날아가지 않도록 안전관리에 만전을 기해야 한다.

(3) 기타사항

정밀조사 이외의 지역에서 1.6 km 간격사이에 5 개 트랩 밀도로 3세대 동안 예찰을 실시한다.

(4) 박멸선언

과실파리 최종발견 후 3세대기간 처리(예찰 및 박멸사업) 후 발견이 되지 아니하였을 경우 박멸된 것으로 본다.

인용 문헌

ACIAR (Australian Centre for International Agricultural Research), 2017. Pacific Pests and Pathogens - Fact Sheets (Accessed on 15 Feb. 2019, http://www.pestnet.org/fact_sheets/fruit_flies__samoa_169.htm)

AliNiazee, M.T. 1979. A computerized phenology model for predicting biological events of Rhagoletis indifferens (Diptera : Tephritidae). Can. Entomol. 111, 1101-1109.

Aliniazee MT, Penrose RL, 1981. Apple maggot in Oregon : a possible new threat to the northwest apple industry. Bull. Entomol. Soc. Am. 27, 245-246.

Aliniazee, M.T., Westcott, R.L., 1987. Flight Period and Seasonal Development of the Apple Maggot, *Rhagoletis pomonella* (Walsh) (Diptera : Tephritidae), in Oregon. Ann. Entomol. Soc. Amer. 80, 823-828.

Allwood, A.J., A. Chinajariyawong, R.A.I. Drew, E.L. Hamacek, D.L. Hancock, C. Hengsawad, J.C. Jipanin, M. Jirasurat, C. Kong Krong, S. Kritsaeneepaiboon, C.T.S. Leong, and S. Vijaysegaran. 1999. Host plant records for fruit flies (Diptera : Tephritidae) in South East Asia. Raffles Bull. Zool. Suppl. 7, 1–92.

Aluja, M., Rull, J., Sivinski, J., Norrbom, A.L., Wharton, R.A., Macías-Ordóñez, R., Díaz-Fleischer, F., López, M., 2003. Fruit Flies of the Genus *Anastrepha* (Diptera : Tephritidae) and associated native parasitoids (Hymenoptera) in the tropical rain forest biosphere reserve of Montes Azules, Chiapas, Mexico. Environ. Entomol. 32, 1377-1385.

Amice, R., Sales, F., 1997. Fruit fly fauna in New Caledonia. In : Allwood AJ, Drew RAI, eds. Management of Fruit Flies in the Pacific. A Regional Symposium, Nadi, Fiji. ACIAR Proceedings, 76, 68-76.

Artiaga-López, T., Hernández, E., Domínguez-Gordillo, J., Moreno, D.S., Orozco-Dávila, D., 2002. Mass-production of *Anastrepha obliqua* at the Moscafrut fruit fly facility, Mexico. In : Barnes BN, editor. Proceedings of the 6th International Symposium on Fruit Flies of Economic Importance. Isteg Scientific Publications; 2004. pp. 389–392.

Averill AL, Prokopy RJ, 1987. Residual activity of oviposition-deterring pheromone in *Rhagoletis pomonella* (Diptera : Tephritidae) and female response to infested fruit. J. Chem. Ecol.

13(1), 167-177.

Baker, A.C., 1944. A review of studies on the Mexican fruit fly and related Mexican species (No. 531). US Department of Agriculture.

Bateman MA, 1982. III. Chemical methods for suppression or eradication of fruit fly populations, In : Drew RAI, Hooper GHS, Bateman MA eds. Economic Fruit Flies of the South Pacific Region. 2nd edn. Brisbane, Australia : Queensland Department of Primary Industries, 115-128.

Belanger A, Bostanian NJ, Rivard I, 1985. Apple maggot (Diptera : Trypetidae) control with insecticides and their residues in and on apples. J. Econ. Entomol. 78(2), 463-466.

Bellis, G.A., Brito, A.A., Jesus, H.de, Quintao, V., Sarmento, J.C., Bere, A., Rodrigues, J., Ancock, D.L., 2017. A preliminary account of the fruit fly fauna of Timor-Leste (Diptera : Tephritidae : Dacinae). Zootaxa 4362, 421-432.

Bo, W., Ahmad, S., Dammalage, T., Tomas, U.S., Wornoayporn, V., Haq, I.U., Caceres, C., Vreysen, M.J.B., Schutze, M.K., 2014. Mating compatibility between *Bactrocera invadens* and *Bactrocera dorsalis* (Diptera : Tephritidae). J. Econ. Entomol. 107, 623-629.

Boller EF, Prokopy RJ, 1976. Bionomics and management of Rhagoletis. In : Smith RF, Mittler TE, Smith CN, ed. Annual review of entomology. Volume 21. Annual Reviews Inc. Palo Alto, California, USA, 223-246.

Bolzan, A., Nava, D.E., Smaniotto, G., Valgas, R.A., Garcia, F.R.M, 2017. Development of *Anastrepha grandis* (Diptera : Tephritidae) under constant temperatures and field validation of a laboratory model for temperature requirements. Crop Protect. 100, 38-44.

Bouska, C., Edmunds, B., Bell, N., 2019. Small Fruit Crops. Pest Management Handbooks, A Pacific Northwest Extension Publication.

Bressan-Nascimento, S., 2001. Emergence and pupal mortality factors of *Anastrepha obliqua* (Macq.) (Diptera : Tephritidae) along the fruiting season of the host *Spondias dulcis* L. Neotrop. Entomol. 30(2), 207-215.

CABI, 2015. *Bactrocera minax* (Chinese citrus fly), Data Sheet (Last modified on 20 January 2015).

CABI, 2017baq. *Bactrocera aquilonis*, Data Sheet (Last modified 22 June 2017; https://www.cabi.org/ isc/datasheet/8694).

CABI, 2017bc. *Bactrocera caryeae*, Data Sheet (Last modified 22 June 2017; https://www.cabi.org/isc/datasheet/8699).

CABI, 2017bf. *Bactrocera facialis*, Data Sheet (Last modified 05 December 2017).

CABI, 2017bfr. *Bactrocera frauenfeldi* (mango fruit fly), Data Sheet (Last modified 05 December 2017).

CABI, 2017bj. *Bactrocera jarvisi* (Jarvis' fruit fly) Data Sheet (Last modified 30 November 2017).

CABI, 2017bki. *Bactrocera kirki* Data Sheet (Last modified 31 October 2019).

CABI, 2017bp. *Bactrocera psidii* (South Sea guava fruit fly), Data Sheet (Last modified 05 December 2017).

CABI, 2018. *Anastrepha serpentina* (sapodilla fruit fly), Data Sheet (Last modified 27 September 2018).

CABI, 2018. *Anastrepha striata* (guava fruit fly), Data Sheet (Last modified 27 September 2018).

CABI, 2018AO. *Anastrepha obliqua* (The West Indian fruit fly), Data Sheet (Last modified 13 November 2018).

CABI, 2018ase. *Anastrepha serpentina* (sapodilla fruit fly), Data Sheet (Last modified 27 September 2018).

CABI, 2018ast. *Anastrepha striata* (guava fruit fly), Data Sheet (Last modified 27 September 2018).

CABI, 2018. *Bactrocera minax* (Chinese citrus fly), Data Sheet (Last modified 27 March 2018).

CABI, 2018. *Rhagoletis fausta* (black cherry fruit fly), Data Sheet (Last modified 4 July 2018).

CABI, 2018. *Rhagoletis mendax* (blueberry fruit fly), Data Sheet (Last modified 4 July 2018).

CABI, 2018RP. *Rhagoletis pomonella* (apple maggot), Data Sheet (Last modified 27 September).

CABI, 2018bol. *Bactrocera oleae* (olive fruit fly), Data Sheet (Last modified 08 November 2018 : https://www.cabi.org/isc/datasheet/17689).

CABI, 2018cq. *Ceratitis quinaria* (five-spotted fruit fly), Data Sheet (Last modified 27 September 2018; https://www.cabi.org/isc/datasheet/12377).

CABI, 2018cr. *Ceratitis rosa* (Natal fruit fly), Data Sheet (Last modified 8 November 2018; https://www.cabi.org/isc/datasheet/12378).

CABI, 2018eh. *Euleia heraclei* (celery fly), Data Sheet (Last modified 14 July 2018 : https://www.cabi.org/isc/datasheet/23159).

CABI, 2018rf. *Rhagoletis fausta* (black cherry fruit fly) , Data Sheet (Last modified 4 July 2018).

CABI, 2018rm. *Rhagoletis mendax* (blueberry fruit fly), Data Sheet (Last modified 4 July 2018).

CABI, 2019af. *Anastrepha fraterculus* (South American fruit fly), Data Sheet (Last modified 31 October 2019).

CABI, 2019ag. *Anastrepha grandis* (South American cucurbit fruit fly), Data Sheet (Last modified 31 October 20119).

CABI, 2019al. *Anastrepha ludens* (Mexican fruit fly), Data Sheet (Last modified 31 October 20119).

CABI, 2019asu. *Anastrepha suspensa* (Caribbean fruit fly), Data Sheet (Last modified 31 October 2019).

CABI, 2019bm. *Bactrocera musae* (banana fruit fly), Data Sheet (Last modified 7 January 2019; https://www.cabi.org/isc/datasheet/8725).

CABI, 2019bp. *Bactrocera passiflorae* (Fijian fruit fly), Data Sheet (Last modified 31 October 2019).

CABI, 2019dc. *Dacus ciliatus* (lesser pumpkin fly), Data Sheet (Last modified 22 March 2019; https://www.cabi.org/isc/datasheet/17682).

CABI, 2019rc. *Rhagoletis completa* (walnut husk fly), Data Sheet (Last modified 1 November 20119).

CABI, 2019rci. *Rhagoletis cingulata* (cherry fruit fly), Data Sheet (Last modified 1 November 20119).

CABI and EPPO, 2006af. Data sheets on quarantine pests. *Anastrepha fraterculus*. Prepared by CABI and EPPO for the EU under Contract 90/399003. (https://gd.eppo.int/download/doc/11_datasheet_ANSTFR.pdf)

CABI and EPPO, 2006cq. Data sheets on quarantine pests. *Ceratitis quinaria*. Prepared by CABI and EPPO for the EU under Contract 90/399003. (https://gd.eppo.int/download/doc/50_datasheet_CERTQU.pdf)

CABI and EPPO, 2006cr. Data sheets on quarantine pests. *Ceratitis rosa*. Prepared by CABI and EPPO for the EU under Contract 90/399003. (https://gd.eppo.int/download/doc/51_datasheet_CERTRO.pdf)

CABI and EPPO, 2006dc. Data sheets on quarantine pests. *Dacus ciliatus*. Prepared by CABI and EPPO for the EU under Contract 90/399003. (https://gd.eppo.int/download/doc/83_datasheet_DACUCI.pdf)

CABI and EPPO, 2006ec. Data sheets on quarantine pests. *Euphranta canadensis*. Prepared by CABI and EPPO for the EU under Contract 90/399003. (https://gd.eppo.int/download/doc/112_datasheet_EPOCCA.pdf)

CABI and EPPO, 2006rc. Data sheets on quarantine pests. *Rhagoletis completa*. Prepared by CABI and EPPO for the EU under Contract 90/399003. (https://gd.eppo.int/download/doc/226_datasheet_RHAGCO.pdf)

CABI and EPPO, 2006ri. Data sheets on quarantine pests. *Rhagoletis cingulata* and Rhagoletis indifferens. Prepared by CABI and EPPO for the EU under Contract 90/399003. (https://gd.eppo.int/download/doc/899_ds_RHAGIN_en.pdf)

Calkins CO; Schroeder WJ; Chambers DL, 1984. Probability of detecting Caribbean fruit fly, *Anastrepha suspensa* (Loew) (Diptera : Tephritidae), populations with McPhail traps. J. Econ. Entomol. 77(1), 198-201.

Cameron, E.C., Sved, J.A., Gilchrist, A.S. 2009. Pest fruit fly (Diptera : Tephritidae) in northwestern Australia : one species or two? Bull. Entomol. Res. 14, 1-10.

Carroll, L.E., Norrbom, A.L., Dallwitz, M.J., Thompson, F.C., 2004 Onwards. Pest fruit flies of the world - larvae. Version : 9th April 2019. (delta-intkey.com)

Carroll, L.E., White, I.M., Freidberg, A., Norrbom, A.L., Dallwitz, M.J., Thompson, F.C., 2002. Pest fruit flies of the world, *Bactrocera melas* (Perkins & May). Version : 2nd April 2019. delta-intkey.com (https://www.delta-intkey.com/ffa/www/bac_me%27s.htm).

Castañeda, M.R., Selivon, D., Hernández-Ortiz, V., Soto, A., Canal, N.A., 2015. Morphometric divergence in populations of *Anastrepha obliqua* (Diptera, Tephritidae) from Colombia and some Neotropical locations. In : De Meyer M, Clarke AR, Vera MT, Hendrichs J (Eds) Resolution of Cryptic Species Complexes of Tephritid Pests to Enhance SIT Application and Facilitate International Trade. ZooKeys 540, 61–81.

CDFA (California Department of Food and Agriculture). N.D. White striped fruit fly pest profile. (Accessed on 9 September at https://www.cdfa.ca.gov/plant/pdep/target_pest_disease_profiles/white_striped_ff_profile.html)

Celedonio-Hurtado, H., Aluja, M., Liedo, P., 1995. Adult population fluctuations of *Anastrepha* species (Diptera : Tephritidae) in tropical orchard habitats of Chiapas, Mexico. Environ. Entomol. 24, 861-869.

Celedonio-Hurtado, H., Liedo, P., Aluja, M., Guillen, J., Berrigan, D., Carey, J., 1988. Demography of *Anastrepha ludens*, *A. obliqua* and *A. serpentina* (Diptera : Tephritidae) in Mexico. Fl. Entomol. 71, 111-120.

Chen, A.-E., Zheng, W.-W., Zhang, H.-Y., 2014. Effects of temperature on eclosion of *Bactrocera minax*. J. Environ. Entomol. 2014-01.

Chen H, Felland CM, McPheron BA, 2002. Population dynamics of apple maggot (Diptera : Tephritidae) in south central Pennsylvania. J. Econ. Entomol. 95(1), 65-71.

Chen, S.C., 2001. The development and reproduction of pumpkin fly (*Bactrocera tau* (Walker) (Diptera : Tryphritidae) and field occurrence investigation. Plant Protection Bulletin, Taichung, 43, 137-152.

Chen, Z., Dong, Y., Wang, Y., Andongma, A.A., Rashid, M.A., Krutmuang, P., Niu, C., 2016. Pupal diapause termination in *Bactrocera minax* : an insight on 20-hydroxyecdysone induced phenotypic and genotypic expressions. Sci. Rep. 6, 27440.

Chinajariyawong, A., Kritsaneepaiboon, S., Drew, R., 2003. Efficacy of protein bait sprays in controlling fruit flies (Diptera : Tephritidae) infesting angled luffa and bitter gourd in Thailand. Raffles Bull. Zool. 51, 7-16.

Christenson, L.D., Foote, R.H., 1960. Biology of fruit flies. Annu. Rev. Entomol. 5, 171-192.

Clare, G.K., 1997. Rearing of *Bactrocera melanotus* and *B. xanthodes* (Diptera : Tephritidae) for postharvest disinfestation research. NZ J. Zool. 24, 193-198.

Clarke, A.R., Armstrong, K.F., Carmichael, A.E., Milne, J.R., Raghu, S., Roderick, G.K., Yeates, D.K., 2005. Invasive phytophagous pests arising through a recent tropical evolutionary radiation : The *Bactrocera dorsalis* complex of fruit flies. Annu. Rev. Entomol. 50, 293-319.

Crovetti, A., Quaglia, F., Loi, G., Rossi, E., Malfatti, P., Chesi, F., Conti, B., Belcari, A., Raspi, A., Paratti, B., 1982. Influence of temperature and humidity on the development of the immature stages of *Dacus oleae* (Gmelin). Frustula Entomol. 5, 133-166.

Daniel, C., and J. Grunder. 2012. Integrated management of European cherry fruit fly *Rhagoletis cerasi* (L.) : Situation in Switzerland and Europe. Insects 3(4), 956-988.

Daniel, C. 2014. Experiences of integrated management of European cherry fruit fly (*Rhagoletis cerasi*) and how to utilize this knowledge for sea buckthorn fly. 3rd European Workshop on Sea Buckhorn, EuroWorks 2014. October 14-16, 2014, Naantali, Finland. 2014, October.

Daniel, C., Grunder, J., 2012. Integrated management of European cherry fruit fly *Rhagoletis cerasi* (L.) : Situation in Switzerland and Europe. Insects 3(4), 956-988.

Danjuma, S., 2018. Population dynamics and displacement capacity of nine *Bactrocera* spp. (Diptera : Tephritidae) in fruit orchards of the peninsular Thailand. Kaduna J. Agric. Nat. Res. 3, 63-83.

da Silva, N. M., S. Silveira Neto, R. A. Zucchi, 1996. The natural host plant of *Anastrepha* in the state of Amazonas, Brasil. pp. 353-357. In B. A. McPheron and G. Steck (eds.). Fruit Fly Pest : A World Assessment of their Biology and Management St. Lucia Press, Boca Raton, FL.

Dean, R. L. & P. J. Chapman. 1973. Bionomics of the apple maggot in eastern New York. Search Agric. 3, 1-64.

De Meyer M., Delatte H., Mwatawala M., Quilici S., Vayssières J., Virgilio M. 2015. A review of the current knowledge on *Zeugodacus cucurbitae* (Coquillett) (Diptera, Tephritidae) in Africa, with a list of species included in *Zeugodacus*. ZooKeys 540, 539-557.

Dias, N. P., Ongaratto, S., Garcia, M.S., Nava, D.E., 2017. Oviposition of *Anastrepha fraterculus* and *Ceratitis capitata* (Diptera : Tephritidae) in citrus fruits, and development in relation to maturity of orange fruits. Fl. Entomol. 100, 468-473.

Dominiak, B.C., Worsley, P., 2017. Review of the southern boundary of Jarvis fruit fly *Bactrocera jarvisi*' (Tyron) (Diptera : Tephritidae : Dacinae) and its likley southern distribution in Australia. Gen. Appl. Entomol. 45, 1-7.

Dong, Y.C., Wang, Z.J., Clarke, A.R., Pereira, R., Desneux, N., Niu, C.Y., 2013. Pupal diapause development and termination is driven by low temperature chilling in *Bactrocera minax*. J. Pest Sci. 3, 429-436.

Doorenweerd, C., Leblanc, L., Norrbom, A.L., Jose, M.S., Rubinoff, D., 2018. A global checklist of the fruit fly species in the tribe *Dacini* (Diptera, Tephritidae). Zookeys 730, 19–56.

Dorji, C., Clarke, A.R., Drew, R.A.I., Fletcher, B.S., 2006. Seasonal phenology of *Bactrocera minax* (Diptera : Tephritidae) in western Bhutan. Bull. Entomol. Res. 96, 531-538.

DPIPWE, 2011. Review of Import Requirements for fruit fly host produce from mainland Australia, Version 5.0. Biosecurity Technical Group in Department of Primary Industries, Parks, Water and Environment, Tasmania.

Drew, R.A.I. 1989. The tropical fruit flies (Diptera : Tephritidae : Dacinae) of the Australasian and Oceanian regions. Memoirs of the Queensland Museum. Volume 26. 521 pp.

Drew, R.A.I., Hancock, D.L., 1994. The *Bactrocera dorsalis* complex of fruit flies (Diptera : Tephritidae : Dacinae) in Asia. Bull. Entomol. Res. 84(Suppl. S2), 1–68.

Drew, R.A.I., Romig, M.C., 1997, December. Overview-Tephritidae in the Pacific and Southeast Asia. In ACIAR PROCEEDINGS (pp. 46-53). Australian Centre for International Agricultural Research.

Drew, R.A.I., Romig, M.C., 2013. Tropical Fruit Flies (Tephritidae Dacinae) of South-East Asia : Indomalaya to Australasia. CABI International, Londeon, UK.

Drew, R.A.I., Zalucki, M.P., Hopper, G.H.S., 1984. Ecological studies of eastern Australian fruit flies (Diptera : Tephritidae) in their endemic habitat I. Temporal variation in abundance. Oecologia 64, 267-272.

Duan, J.J., Prokopy, R.J., 1995. Development of pesticide-treated spheres for controlling apple maggot flies (Diptera : Tephritidae) : pesticides and residue-extending agents. J. Econ. Entomol. 88(1), 117-126

Duyck, P.F., Quilici, S., 2002. Survival and development of different life stages of three *Ceratitis* spp. (Diptera : Tephritidae) reared at five constant temperatures. Bull. Entomol. Res. 92, 461-469.

Ekesi, S., Mohamed, S., De Meyer, M. (Eds.), 2016. Fruit Fly Research and Development in Africa - Towards a Sustainable Management Strategy to Improve Horticulture. Springer International Publishing, Switzerland.

El Nahal, A.K.M., Azab, A.K., Swailem, S.M., 1971. Studies on the biology of the melon fruit fly, *Dacus ciliatus* Loew (Diptera : Trypanaeidae). Bulletin de la Societe Entomologique d'Egypte, 54, 231-241.

Emery, S., Mills, N., 2019. Effects of temperature and other environmental factors on the post-diapause development of walnut husk fly *Rhagoletis completa* (Diptera : Tephritidae). Physiol. Entomol. 44, 33–42.

Enkerlin D; Garcia RL; Lopez MF, 1989. Pest status; Mexico, Central and South America, In : Robinson AS, Hooper G, eds. Fruit Flies; Their Biology, Natural Enemies and Control. World Crop Pests, 3(3A), 83-90. Amsterdam, Netherlands : Elsevier.

EPPO (European and Mediterranean Plant Protection Organization), 2019cp. EPPO Alert List : *Myiopardalis pardalina* (Diptera : Tephritidae), Baluchistan melon fly. (Accessed on 2 October, 2019 at https://www.eppo.int/ACTIVITIES/plant_quarantine/alert_list_insects/ myiopardalis_pardalina)

EPPO Reporting Service, 2013. Pests and diseases outbreaks of *Myiopardalis pardalina* (Baluchistan melon fly) in Central Asia : addition to the EPPO Alert List, 128

EPPO, 2015. EPPO Technical Document No. 1068, EPPO study on pest risks associated with the import of tomato fruit.

Fabre F; Ryckewaert P; Duyck PF; Chiroleu F; Quilici S, 2003. Comparison of the efficacy of different food attractants and their concentration for melon fly (Diptera : Tephritidae). J. Econ. Entomol. 96(1), 231-238.

Fan JA, Zhao XQ, Zhu J, 1994. A study on cold-tolerance and diapause in *Tetradacus citri* Chen. J. Southwest Agri. Univ. 16, 532-534.

Fay, H.A.C. 2012. A highly effective and selective male lure for *Bactrocera jarvisi* (Tryon) (Diptera : Tephritidae). Australian J. Entomol. 51, 189-197.

Feder, J.L., Roethele, J.B., Wlazlo, B., Berlocher, S.H., 1997. Selective maintenance of allozyme differences among sympatric host races of the apple maggot fly. Proc. Natl. Acad. Sci. USA 94(21), 11417-11421.

Fetoh, B.E.A., 2006. Occurrence, distribution and biology of the pumpkin fruit fly, *Dacus ciliatus* Loew (Diptera : Tephritidae) as re-appearing pest in Egypt. Egyptian J. Agric. Res. 84(1), 11-16.

Fischer-Colbrie, P., Busch-Petersen, E., 1989. Temperate Europe and west Africa, In : Robinson AS, Hooper G, eds. Fruit Flies; Their Biology, Natural Enemies and Control. World Crop Pests, 3(3A), 91-99. Amsterdam, Netherlands : Elsevier.

Foote, R.H., Blanc, F.L., Norrbom, A.L., 1993. Handbook of the Fruit Flies (Diptera : Tephritidae) of America North of Mexico. Comstock, Ithaca, USA.

Fprabhakar, C.S., Sood, P., Mehta, P.K., Choudhary, A., 2007. Fruit fly, *Bactrocera scutellaris* (Bezzi) : a potential threat to cucurbit cultivation under low and mid hills of Himachal Pradesh. Pest Manag. Econ. Zool. 15, 181-185.

Gao, M.X., Wang, C., Li, S.R., Tang, Z.X., 1999. The study of irradiation on pest in orange and chestnut. Plant Quarantine 13, 197-199.

Genç, H., Nation, J.L., 2008. Survival and development of *Bactrocera oleae* Gmelin (Diptera : Tephritidae) immature stages at four temperatures in the laboratory. African J. Biotechnol. 7, 2495-2500.

Glover, M.M., Egan, S.P., Hood, G.R., Rull, J., Aluja, M., Feder, J.L., 2018. Phylogeography of Walnut-Infesting *Rhagoletis suavis* (Diptera : Tephritidae) Flies. Insect Syst. Div. 2, 1-9.

Han, H.Y., Ro, K.E., 2005. Molecular phylogeny of the superfamily Tephritoidea (Insecta : Diptera) : new evidence from the mitochondrial 12S, 16S, and COII genes. Mol. Phylogenet. Evol. 34, 416-430.

Hancock, D.L., Hamacek, E.L., Lloyd, A.C., Elson-Harris, M.M., 2000. The distribution and host plants of fruit flies (Diptera : Tephritidae) in Australia : Department of Primary Industries, Queensland; 1–75 p.

Hancock, D.L., 1989. Pest status; southern Africa. In : World crop pests 3(A). Fruit flies; their biology,, natural enemies and control (Ed. by Robinson, A.S.; Hooper, G.), pp. 51-58. Elsevier, Amsterdam, Netherlands.

Harris, E.J., 1989. Hawaiian islands and North America, In : Robinson AS, Hooper G, eds. Fruit Flies; Their Biology, Natural Enemies and Control. World Crop Pests, 3(3A):73-81. Elsevier, Amsterdam, Netherlands.

Hasyim, A., Muryati, M., De Kogel, W., 2016. Population fluctuation of adult males of the fruit fly, *Bactrocera tau* Walker (Diptera : Tephritidae) in passion fruit orchards in relation to abiotic factors and sanitation. Indonesian J. Agri. Sci. 9, 29-33.

Hedström I, 1993. Population dynamics and host relationships of Neotropical fruit flies (Diptera : Tephritidae) in seasonal and non-seasonal environments. Intl. J. Pest Manag. 39(4). 400-410.

Hedström, I., Jimenez, J., 1988. Field evaluation of attractants in the capture of *Anastrepha* spp. (Diptera, Tephritidae), pests of fruit trees in tropical America. II. Ammonium acetate and torula with sodium borate. Revista Brasileira de Entomologia, 32(2), 319-322.

Hedström, I., Jirón, L.F., 1985. Field evaluation of attractants in the trapping of *Anastrepha* spp. (Diptera, Tephritidae), pests of fruit trees in tropical America. I. Molasses and torula yeast. Revista Brasileira deEntomologia, 29(3/4), 515-520.

Hendrichs, J., Lauzon, C.r., Cooley, S.S., Prokopy, R., 1993. Contribution of Natural Food Sources to Adult Longevity and Fecundity of *Rhagoletis pomonella* (Diptera : Tephritidae). Ann. Entomol. Soc. Amer. 86, 250–264.

Hill, D.S., 1987. Agricultural Insect Pests of Temperate Regions and Their Control. Cambridge University Press, New York, USA.

Hooper, G., 1989. Fruit Flies; Their Biology, Natural Enemies and Control. World Crop Pests, 3(3A):83-90. Elsevier, Amsterdam, Netherlands.

Hossain, M.A., Hallman, J.G., Khan, A.S., Islam, M.S., 2011. Phytosanitary irradiation in South Asia. J. Entomol. Nematol. 3, 44-53.

Huque, R., 2006. Comparative studies on the susceptibility of various vegetables to *Bactrocera tau* (Diptera : Tephritidae). Pak. J. Biol. Sci. 9, 93–95.

Imelda, M.M., Hernβndez-Ortiz, V., Rodrigo, L.L., 1995. Development and sexual maturation in *Anastrepha serpentina* (Wiedemann) (Diptera : Tephritidae). Acta Zool. Mexicana 65, 75-88.

IAEA (International Atomic Energy Agency), 2003. Trapping guidelines for area-wide fruit fly programmes. Joint FAO/IAEA Division of Nuclear Techniques in Food and Agriculture, Vienna, Austria.

Imelda, M.M., Hernβndez-Ortiz, V., Rodrigo, L.L., 1995. Development and sexual maturation in *Anastrepha serpentina* (Wiedemann) (Diptera : Tephritidae). Acta Zool. Mexicana 65, 75-88.

Jaleel, W., Lu, L., He, Y., 2018. Biology, taxonomy, and IPM strategies of *Bactrocera tau* Walker and complex species (Diptera; Tephritidae) in Asia : a comprehensive review. Environ. Sci. Pollut. Res. doi.org/10.1007/s11356-018-2306-6.

Joachim-BravoI, I.S., MagalhaesI, T.C., Silva NetoI, A.M., GuimaraesI, A.N., Nascimento, A.S., 2003. Longevity and fecundity of four species of *Anastrepha* (Diptera : Tephritidae). Neotrop. Entomol. 32, 543-549.

Jones, V.P., Alston, D.G., Brunner, J.F., Davis, D.W., Shelton, M.D., 1991. Phenology of the western cherry fruit fly (Diptera : Tephritidae) in Utah and Washington. Ann. Entomol. Soc. Am. 84, 488-492.

Jones, V.P., Davis, D.W., Smith, S.L., Allred, D.B., 1989. Phenology of apple maggot, *Rhagoletis pomonella* (Diptera : Tephritidae) associated with cherry and hawthorn in Utah. J. Econ. Entomol. 82, 788-782.

Jones, V.P., Smith, S.L., Davis, D.W., 1990. Comparing apple maggot adult phenology in eastern and western North America. IN : Dowell, R. V., L. T. Wilson, and V. P. Jones (eds), Apple maggot in the west, history, biology and control. University of California Division of Agriculture and Natural Resources. Publication #3341.

Joubert, E., Grové, T., Booysen, G., 2015. Evaluation of fruit fly (Diptera : Tephritidae) monitoring systems on Mango in Limpopo province, South Africa. J. Agric. Sci. Technol. B 5, 653-663.

Jubb, G.L. Jr., Cox, J.A., 1974. Seasonal emergence of two cherry fruit fly species in Erie County, Pennsylvania : 25-year summary. J. Econ. Entomol. 67(5), 613-615.

Judd, G.J.R., Whitfield, G.H., Maw, H.E.L., 1991. Temperature-dependent development and phenology of pepper maggots (Diptera : Tephritidae) associated with pepper and horsenettle. Environ. Entomol. 20, 22-29.

Kabir, S.M.H., Rahman, R., Molla, M.A., 1997. Biology of *Dacus* (*Zeugodacus*) *tau* Walker (Tephritiade : Diptera). Bangladesh J. Zool. 25, 115-120.

Kapoor, V.C., 2005. Taxonomy and biology of economically important fruit flies of India. Israel J. Entomol. 35(36), 459-475.

Kasana, A., AliNiazee, M.T., 1994. Effect of constant temperatures on development of the walnut husk fly, *Rhagoletis completa*. Entomol. Exp. Appl. 73, 247-254.

Khanh, L., Tuu, D., Hien, N.T.T, Toan, T., Trang, V., Thong, P. Thanh, V., Thang, D., 2008. Fruit flies and their control by using protein bait. In Proceedings of the 5th Vietnam National Conference on Entomology 11-12 April 2008, Hanoi, Vietnam.

Khanh, L.D., Hien, N.T.T., Trang, V.T., Toan, T.T., Rull, J., 2014. Basic biology and artificial rearing of *Bactrocera pyrifoliae* (Diptera : Tephritidae), a pest of peaches and plums in northern Vietnam. Intl. J. Trop. Insect Sci. 34, S148-S153.

Kim, Y, Kim, D., Park, K., Han, H., 2017. Security system manual against invasion of high risk fruit flies. Hongreung Science Press, Seoul, Korea.

Kim, Y, Kim, D., Park, K., Han, H., 2018a. Security system manual (II) against invasion of high risk fruit flies. Hongreung Science Press, Seoul, Korea.

Kim, Y., Imam, M., Al Baki, M.A., Ahn, J.J., 2018b. Monitoring the Oriental fruit fly (*Bactrocera dorsalis*), the felon fly (*B. cucurbitae*), and *B. tau* fruit fly using wax formation lures. Korean J. Appl. Entomol. 57, 51-52.

Korneyev, V.A., 1999. Phylogenetic relationships among the families of the superfamily Tephritoidea, in : Aluja, M., Norrbom, A.L. (Eds.), Fruit flies (Tephritidae) : phylogeny and evolution of behavior. CRC Press, pp. 3-22.

Kostal, V., Havelka, J. 2001. Low temperature storage of larvae and synchronization of adult emergence in the predatory midge *Aphidoletes aphidimyza*. Cryobiology 42, 112–120.

Koveos, D.S., Tzankakis, M.E., 1990. Effect of the presence of olive fruit on ovarian maturation in the olive fruit fly, *Dacus oleae*, under laboratory conditions. Entomol. Exp. Appl. 55, 161-168.

Krivosheina, M.G., and Ozerova, N.A., 2013. To the biology of celery fly *Euleia heraclei* (Linnaeus, 1758) (Diptera : Tephritidae) — pest of alien Apiaceae species in Moscow Region. Russian Entomol. J. 25, 209-213.

Krosch, M.N., Schutze, M.K., Armstrong, K.F., Graham, G.C., Yeates, D.K., Clarke, A.R., 2012. A molecular phylogeny for the Tribe Dacini (Diptera : Tephritidae) : systematic and biogeographic implications. Mol. Phylogenet. Evol. 64, 513-523.

Laing, J. E., and J. M. Heraty. 1984. The use of degree-days to predict emergence of the apple maggot, *Rhagoletis pomonella* (Diptera:Tephritidae), in Ontario. Can. Ent. 116, 1123-1129.

Leblanc, L., Amice, R., 2000. Fruit flies in New Caledonia. Pest Advisory Leaflet No. 26. Secretariat of the Pacific Community.

Leblanc, L., Balagawi, S., Mararuai, A., Putulan, D., Tenakanai, D., Clarke, A.R., 2001. Fruit flies in New Caledonia. Pest Advisory Leaflet No. 37. Secretariat of the Pacific Community.

Leblanc, L., Hollingsworth, R. 1997. Rate of development of immature stages of *Bactrocera frauenfeldi* in papayabased diet. pp.164-167 in : Allwood, A.J., and Drew, R.A I., Management of fruit flies in the Pacific. ACIAR Proceedings No 76. 267pp.

Leblanc, L., Hossain, M.A., Khan, S.A., Jose, M.S., Rubinoff, D., 2013a. A Preliminary Survey of the Fruit Flies (Diptera : Tephritidae : Dacinae) of Bangladesh. Proc. Hawaiian Entomol. Soc. 45, 51-58.

Leblanc, L., Jose, M.S., Barr, N., Rubinoff, D., 2015. A phylogenetic assessment of the polyphyletic nature and intraspecific color polymorphism in the *Bactrocera dorsalis* complex (Diptera, Tephritidae). Zookeys 540, 339-367.

Leblanc, L., Vueti, E.T., Allwood, A.J., 2013b. Host plant records for fruit flies (Diptera : Tephritidae : Dacini) in the Pacific islands : 2. Infestation statistics on economic hosts. Proc. Hawaiian Entomol. Soc. 45, 83-117.

Leblanc, L., Vueti, E.T., Richard, A.I., Allwood, A.J., 2012. Host plant records for fruit flies (Diptera : Tephritidae : Dacini) in the Pacific Islands. Proc. Hawaiian Entomol. Soc. 44, 11-53.

Leblanc, L., William, J.O.N.A.H., Allwood, A.J., 2004. Host fruit of Mango fly (*Bactrocera frauenfeldi* (Schiffner)) (Diptera : Tephritidae) in the Federated States of Micronesia. Micronesica 37(1), 21-31.

Lesne, P. 1913. La mouche de l'asperge aux environs de Paris. Ann. Serv. Epiphyt. 1, 228-247.

Leweniqila, L., Heimoana, V., Purea, M., Munro, L., Allwood, A.J., Ralulu, L., and Tora Vueti, E., 1997. Seasonal abundances of *Bactrocera facialis* (Coquillet), *B. passiflorae* (Froggatt), *B. xanthodes* (Broun), *B. melanotus* (Coquillet) in orchard and forest habitats. In Management of Fruit Flies in the Pacific, A.J. Allwood, and R.A.I. Drew, eds. (Canberra : ACIAR), p. 121–124.

Leyva-Vazquez, J. L. 1988. Temperatura umbral y unidades calor requeridas por los estados inmaduros de *Anastrepha ludens* (Loew) (Diptera : Tephritidae). Folia Entomol. Mexicana 74, 189-196.

Liedo, P.F., Carey, J.R., Celedonio-Hurtado, H., Guillen-Aguilar, J., 1993. Demography of *Anastrepha* fruit flies : a case study of three species of economic importance, p. 119-124. In M. Aluja & P. Liedo (eds.). Fruit flies : Biology and management. Springer-Verlag, New York.

Li, H.L., Yan, S., Xi, D., Yang, J.P., Xiao, D.J., Yuan, S.Y., 2013. Influence of air and soil humidity on survival of *Bactrocera tau* Walker. J. Honghe Univ. 2, 1–19.

Lim, P.-E., Tan, J., Suana, I.W., Eamsobhana, P., Yong, H.S., 2012. Distinct genetic lineages of *Bactrocera caudata* (Insecta : Tephritidae) revealed by COI and 16S DNA sequences. PLoS ONE 7(5) : e37276.

Liu, Y.C., Lin, M.Y., 2001. The development, longevity, fecundity and population parameters of *Bactrocera tau* (Diptera : Tephritidae) on various host fruits and artificial diet, and the female's oviposition behavior. Formosan Entomol. 21, 221-236.

Margosian, M.L., Bertone, C.A., Borchert, D.M. Takeuchi, Y., 2007. Identification of areas susceptible to the establishment of fifty-three *Bactrocera* spp. (Diptera : Tephrididae : Dacinae) in the United States. California : USDA Report Publication.

Mattsson, G., Hood, G.R., Feder, J.L., Ruedas, L.A., 2015. Rapid and repeatable shifts in life-history timing of *Rhagoletis pomonella* (Diptera : Tephritidae) following colonization of novel host plants in the Pacific Northwestern United States. Ecol. Evol. 5, 5823-5837.

May, A.W.S., 1963. An investigation of fruit flies (Trypetidae : Diptera) in Queensland. Queensland J. Agric. Sci. 20, 1-82.

Montoya, P., Flores, S., Toledo, J., 2008. Effect of rainfall and soil moisture on survival of adults and immature stages of *Anastrepha ludens* and *A. obliqua* (Diptera : Tephritidae) under semi-field sonditions. Fl. Entomol. 91(4), 643-650.

Nair, N., Bhattacharjee, T., Thangjam, B.C., Giri, U., Debnath, M.R., 2018. Species diversity of Dacine fruit flies (Diptera : Tephritidae : Dacinae : Dacini) in Tripura, N.E. India. J. Entomol. Zool. Studies 6, 297-302.

Nair, N., Thangjam, B.C., Bhattacharjee, T., Debnath, M.R., 2017. Species composition of Dacine fruit flies (Diptera : Tephritidae : Dacinae : Dacini) associated with Cucurbits in Tripura, a North Eastern state of India. India. J. Entomol. Zool. Studies 5, 330-335.

Nakahara, S., Muraji, M., 2008. Phyogenetic analyses of *Bactrocera* fruit flies (Diptera : Tephritidae) based on nucleotide sequences of the mitochondrial COI and COII genes. Res. B. Plant Prot. Jpn. 44, 1-12.

NAPPO (North American Plant Protection Organization). 2009. Phytosanitary Alert System. Outbreak of *Anastrepha grandis* (South American cucurbit fruit fly) in Panama. (http://www.pestalert.org/viewNewsAlert.cfm?naid¼76) (accessed 5 October 2019).

Narayanan, E.S., Batra, H.N., 1960. Fruit flies and their Control. Indian Council of Agricultural Research, New Delhi, 68 pp.

NBN Atlas Partnership, 2017. *Euleia heraclei* (Linnaeus, 1758). https://records.nbnatlas.org/occurrences/search?q=lsid:NBNSYS0000012861#tab_recordsView

Norrbom, A.L., Carroll, L.E., Thompson, F.C., White, I.M., Freidberg, A., 1999. Systematic database of names. In : Thompson, F.C. (Ed.), Fruit Fly Expert System and Systematic Information Database, Diptera Data Dissemination Disk 1 & Myia. pp. 65–251.

NSWG (New South Wales Government), 2019. Insect keys : Key to Fruit Flies of New South Wales. Department of Primary Industries (Biosecurity Collections). Accessed on 1 October 2019 at https://www1.dpi.nsw.gov.au/keys/fruitfly/bancroft.htm

OEPP/EPPO, 2011. *Rhagoletis completa*. Bulletin OEPP/EPPO Bulletin 41, 357–362.

Ohno, S., Tamura, Y., Haraguchi, D., Kohama, T., 2008. First detection of the pest fruit fly, *Bactrocera tau* (Diptera : Tephritidae), in the field in Japan : evidence of multiple invasions of Iṣhigaki Island and failure of colonization. Appl. Entomol. Zool. 43, 541-545.

Panhwar, F., 2005. Mediterranean fruit fly (*Ceratitis capitata*) attack on fruits and its control in Sindh, Pakistan, Publisher.

PBCRC (Plant Biosecurity Cooperative Research Centre), 2019bj. Fruit Fly Identification Australi a : *Bactrocera jarvisi* Accessed on 30 September at https://fruitflyidentification.org.au/species/bactrocera-jarvisi/

PBCRC (Plant Biosecurity Cooperative Research Centre), 2019bk. Fruit Fly Identification Australi a : *Bactrocera kraussi*. Accessed on 30 September at https://fruitflyidentification.org.au/species/bactrocera-kraussi/

PBCRC (Plant Biosecurity Cooperative Research Centre), 2019bo. Fruit Fly Identification Australia : *Bactrocera occipitalis*. Accessed on 30 September, 2019 at https://fruitflyidentification.org.au/species/ bactrocera-occipitalis/

PBCRC (Plant Biosecurity Cooperative Research Centre), 2019bt. Fruit Fly Identification Australia : *Bactrocera trilineo* (Vanuatu fruit fly). Accessed on 11 October 2019 at https://fruitflyidentification.org.au/species/ bactrocera-trilineola/

PBCRC (Plant Biosecurity Cooperative Research Centre), 2019btu. Fruit Fly Identification Australia : *Bactrocera tuberculata*. Accessed on 1 October, 2019 at https://fruitflyidentification.org.au/species/bactrocera-tuberculata/

PBCRC (Plant Biosecurity Cooperative Research Centre), 2019za. Fruit Fly Identification Australia : *Zeugodacus atrisetosus*. Accessed on 5 October, 2019 at https://fruitflyidentification.org.au/species/zeugodacus-atrisetosus/

Pelz KS, Isaacs R, Wise JC, Gut LJ, 2005. Protection of fruit against infestation by apple maggot and blueberry maggot (Diptera : Tephritidae) using compounds containing spinosad. J. Econ. Entomol. 98(2), 432-437.

Petacchi, R., Marchi, S., Federici, S., Ragaglini, G., 2015. Large-scale simulation of temperature-dependent phenology in wintering populations of *Bactrocera oleae* (Rossi). J. Appl. Entomol. 139, 496-509.

Piper, R., Pereira, R., Hendrichs, J., Enkerlin, W., De Meyer, M., 2017. A Guide to the Major Pest Fruit Flies of the World. Scientific Advisory Services Pty Ltd. IAEA/FAO.

Pitkin, D., Ellis, W., Plant, C., Edmunds, R., 2016. The leaf and stem mines of British flies and other insects. Version : 13th February 2016. http://www.ukflymines.co.uk/index.php/, accessed on 22 April 2016.

Plant Health Australia, 2018. The Australian Handbook for the Identification of Fruit Flies. Plant Health Australia. ver. 3.1. 162p.

PNEP (A Pacific Northwest Extension Publication), 2019. Currant and gooseberry-Currant fruit fly (gooseberry maggot)https://pnwhandbooks.org/insect/small-fruit/currant-gooseberry/currant-gooseberry-currant-fruit-fly-gooseberry-maggot.

Putruele, M.T.G., 1996. Hosts for *Ceratitis capitata* and *Anastrepha fraterculus* in the northeastern province of Entre Rios, Argentina, In : McPheron, B.A. and Steck, G.J., eds. Fruit fly pests : a world assessment of their biology and management, 343-345. St. Lucie Press, Delray Beach, FL.

QFFRL (Queensland Fruit Fly Research Laboratory), N.D. Does *Bactrocera aquilonis* exist? University of New South Wales, Sydney. (Accessed on 9 September at https://qffrl.wordpress.com/research-project-5)

Raghu, S., Clarke, A.R., 2001. Distribution and abundance of *Bactrocera bryoniae* (Tryon) in three different habitat-types in South-East Queensland, Australia. Intl J. Ecol. Environ. Sci. 27, 179-183.

Raghu, S., Clarke, A.R., Drew, R.A.I., Hulsman, K., 2000. Impact of habitat modification on the distribution and abundance of fruit flies (Diptera : Tephritidae) in Southeast Queenland. Population Ecology 42, 153-160.

Ramirez-Cruz A, Hernandez-Ortiz V, Martinez MI, 1996. Maduracion ovarica en la `Mosca de la Guyaba' *Anastrepha striata* Schiner (Diptera : Tephritidae). Acta Zool. Mexicana, 69, 105-116.

Reissig, W.H., Barnard, J., Weires, R.W., Glass, E.H., Dean, R.W., 1979. Prediction of apple maggot fly emergence from thermal unit accumulation. Environ. Entomol. 8, 51-54.

Perales-Segovia, C., Bravo-Mojica, H., Leyva-Vazquez, J.L., Martinez-Garza, A., 1996. Sustancias vegetalespara el control de moscas de la fruta. Agrociencia, 30, 411-415.

Reulet, P. 1991. Asperge : La situation phytosanitaire 1990. Phytoma-La Defense des Cultures 427, 43-46.

Rodríguez-Rodríguez, S.E., González-Hernández, H., Rodríguez-Leyva, E., Lomelí-Flores, J.R., Miranda-Salcedo, M.A., 2018. Species diversity and population dynamics of fruit flies (Diptera : Tephritidae) in Guerrero, Mexico. Fl. Entomol. 101(1), 113-118.

Royer, J.E., 2015. Responses of fruit flies (Tephritidae : Dacinae) to novel male attractants in north Queensland, Australia, and improved lures for some pest species. Austral. Entomol. 54, 411-426.

Royer, J.E., 2015. Responses of fruit flies (Tephritidae : Dacinae) to novel male attractants in north Queensland, Australia, and improved lures for some pest species. Austral. Entomol. 54, 411–426.

Royer, J.E., Agovaua, S., Bokosou, J., Kurika, K., Mararuai, A., Mayer, D.G., Niangu, B., 2018. Responses of fruit flies (Diptera : Tephritidae) to new attractants in Papua New Guinea. Austral. Entomol. 57, 40–48.

Royer, J.E., Mille, C., Cazeres, S., Brinon, J., Mayer, D.G., 2019. Isoeugenol, a more attractive male lure for the Cue-Lure-responsive pest fruit fly *Bactrocera curvipennis* (Diptera : Tephritidae : Dacinae), and new records of species responding to Zingerone in New Caledonia. J. Econ. Entomol. 112, 1502-1507.

Saikia, D., Dutta, S., 1997. Efficacy of some insecticides and plant products against fruit fly, *Dacus tau* (Walker), on ridge gourd, *Luffa acutangula*. L. J. Agric. Sci. 10, 132-135.

Satarkar, V.R., Krishnamurthy, S.V., Faleiro, J.R., Verghese, A., Ramesh, R., Kumar, J.A., N.D. Ecology and Sustainable Management of Major *Bactrocera* Fruit Flies in Goa, India. Personal Contents.

Sharp JL, 1987. Laboratory and field experiments to improve enzymatic casein hydrolysate as an arrestant and attractant for Caribbean fruit fly, *Anastrepha suspensa* (Diptera : Tephritidae). Fl. Entomol. 70(2), 225-233.

Shiao, S.-F., 2019. Species checklist of *Zeugodacus* (Diptera : Tephritidae : Dacini) in Taiwan. Formosan Entomol. 39, 36-45.

Silva, F.F.D., Redaelli, L.R., Meirelles, R.N., Dal Soglio, F.K., 2014. Danos de moscas-dasfrutas (Diptera, Tephritidae) em citros, manejados no sistema orgânico de produção. Revista Ceres 61, 637-642.

Singh, M., Gupta, D., Sharma, D., 2013. *Bactrocera scutellaris* (Bezzi) - a dominant fruit fly species in vegetable fields in mid hills of Himachal Pradesh. Insect Environ. 19, 137-139.

Singh, S.K., Kumar, D., Ramamurthy, V.V., 2010. Biology of *Bactrocera* (*Zeugodacus*) *tau* (Walker) (Diptera : Tephritidae). Entomol. Res. 40, 259-263.

Smith, E.S.C., 1977. Studies on the biology and commodity control of the banana fruit fly, *Dacus musae* (Tryon) in Papua New Guinea. Papua New Guinea Agricul. J. 28, 47-56.

Song, Y., L.B. Coop, M. Omeg and H. Riedl. 2003. Development of a phenology model for predicting western cherry fruit fly, *Rhagoletis indifferens* Curran (Diptera : Tephritidae), emergence in the mid Columbia area of the Western United States. J. Asia Pac. Entomol. 6(2), 187-192.

Sparks, A.S. Jr., Rile, D. G., 2007. *Zonosemata electa*. Center for Invasive Species and Ecosystem Health at the University of Georgia (https://www.bugwood.org/). (Last modified 20 December 2007)

SPC (SPC Land Resources Division), 2013ba. Pacific Fruit Fly Project, *Bactrocera atrisetosa* (Perkins). (Updated at 21 January 2013 on https://lrd.spc.int/species/bactrocera-atrisetosa-perkins)

SPC (SPC Land Resources Division), 2013bb. Pacific Fruit Fly Project, *Bactrocera bryoniae* (Tryon). (Updated at 17 January 2013 on https://lrd.spc.int/species/bactrocera-bryoniae-tryon)

SPC (SPC Land Resources Division), 2013bcu. Pacific Fruit Fly Project, *Bactrocera curvipennis* (Froggatt). (Updated at 17 January 2013 on https://lrd.spc.int/species/bactrocera-curvipennis-froggatt)

SPC (SPC Land Resources Division), 2013bd. Pacific Fruit Fly Project, *Bactrocera decipiens* (Drew) : Pumpkin fruit fly. (Updated at 21 January 2013 on https://lrd.spc.int/species/bactrocera-decipiens-drew-pumpkin-fruit-fly)

SPC (SPC Land Resources Division), 2013bf. Pacific Fruit Fly Project, *Bactrocera facialis* (Coquillett). (Updated at 21 January 2013 on *Bactrocera facialis* (Coquillett) (Updated at 21 January 2013 on https://lrd.spc.int/species/bactrocera-facialis-coquillett)

SPC (SPC Land Resources Division), 2013bfr. Pacific Fruit Fly Project, *Bactrocera frauenfeldi* (Schiner) - Mango fly. (Updated at 21 January 2013 on https://lrd.spc.int/species/bactrocera-frauenfeldi-schiner-mango-fly)

SPC (SPC Land Resources Division), 2013bki. Pacific Fruit Fly Project, *Bactrocera kirki* (Froggatt). (Updated at 17 January 2013 onhttps://lrd.spc.int/species/bactrocera-kirki-froggatt)

SPC (SPC Land Resources Division), 2013bm. Pacific Fruit Fly Project, *Bactrocera musae* (Tryon) - BANANA FLY. (Updated at 17 January 2013 on https://lrd.spc.int/species/bactrocera-musae-tryon-banana-fly)

SPC (SPC Land Resources Division), 2013bme. Pacific Fruit Fly Project, *Bactrocera melanotus* (Coquillett). (Updated at 21 January 2013 on https://lrd.spc.int/species/bactrocera-melanotuscoquillett)

SPC (SPC Land Resources Division), 2013bo. Pacific Fruit Fly Project, ***Bactrocera occipitalis*** (Bezzi). (Updated at 21 January 2013 on https://lrd.spc.int/species/bactrocera-occipitalis-bezzi)

SPC (SPC Land Resources Division), 2013bp. Pacific Fruit Fly Project, ***Bactrocera psidii*** (Froggatt). (Updated at 21 January 2013 on https://lrd.spc.int/species/bactrocera-psidii-froggatt)

SPC (SPC Land Resources Division), 2013bpa. ***Bactrocera passiflorae*** (Froggatt), Pacific Fruit Fly Project. SPC Land Resources Division. (Last modified on 21 January 2013, https://lrd.spc.int/species/bactrocera-passiflorae-froggatt)

SPC (SPC Land Resources Division), 2013bs. Pacific Fruit Fly Project, ***Bactrocera strigifinis*** (Walker). (Updated at 21 January 2013 on https://lrd.spc.int/species/bactrocera-strigifinis-walker)

SPC (SPC Land Resources Division), 2013bt. Pacific Fruit Fly Project, ***Bactrocera trilineola*** (Drew). (Updated at 21 January 2013 on https://lrd.spc.int/species/bactrocera-trilineola-drew)

SPC (SPC Land Resources Division), 2013btr. Pacific Fruit Fly Project, ***Bactrocera trivialis*** (Drew). (Updated at 21 January 2013 on https://lrd.spc.int/species/bactrocera-trivialis-drew)

SPC (SPC Land Resources Division), 2013bx. Pacific Fruit Fly Project, ***Bactrocera xanthodes*** (Broun). (Updated at 21 January 2013 on https://lrd.spc.int/species/bactrocera-xanthodes-broun-pacific-fruit-fly)

SPC (SPC Land Resources Division), 2013ds. Pacific Fruit Fly Project, ***Dacus solomonensis*** (Malloch). (Updated at 21 January 2013 on https://lrd.spc.int/species/dacus-solomonensis-malloch)

Spishakoff, L.M., 1966. Laboratory rearing of ***Anastrepha serpentina***. J. Econ. Entomol. 59, 1010-1011.

STFS (Seattle Tree Fruit Society), 2019. Currant Fruit Fly (***Euphranta canadensis***), A Facebook Content. STFF, A Chapter of the Western Cascade Fruit Society. (Accessed on 5 October 2019 at https://www.seattletreefruitsociety.com/maggot-barriers)

Stonehouse, J., Sadeed, S.M., Harvey, A., Haiderzada, G.S., 2006. ***Myiopardalis pardalina*** in Afghanistan. Proceedings of the 7th International Symposium on Fruit Flies of Economic Importance, 10-15 September 2006, Salvador, Brazil.

Sunandita, Gupta, D., 2001. Testing of boric acid and protein hydrolysate bait mixture against fruit fly, *Bactrocera tau* Walker. Indian J. Entomol. 63, 125-129.

Telles-Romero, R., Toledo, J., Hernández, E., Quintero-Fong, J.L., Cruz-López, L., 2011. Effect of temperature on pupa development and sexual maturity of laboratory *Anastrepha obliqua* adults. Bull. Entomol. Res. 101, 565-571.

Teixeira, L.A.F., Polavarapu, S., 2005a. Diapause development in the blueberry maggot *Rhagoletis mendax* (Diptera : Tephritidae). Environ. Entomol. 34, 47-53.

Teixeira, L.A.F., Polavarapu, S., 2005b. Evidence of a heat-induced quiescence during pupal development in *Rhagoletis mendax* (Diptera : Tephritidae). Environ. Entomol. 34(2), 292-297.

Thakur, P., Sharma, K.C., Bakshi, D., 2017. Comparative analysis of life tables of Bactrocera tau (Diptera : Tephritidae) collected from different geographical regions of North India. J. Appl. Nat. Sci. 9, 998-1001.

Thibout, E., Pierre, D., Mondy, N., Lecomte, C., Biémont, J.C., Auger, J., 2005. Host-plant finding by the asparagus fly, *Plioreocepta poeciloptera* (Diptera : Tephritidae), a monophagous, monovoltine tephritid. Bull Entomol Res. 95, 393-399.

Toledo, J., Rull, J., Oropeza, A., Hernández, E., Liedo, P., 2004. Irradiation of *Anastrepha obliqua* (Diptera : Tephritidae) revisited : optimizing sterility induction. J. Econ. Entomol. 97, 383-389.

Tsitsipis, J.A., 1984. Exodus of olive fly larvae, Dacus oleae, from diet for pupation as affected by photoperiod, pp. 89-93. In : Proceedings of the CEC/IOBC "Fruit flies of economic importance" (CAVALLORO R., Ed.), Hamburg, Germany.

Tsitsipis, J.A., Loher, W.J., 1987. Circadian rhythmical exodus of olive fruit fly larvae from the diet for pupation, pp. 203-209. In : Fruit flies of economic importance. CRC Press, Rome, Italy.

Tzanakakis, M.E., Koveos, D.S., 1986. Inhibition of ovarian maturation in the olive fruit fly, *Dacus oleae* (Diptera : Tephritidae), under long photophase and an increase of temperature. Ann. Entomol. Soc. Am. 79, 15-18.

USDA/APHIS, 2016. Anastrepha ludens, Mexican fruit fly host list, 2016. Fruit Fly Host Lists and Host Assessments. (Laast modified 13 September 2019; https://www.aphis.usda.gov/)

USDA/APHIS, 2018ast. New World Guava Fruit Fly, *Anastrepha striata*, Host List, Fruit Fly Host Lists and Host Assessments. (Laast modified 13 September 2019; https://www.aphis.usda.gov/)

USDA/APHIS, 2018rc. European Cherry Fruit Fly, *Rhagoletis cerasi*, Host List 2018, Fruit Fly Host Lists and Host Assessments. (Laast modified 13 September 2019; https://www.aphis.usda.gov/)

Vargas, R.I., Piñero, .C., Leblanc, L., 2015. An overview of pest species of *Bactrocera* fruit flies (Diptera : Tephritidae) and the integration of biopesticides with other biological approaches for their management with a focus on the Pacific region. Insects 6, 297-318.

Vayssières, J.-F., Sinzogan, A., Aimé, B.-G., N.D. Fruit flies of the *Ceratitis* genus in West Africa. Regional Control Fruit Fly Project in West Africa, CIRAD.

Villanueva RT, Walgenbach JF, 2007. Phenology, apple management and effects of Surround on behavior of the maggot (Diptera : Tephritidae) in North Carolina. Crop Protect. 26(9), 1404-1411.

Virgilio, M., Jordaens, K., Verwimp, C., White, I.M., De Meyer, M., 2015. Higher phylogeny of frugivorous flies (Diptera, Tephritidae, Dacini) : localised partition conflicts and a novel generic classification. Mol. Phylogenet. Evol. 428, 97-108.

Vuttanatungum, A., Hooper, G.H.S., 1974. Biology and chemical sterilization of the fruit fly *Dacus cucumis* French (Diptera : Tephritidae). J. Aust. Entomol. Soc. 13, 169–178.

Walker, K., 2005. Fruit Fly (Bactrocera trivialis) Updated on 10/21/2011 9:31:11 AM Available online : PaDIL – http://www.padil.gov.au.

Wakie, T.T., Yee, W.L., Neven, L.G., Kumar, S., 2019. Modeling the abundance of two *Rhagoletis* fly (Diptera : Tephritidae) pests in Washington State, USA. PLoS One 14(6) : e0217071.

Wang, X.J., Luo, Y.L., 1995. Advanced Study on *Bactrocera minax*. Chinese Bull. Entomol. 32, 310-315.

Wang, X.L., Zhang, R.J., 2009. Review on biology ecology and control of *Bactrocera minax* Enderlein. J. Environ. Entomol. 31, 73-79.

Wang, Y., Yu, H., Raphael, K,. Gilchrist, A.S., 2003. Genetic delineation of sibling species of the pest fruit fly *Bactocera* (Diptera : Tephritidae) in Australia using microsatellites. Bull. Entomol. Res. 93, 351-360.

Weems Jr, H.V., 2001ag. Mexican fruit fly, *Anastrepha ludens* (Loew) (Insecta : Diptera : Tephritidae). (http://entnemdept.ufl.edu/creatures/fruit/tropical/anastrepha_grandis.htm)

Weems Jr, H.V., 2001al. Mexican fruit fly, *Anastrepha ludens* (Loew) (Insecta : Diptera : Tephritidae). (https://entomology.ifas.ufl.edu/creatures/fruit/tropical/mexican_fruit_fly.htm)

Weems Jr., H.V., 2001ase. Sapote fruit fly, *Anastrepha serpentina* (Wiedemann) (Insecta :

Diptera : Tephritidae). (http://www.entnemdept.ufl.edu/creatures/ fruit/tropical/sapote_fruit_fly.htm)

Weems Jr, H.V., 2001asu. Caribbean fruit fly, *Anastrepha suspensa* (Loew) (Insecta : Diptera : Tephritidae). (http://entnemdept.ufl.edu/creatures/fruit/tropical/caribbean_fruit_fly.htm)

Weems Jr, H.V., 2001asy. Guava fruit fly, *Anastrepha striata* Schiner (Insecta : Diptera : Tephritidae) (Insecta : Diptera : Tephritidae). (http://entnemdept.ufl.edu/creatures/fruit/tropical/a_striata.htm)

Weems Jr, H.V., 2001rci. Cherry fruit fly, *Rhagoletis cingulata* (Loew) (Insecta : Diptera : Tephritidae). (http://entnemdept.ufl.edu/creatures/fruit/tropical/cherry_fruit_fly.htm)

Weems Jr, H.V., 2001rm. Blueberry maggot, *Rhagoletis mendax* Curran (Insecta : Diptera : Tephritidae). (http://entnemdept.ufl.edu/creatures/fruit/blueberry_maggot.htm)

Weems, Jr., H.V., Heppner, J.B., Steck, G.J., Fasulo, T.R., 2001. West indian fruit fly. UF/IFAS, University of Florida. Publication Number : EENY-198 (Latest revision : August, 2015).

Weems, Jr., H.V., Heppner, J.B., Steck, G.J., Fasulo, T.R., Nation, J.L., 2001a. Caribbean fruit fly. UF/IFAS, University of Florida. Publication Number : EENY-196 (Latest revision : August, 2012; Reviewed : December 2017).

Weems, H.V., Nation, J.L., 2012. Olive Fruit Fly, *Bactrocera oleae* (Rossi) (Insecta : Diptera : Tephritidae). EENY-113 (IN270), The Institute of Food and Agricultural Sciences (IFAS). University of Florida.

Weems, Jr., H.V., Heppner, J.B., Steck, G.J., Fasulo, T.R., Nation, J.L., 2001a. Caribbean fruit fly. UF/IFAS, University of Florida. Publication Number : EENY-196 (Latest revision : August, 2012; Reviewed : December 2017).

Whervin, L.W., van, 1974. Some fruitflies (Tephritidae) in Jamaica. PANS, 20(1):11-19.

White IM, Hancock DL, 1997. CABIKEY to the Dacini (Diptera, Tephritidae) of the Asian, Pacific and Australasian Regions. Wallingford, UK : CAB International.

White, I., Elson-Harris, M.M., 1992. Fruit flies of economic significance : their identification and bionomics. Commonwealth Agriculture Bureau International, Oxon, UK, 601 pp.

White, I.M., Evenhuis, N.L., 1999. New species and records of Indo-Australian *Dacini* (Diptera : Tephritidae). The Raffles Bulletin of Zoology 47, 487-540.

Xia, Y., Ma, X.L., Hou, B.H., Ouyang, G.C., 2018. A review of *Bactrocera minax* (Diptera : Tephritidae) in China for the purpose of safeguarding. Adv. Entomol. 6, 35-61.

Xiao, W., Wu, K.M., Gong, Q.T., Zhao, Z.M., He, L., 2013. Pheromonal activity of rectum extracts from Chinese Citrus Fly (*Bactrocera minax*). Scientia Agricultura Sinica, 46, 1501-1508.

Yokoyama, V.Y., Wang, X.G., Aldana, A., Ceres, C.E., Rendon, P.A., Johnson, M.W., Daane, K.M., 2012. Performance of *Psyttalia humilis* (Hymenoptera : Braconidae) reared from irradiated host on olive fruit fly (Diptera : Tephritidae) in California. Environ. Entomol. 41, 497-507.

Zhang Y.A., 1989. Citrus fruit flies of Sichuan Province (China). Bull. OEPP, 19, 649-654.

Zhang, X.Y., 2007. Studies on biology, behavior and control of Bactrocera minax. M.S. Thesis, Huazhong Agric. Univ., Wuhan, Hubei.

Zhou, C., Wu, K., Chen, H., Yang, P., Dowell, R.V., 1994. Effect of temperature on the population growth of *Bactrocera tau* (Walker) (Dipt., Tephritidae). J. Appl. Ent. 117, 332-337.

Zhou, X.W., Niu, C.Y., Han, P., Desneux, N., 2012. Field evaluation of attractive lures for the fruit fly *Bactrocera minax* (Diptera : Tephritidae) and their potential use in spot sprays in Hubei province (China). J. Econ. Entomol. 105, 1277-1284.

찾아보기

영 문

[C]

[T]

[U]

[V]

[W]

[Z]

찾아보기

국문

[ㅎ]

저자약력

김용균 교수
경북 안동시 송천동 388번지
안동대학교 식물의학과 곤충생리학 연구실
hosanna@anu.ac.kr

김동순 교수
제주특별자치도 제주시 제주대학로 102 (아라동)
제주대학교 생명대 식물자원환경전공 곤충생태학 연구실
dongsoonkim@jejunu.ac.kr

박계청 박사
New Zealand Institute for Plant and Food Research
Private Bag 4704, Christchurch 8140, New Zealand
kpark@plantandfood.co.nz

한호연 교수
강원도 원주시 흥업면 연세대길 1
연세대학교(원주) 생명과학기술학부 생물계통분류학 연구실
hyhan@yonsei.ac.kr

정가 29,000원

주요 금지급 과실파리 침입대비 위기 대응 매뉴얼 III

2019년 12월 10일 초판 인쇄
2019년 12월 20일 초판 발행
저　자 : 김용균 · 김동순 · 박계청 · 한호연
발행자 : 송　준
발행처 : 홍릉과학출판사
주　소 : 서울시 강북구 인수봉로 50길 10
01093
등　록 : 1976년 10월 21일 제5-66호
전　화 : (02) 999-2274~5, 903-7037
팩　스 : (02) 905-6729
e-mail: hongpub@hongpub.co.kr
http://www.hongpub.co.kr
ISBN: 979-11-5600-711-1

저자와의 협의하에 인지생략